TRAITÉ

D'ÉLECTROCHIMIE

BIBLIOTHÈQUE TECHNOLOGIQ

TRAITÉ
D'ÉLECTROCHIMIE

PAR

MAX LE BLANC

Directeur de l'Institut électrochimique de l'École supérieure technique de Carlsruhe.

TRADUIT AVEC L'AUTORISATION DE L'AUTEUR SUR LA 3e ÉDITION ALLEMANDE

PAR

Charles MARIE

Préparateur d'électrochimie à la Faculté des Sciences
(Institut de chimie appliquée)

PARIS
C. NAUD, ÉDITEUR
3, RUE RACINE, 3

1904

TRAITÉ D'ÉLECTROCHIMIE

I

INTRODUCTION. — NOTIONS FONDAMENTALES D'ÉLECTRICITÉ

Avant de commencer l'étude de l'électrochimie proprement dite, il convient, pour le but que nous poursuivons, que nous exposions clairement les notions fondamentales d'électricité.

Energie, intensité de courant, force électromotrice, résistance. — L'énergie joue dans l'existence de l'homme un rôle d'une importance capitale.

Qu'il s'agisse d'aliments ou de combustibles les quantités d'énergie qu'il peut en retirer sont pour l'acheteur d'un intérêt essentiel. Dans la distribution de courant électrique, ce qui l'intéresse tout d'abord c'est la quantité d'énergie électrique qui lui est fournie, et qui sert à évaluer le prix qu'il doit payer. Nous pouvons distinguer cinq sortes principales d'énergie :

1. Energie mécanique.
2. — calorifique.
3. — électrique.
4. — chimique.
5. — radiante.

Ces énergies sont transformables les unes dans les autres. Pour quelques-unes on a fixé des unités arbitraires, on a, par exemple, dans la technique industrielle, pris comme unité d'énergie mécanique le travail nécessaire pour élever de un mètre un poids de 1 kilogramme. Dans la science on utilise outre le système *g. cm*, analogue au système industriel *kg. m*, le système centimètre-gramme-seconde, dit système C G S; dans ce système l'unité de travail (*Erg*) est le travail que l'on obtient si on déplace de l'unité de longueur (*cm*) l'unité de force (D*yne*).

Comme unité de force (D*yne*) on a choisi la force qui donne par seconde à la masse du gramme une accélération de 1 cm. Il convient de bien distinguer entre eux le gramme-masse et le gramme-poids. La masse d'un corps est invariable, et son unité, le gramme-masse nous est représentée par la masse d'un centimètre cube d'eau à 4° (1). Par suite, si la masse d'un corps quelconque, soumise aux mêmes forces, prend la même accélération que le centimètre cube d'eau considéré précédemment, elle peut être désignée comme unité de masse. Le gramme-poids est au contraire variable sur la surface de la terre et représente la force avec laquelle le gramme-masse est attiré par elle. Comme sous la latitude 45°, du fait de l'attraction terrestre un corps prend une accélération de 980,6 cm. par seconde, le gramme-poids vaut 980,6 Dynes et l'unité technique de travail 1 kg. m $= 10^5$ g. cm. $= 10^5$. 980,6 Ergs.

D'après ces conventions on peut exprimer dans un cas déterminé une quantité d'énergie mécanique au moyen des unités choisies et on est ainsi à même de mesurer des quantités différentes de cette énergie et de les comparer entre elles.

Pour la chaleur nous choisirons comme unité celle nécessaire pour élever de 1° la température d'un gramme d'eau pris à 15° (2); on lui a donné le nom de calorie (cal.).

---

(1) En fait, l'unité de masse est représentée par la millième partie d'une masse de platine existant à Paris et qui vaut à très peu près mille fois l'unité théorique indiquée ci-dessus.

(2) Nernst, *Theoretische Chemie*, IIe édition, 1898, p. 11.

Maintenant que les unités sont fixées pour deux sortes d'énergies, on peut, étant donné le principe de la conservation de l'énergie, facilement trouver combien une unité de l'une des énergies peut donner d'unités de l'autre.

Par expérience on a trouvé que 42.600 g. cm. $=41.770.10^3$ Ergs transformés en chaleur fournissent une calorie. On donne pour cette raison à ces nombres le nom d'équivalent mécanique de la chaleur.

On procéderait maintenant de la même manière pour comparer entre elles les cinq autres sortes d'énergie ; cependant ces unités n'étant provisoirement pas plus fixées que pour l'énergie électrique en dehors de l'équivalent mécanique de la chaleur nous ne pouvons parler d'un équivalent mécanique de l'électricité ou d'un équivalent électrique de la chaleur. Nous apprendrons bientôt à connaître ces grandeurs.

Nous pouvons nous contenter ici du fait de la transformation, en laissant de côté l'étude des circonstances dans lesquelles les différentes sortes d'énergie se transforment les unes dans les autres.

Nous étudierons au contraire de plus près le cas du contact de deux systèmes possédant des quantités différentes d'une même énergie, cas dans lequel le passage d'énergie de l'un des corps dans l'autre devient possible. Nous appliquerons cette considération à l'énergie du volume de deux gaz.

L'énergie de volume est une sorte d'énergie mécanique, nous pouvons la mesurer avec les unités définies plus haut. Si nous avons une certaine quantité de gaz dans un récipient, nous disons que le gaz possède une certaine quantité d'énergie de volume, puisque, par sa dilatation, il est susceptible de fournir du travail (1). Supposons un vase ayant la forme

(1) Pour éviter les erreurs, on fera observer que le travail fourni par la dilatation d'un gaz (idéal) n'est pas dû à son énergie intérieure. Le gaz n'est que l'intermédiaire qui transforme en travail la chaleur extérieure. Si nous enlevons à un gaz une certaine quantité d'énergie cela veut dire que le gaz nous fournit cette quantité d'énergie sous

ci-jointe (fig. 1), placé dans le vide et soit un piston A pesant 100 gr. Si par exemple, par l'échauffement du gaz, le piston A est porté de la position *a* à la position *b* distante de la première de 50 cm., 100 gr., ont été ainsi, grâce à l'énergie de volume du gaz, élevés de 50 cm., c'est-à-dire que 100.50 = 5000 gr. cm., ont été fournis, l'énergie de volume du gaz s'est évidemment diminuée de cette quantité. Si dans le cas considéré la section du piston était de 100 cm², l'unité de section pèse un gramme et on dit que le piston exerce une pression *p* de 1 gr. Le volume *v* au-dessus duquel se déplace le piston quand il passe de *a* en *b* est de 5000 cm³ et par suite le produit *pv* exprimé en gr. et cm³ donne également 5000, on voit que ce produit *pv* indique directement le nombre de gr. cm à obtenir.

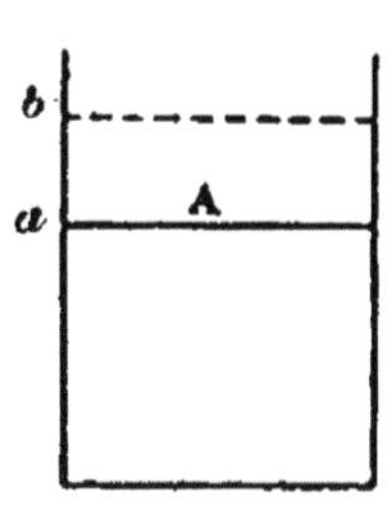

Fig. 1.

Représentons-nous maintenant un vase à parois rigides ayant la forme ci-contre (fig. 2). Le piston C est mobile; à sa gauche se trouve de l'hydrogène, à droite de l'azote. Si les deux gaz exercent la même pression sur le piston, il reste en repos et il n'y a aucun transport d'énergie de l'un des gaz à l'autre. Nous voyons donc que le passage d'énergie est tout à fait indépendant des quantités d'énergie qui sont en contact, Le gaz de droite possède évidemment une bien plus grande quantité d'énergie que celui de gauche, et nous pouvons lui supposer une valeur élevée quelconque en choisissant le volume plus grand. Mais changeons la densité de l'un des gaz,

Fig. 2.

---

forme d'énergie mécanique au dépens de la chaleur du milieu environnant. Sous cette réserve nous pouvons, pour plus de simplicité, nous représenter cette énergie de volume comme inhérente au gaz lui-même.

et par suite la pression, le piston se déplace aussitôt, le volume du gaz le plus lourd s'augmente, il perd de l'énergie de volume; pour l'autre dont le volume a diminué l'énergie de volume a augmenté, et l'équilibre aura lieu seulement quand la pression exercée sur le piston sera devenue la même pour les deux gaz.

Comme nous pouvons nous imaginer chaque quantité d'énergie de volume représentée par le produit $p\ v$, l'énergie que nous désignerons toujours par E se montre comme le produit de deux facteurs, $E = p\ v$. L'un d'eux p possède, comme nous l'avons vu, la propriété importante de régler l'équilibre et nous nommons cette grandeur le facteur d'Intensité.

L'autre v, est alors simplement égal au rapport $\frac{\text{Energie}}{\text{Intensité}}$; il détermine la quantité d'énergie qui appartient à un système pour une intensité donnée et s'appelle le facteur de capacité; dans notre cas, pour le volume cette notion est particulièrement claire.

On a pu pour les différentes sortes d'énergie trouver une semblable décomposition en deux facteurs, décomposition qui s'est montrée très avantageuse en facilitant considérablement la compréhension des phénomènes.

L'énergie électrique peut aussi être envisagée comme le produit de deux facteurs connus que nous nommerons dès maintenant; $E = \pi . q$, π est la force électromotrice, la tension ou la différence de potentiel et q la quantité d'électricité déplacée. La première grandeur représente le facteur d'intensité, l'autre la capacité ainsi que les pages suivantes nous le montreront.

Comme nous n'avons pas de sens qui nous rendent manifestes les phénomènes électriques, les notions fondamentales de l'électricité ne nous sont pas aussi directement accessibles que celles de l'énergie mécanique. Pour pouvoir avec leur aide travailler avec certitude et nous les représenter d'une manière moins abstraite il est nécessaire d'étudier par l'expérience les effets de l'énergie électrique. De même on ne pourrait concevoir la notion d'unité de travail ou de mètre, si on n'avait éprouvé l'effet de l'unité de travail, et si on n'avait vu la longueur que l'on a désignée du nom de mètre. Concevons un vase divisé en deux par une plaque d'argile poreuse, constituant ce que l'on nomme un diaphragme ; dans l'une des parties versons une solution de sulfate de cuivre, dans l'autre une solution de sulfate de zinc ; plaçons maintenant une lame de cuivre dans la solution de cuivre et une lame de zinc dans la solution de zinc, nous avons un système désigné sur le nom d'élément galvanique. Réunissons les lames de cuivre et de zinc, les deux pôles de l'élément, par un fil métallique, celui-ci s'échauffera. Approchons une aiguille aimantée du fil, elle sera écartée de sa position, enfin coupons le fil et assujettissons aux deux extrémités deux lames de platine qui, sans se toucher, plongent dans une solution de cuivre, nous remarquerons sur l'une des lames un dépôt de cuivre métallique. De ces observations nous devons conclure que quelque chose a lieu dans le fil de jonction puisque nous remarquons maintenant des phénomènes absents jusqu'à la réunion des lames de cuivre et de zinc par le fil. Nous exprimons l'ensemble de ces phénomènes, que nous pouvons toujours provoquer à nouveau de la même manière, en disant simplement : il passe un courant électrique à travers le fil.

De prime abord on pourrait imaginer un fil qui par exemple ferait dévier l'aiguille aimantée, mais ne s'échaufferait pas, qui ainsi ne posséderait pas toutes les propriétés du courant électrique décrit ci-dessus, et en fait cette supposition a été faite précédemment par plusieurs. En réalité ce n'est pas le cas. Une longue expérience nous apprend que si un fil possède l'une des trois propriétés précédentes, il possède aussi toujours les deux autres comme aussi toute une série de propriétés hors de question ici. Que maints phénomènes échappent à l'observation dans certaines conditions c'est un fait indépendant de ce qui précède.

Au moyen d'un dispositif convenable nous pouvons maintenant étudier les propriétés du courant électrique. Tout en laissant le fil dans sa position, inversons les connexions des deux pôles avec les conducteurs, nous observons de nouveau les mêmes phénomènes mais avec cette différence que l'aiguille aimantée est déviée dans une direction opposée et que le cuivre se dépose sur l'autre lame de platine. Nous pouvons par suite parler d'une *direction* du courant électrique.

Il nous paraît immédiatement que nous devons rechercher si la déviation de l'aiguille, ou si la quantité de cuivre précipitée pour un temps déterminé reste toujours la même, et aussi de quoi dépend le changement. Pour cela nous allongeons le fil intercalé et nous trouvons maintenant que pour un même temps la quantité de cuivre précipité a diminué ; elle devient au contraire plus grande si la longueur du fil diminue. Nous devons de là conclure que le courant électrique a une intensité dépendante des circonstances et nous acquérons ainsi la notion d'*Intensité de courant.* Pourquoi cette intensité a-t-elle diminué ? Parce que le fil est allongé. Pourquoi a-t-elle augmenté ? parce que le fil a été diminué de longueur. Le fil s'oppose donc en quelque sorte au passage du courant, ce que nous exprimons en disant qu'il possède une certaine *Résistance.* Nous avons trouvé que plus cette résistance est grande, plus petite est l'intensité.

La question maintenant se pose de savoir s'il y a quelque moyen de changer l'intensité en laissant la résistance constante. L'expérience répond affirmativement. Employons au lieu d'un seul deux éléments, en réunissant le zinc de l'un au cuivre de l'autre (l'introduction du second élément n'élève pour ainsi dire pas la résistance du circuit), et nous obtenons maintenant une intensité beaucoup plus élevée On a l'impression d'une augmentation de la pression avec laquelle le courant électrique est refoulé à travers le fil et c'est ainsi que l'on arrive à parler d'une *force électromotrice* du courant.

On peut bien admettre que, grâce à ces détails, les mots, intensité, résistance, force électromotrice ne sont plus de vaines notions, mais ont une signification claire.

Nous devons maintenant passer à l'établissement d'unités pour ces grandeurs. Nous prendrons pour cela une voie beaucoup plus simple que celle qui fut en réalité suivie. L'élément précédemment décrit, nommé l'élément Daniell, du nom de son inventeur, a pour une concentration égale des solutions de sulfate de zinc et de cuivre, une force électromotrice égale en chiffres ronds à 1,10 unités et nous donnons à l'unité le nom de *Volt*; pour l'unité de résistance, *l'Ohm*, nous prenons la résistance que possède une colonne de mercure de 106,3 cms. de long, ayant une section de 1 mm^2 et prise à 0°; pour l'unité d'intensité de courant, nous prenons celle qui précipite en une seconde 0,3293 mg. de cuivre; son nom est l'*Ampère* (1). Il est inutile de justifier ici le choix de ces grandeurs comme unités; c'est là un chapitre spécial de l'histoire de l'électricité théorique.

Nous savons déjà que l'intensité de courant dépend d'un côté de la force électromotrice, et de l'autre de la résistance. Ohm a admis, et jusqu'à présent il ne s'est montré aucune exception, que l'intensité est directement proportionnelle à la force électromotrice et inversement proportionnelle à la résistance. Nous pouvons écrire :

$$\text{Intensité} = \frac{\text{Force électromotrice}}{\text{Résistance}}\, k,$$

k, étant un facteur de proportionnalité indépendant des unités choisies. Celles-ci sont d'ailleurs prises telles que, si

(1) Les désignations d'ohm, de volt, d'ampère, de coulomb, de farad et de F (voyez plus loin) dérivent des noms des savants, Volta, Ohm, Ampère, Coulomb, Faraday, auxquels l'électricité doit une grande partie de son développement.

dans un circuit il existe une force électromotrice de 1 volt, et si la résistance s'élève à 1 ohm, l'intensité est de 1 ampère. Par suite :

$$\text{Ampère} = \frac{\text{Volt}}{\text{Ohm}},$$

le facteur de proportionnalité étant dans ce cas égal à l'unité; si nous avions pris pour unité une intensité dix fois plus grande, ce facteur serait naturellement égal à 0,1.

Nous sommes dès maintenant en état de voir comment on détermine des forces électromotrices inconnues ou des résistances. On voit immédiatement comment on mesure l'intensité I : on pèse la quantité de cuivre déposée dans l'unité de temps et celle-ci divisée par 0,3293 donne l'intensité en ampères. Veut-on mesurer la résistance d'un circuit ? on prend par exemple un élément Daniell qui a 1,10 volt et on mesure l'intensité. Si celle-ci s'élève par exemple à 0,001 ampère, nous avons d'après la loi de Ohm pour la résistance :

$$\frac{1{,}10 \text{ volt}}{0{,}001 \text{ ampère}} = 1100 \text{ ohms.}$$

Introduisons maintenant dans le même circuit, sans changer la résistance, au lieu du Daniell une force électromotrice inconnue π, nous pourrons facilement évaluer π en volt par une simple nouvelle mesure de l'intensité. Soit par exemple pour celle-ci 0,1 ampère, π aura pour valeur

$$0{,}01 \text{ ampère} . 1100 \text{ ohms} = 11{,}0 \text{ volts.}$$

Pour parvenir à une conception encore plus claire du courant électrique nous utiliserons son analogie avec un courant de liquide. La force électromotrice correspond à la pression, la résistance électrique aux résistances de frottement de l'eau, l'intensité du courant au débit du courant d'eau. Lorsque l'on dit qu'une conduite possède un certain débit, cela veut dire que par unité de temps une certaine quantité d'eau traverse la section. L'unité de débit pour l'eau n'est pas fixée scientifiquement, on pourrait nommer unité, par exemple, le débit pour lequel un cm³ d'eau traverserait la section par unité de temps. De même que pour un courant d'eau nous parlons de quantité d'eau, nous parlons avantageusement de quantité d'électricité pour le courant électrique sans avoir besoin d'ailleurs de nous représenter sous ce nom quelque chose de matériel et nous disons : pour une intensité de un ampère, il passe à travers la section par unité de temps une quantité d'électricité égale à un *Coulomb*. Nous aurons par suite la quantité totale passée pendant un certain temps à travers la section d'un conducteur, en multipliant l'intensité par le temps.

En général on fait une distinction dans l'enseignement de l'électricité entre la force électromotrice, le potentiel ou la tension d'une part, et la différence de potentiel ou la différence de tension de l'autre. La force électromotrice signifie la chute de potentiel présente dans l'élément, par suite pour un élément constant, une grandeur invariable qui doit être égalée à la pression initiale constante avec laquelle de l'eau est poussée dans un tube. Le potentiel ou la tension nous représentent en chaque point la « pression électrique » variable le long d'un conducteur.

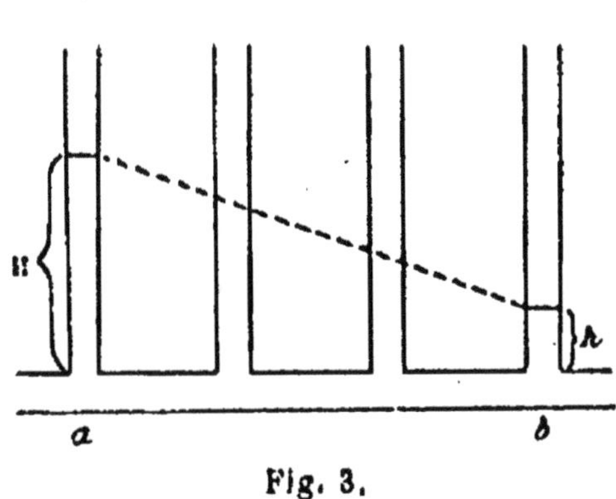

Fig. 3.

Dans tous les cours de physique on fait l'expérience suivante : sous une pression déterminée on refoule de l'eau à travers un tube suffisamment étroit et portant en différents points des tubes de niveau (v. fig. 3) ; la hauteur de l'eau indique pour un point déterminé la pression sous laquelle l'eau est poussée dans le tube. Considérons la partie du tube qui va de a à b, la pression tombe de H à h pression sous laquelle le liquide sort du tube. La quantité de travail qu'on peut obtenir quand une quantité m d'eau se meut dans un tube sous la pression p (par cm^2) est $m\ p$. Pendant que la quantité m d'eau s'est déplacée de a en b son énergie disponible est tombée de m H à $m\ h$. La quantité m (H—h) d'énergie a été utilisée à vaincre le frottement, c'est-à-dire quelle s'est transformée en chaleur, dissipée dans l'espace environnant et perdue pour nous. Nous ne pouvons plus disposer que de la quantité de travail $m\ h$, utilisable à notre volonté d'une manière quelconque, par exemple dans une turbine, etc. On voit clairement combien tout ceci dépend de la grosseur de la conduite. Plus nous prendrons celle-ci grosse, plus nous diminuerons le frottement et par suite plus il nous restera de travail utilisable.

Nous rencontrons des propriétés semblables pour le courant électrique. Le fil A B (fig. 4) représente un circuit rectiligne. De même que nous déterminons pour l'eau la pression au moyen de tubes de niveau ou de manomètres nous pouvons ici mesurer la tension par un électromètre (voir plus loin). Nous trouvons pour A la tension (ici force électromotrice) π et pour B par contre, 0, si B est mis en contact avec le sol. Puis, comme précédemment, si nous faisons passer une quantité d'électricité ϵ à travers le circuit, nous disposons de l'énergie électrique πq en A, et 0 en B. L'énergie totale πq a été transformée en chemin en chaleur et est ainsi perdue pour nous. Cependant si en un point quelconque du circuit nous faisons effectuer un certain travail, par exemple en décomposant une solution, nous pouvons transformer presque complè-

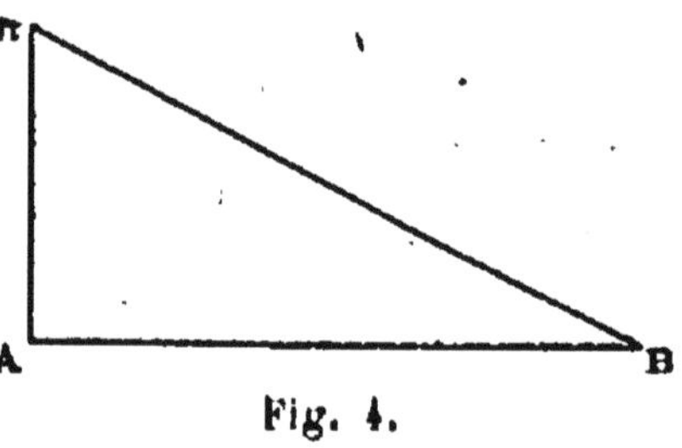

Fig. 4.

tement l'énergie électrique en travail utilisable, et pour cela il est tout à fait indifférent de faire produire ce travail en un point ou en un autre ; seulement une certaine partie est toujours perdue pour nous à l'état de chaleur et cette fraction dépend de la matière choisie, de sa section, etc., etc.

Intercalons la solution en C, l'électromètre nous indique la chute ci-dessus (fig. 5) si on emploie pour décomposer la

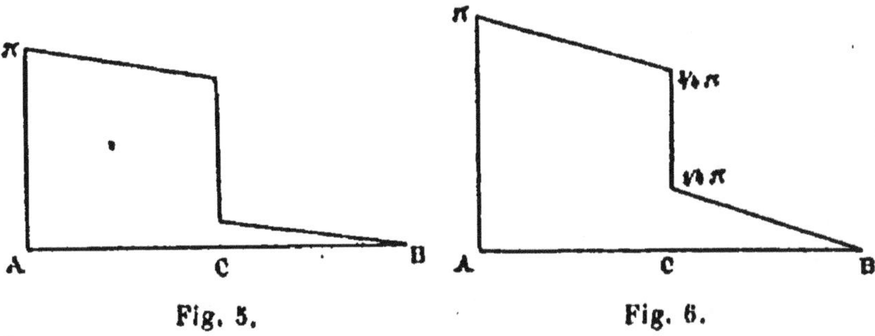

Fig. 5. Fig. 6.

solution à peu près la quantité d'énergie πq. La figure 6 nous montre la chute de tension si le travail est moitié moindre. D'une manière analogue nous pourrions transformer presque complètement en travail utile la quantité d'énergie $m(H - h)$ perdue dans le courant d'eau considéré précédemment. Fermons par exemple le tube en b, la pression s'élève aussitôt de h à H et en ce point nous disposons maintenant de la quantité d'énergie mH, transformable à volonté. Le courant d'eau se distingue du courant électrique en ce qu'il peut quitter la conduite avec une certaine énergie cinétique, propriété qui fait défaut au courant électrique.

Si nous avons un circuit galvanique quelconque, nous pourrons toujours nous placer dans le cas précédemment indiqué : la tension a sa valeur maxima en un point et, dans le cas où on ne produit aucun travail, elle tombe régulièrement jusqu'à 0 si la résistance du circuit est partout la même. S'il y a un travail quelconque à produire, exigeant une certaine quantité d'énergie électrique et par suite une tension déterminée, la tension diminue de cette quantité au point où le travail est demandé. Soit p cette chute, le reste $\pi - p$ de tension, non employé à produire du travail subit une décroissance répartie régulièrement sur tout le circuit.

Si le circuit n'a pas en toutes ses parties la même résistance, la chute de l'excès de tension se répartit proportionnellement à la résistance. Si la partie AB (fig. 7) a par exemple une résistance ($4a$) double de celle de BC ($2a$) et quadruple de celle de CE (a), si π est la tension du circuit composé de ces trois parties, la décroissance aura lieu d'après la manière indiquée. C'est une conséquence nécessaire de la loi d'Ohm citée précédemment $I = \frac{\pi}{W}$. La loi d'Ohm s'applique aussi bien à tout le circuit qu'à une partie quelconque. Pour une partie donnée la valeur de π à considérer est la différence de tension entre les deux extrémités de cette partie, et W en est alors la résistance.

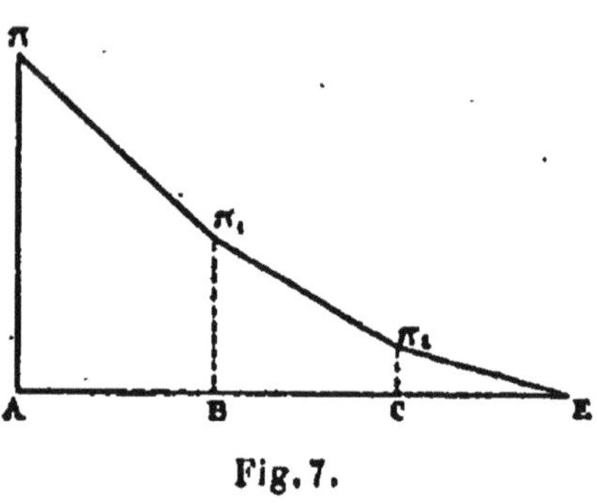

Fig. 7.

Par suite dans la fig. 7 comme dans tout circuit l'intensité en tous les points est égale et indépendante de la résistance, etc., ce qui est, on le sait, aussi le cas pour un courant d'eau, on a :

$$I = \frac{\pi}{7a} = \frac{\pi - \pi_1}{4a} = \frac{\pi - \pi_2}{2a} = \frac{\pi_2}{a}.$$

Par suite les différences de potentiel entre les points particuliers sont dans le même rapport que les résistances correspondantes.

Il est indifférent que la résistance soit formée par un métal ou une solution. Pour un élément galvanique, par exemple, dont les deux pôles sont réunis par un fil la résistance totale du circuit se compose de la résistance extérieure, de celle du fil, et de la résistance intérieure, ordinairement celle du liquide présent dans l'élément (la solution de sulfate de zinc et celle de sulfate de cuivre dans l'élément Daniell précédemment décrit). Si la résistance extérieure est environ 1000 ohms, la résistance intérieure 100 ohms ; si la force électromotrice de l'élément est 1v,10, la chute de tension égalera pour la première résistance 1 volt, et pour la seconde 0,1 volt. On peut distinguer maintenant la force électromotrice d'un élément et la différence de potentiel ou tension aux bornes ; sous ce dernier nom on entend la différence de tension qui existe entre les deux pôles, dans la résistance extérieure. Dans l'élément Daniell considéré plus haut la tension aux bornes est de 1 volt. Si on désigne par E la force électromotrice, par ε la tension aux bornes, par W_1 la résistance intérieure, la résistance extérieure par W_2 nous avons la relation :

$$\frac{E}{\varepsilon} = \frac{W_1 + W_2}{W_2}.$$

Si on fait croître la résistance extérieure indéfiniment, cette tension aux bornes s'approchera de plus en plus de la force électromotrice de l'élément, et pour une valeur infinie de la résistance, c'est-à-dire en circuit ouvert, ces deux valeurs deviendront identiques. En circuit ouvert il n'y a plus de chute de tension, celle-ci ne pouvant avoir lieu que s'il y a courant, transformation en chaleur, en un mot travail fourni. A l'exception de ce dernier cas, la tension aux bornes est donc toujours plus petite que la force électromotrice et dépend du rapport entre les résistances extérieure et intérieure.

Equivalent électrique de la chaleur. — Nous avons jusqu'à présent admis par simple analogie que l'expression

πq représente l'énergie électrique ; celle-ci ne pourrait-elle pas cependant avoir une autre expression, par exemple πi ? Nous pouvons facilement démontrer le bien fondé de cette hypothèse ; en même temps nous calculerons l'équivalent électrique de la chaleur. Soit un circuit où existe une force électromotrice π exprimée en volts, ou en d'autres termes dans lequel la tension tombe d'une valeur maxima π à la valeur 0. En passant nous disons ici que le commençant incline facilement à se laisser entraîner par l'expression employée tout d'abord, à admettre faussement que la valeur π pour la tension reste la même dans tout le circuit. Ce n'est pourtant, comme nous l'avons vu, le cas en aucune manière. Soit q la quantité d'électricité, exprimée en coulombs, s'écoulant à travers la section dans l'unité de temps ou, comme nous pouvons aussi le dire, puisque les expressions quantité d'électricité par unité de temps et intensité sont équivalentes, soit q l'intensité de courant dans le circuit exprimée en ampères. Imaginons tout le circuit placé dans un calorimètre, comme la totalité de l'énergie électrique (si nous ne faisons produire aucun travail) se transforme en chaleur, il doit se dégager par unité de temps une quantité de chaleur qui équivaut au produit πq, en supposant que celui-ci nous représente l'énergie électrique. Prenons maintenant un autre circuit dans lequel nous avons la force électromotrice $\frac{\pi}{2}$ et l'intensité $2\,q$, la quantité de chaleur dégagée par unité de temps devra être égale à la précédente, puisque $\frac{\pi}{2} \times 2q = \pi q$. De même pour tout changement de π et de q qui n'altérera pas la valeur du produit la quantité de chaleur dégagée par unité de temps doit rester la même. C'est ce qui a lieu en effet. De plus q restant le même donnera à la force électromotrice la valeur 2π, nous aurons une quantité double de chaleur, etc. Il est ainsi démontré que le produit πq représente l'énergie électrique. Le calcul de l'équivalent électrique de la chaleur est maintenant extrêmement simple. Nous exprimons naturellement l'unité d'énergie électrique par le produit 1 volt $\times$ 1 coulomb. Il nous suffit maintenant de mesurer la quantité de chaleur dégagée quand un coulomb traverse un circuit avec la force électromotrice 1 volt, ou autrement dit quand un coulomb subit une chute de 1 volt, indépendante de la résistance, puisque celle-ci détermine seulement le temps dans lequel cette chute s'effectue, et que la notion de travail est indépendante du temps. Soit pour cette quantité de chaleur K calories, $\frac{1}{K}$ représente ainsi l'équivalent électrique de la chaleur; il indique combien d'unités électriques sont équivalentes à une unité calorifique. On a trouvé que :

$$1 \text{ Volt} \times \text{Coulomb} = 0,2394 \text{ Cal. ou que}$$
$$4,177 \text{ Volt} \times \text{Coulomb} = 1 \text{ cal.}$$

Comme 1 cal $=$ 42600 g. cm. l'équivalent électro-mécanique est :

$$1 \text{ Volt} \times \text{Coulomb} = 10200 \text{ g. cm.}$$

πq nous représente l'énergie électrique dont nous pouvons disposer dans un conducteur entre les extrémités duquel existe une différence de potentiel π, et dont la section est traversée par la quantité d'électricité ε. Laissons cette énergie se transformer complètement en chaleur on a :

$$\pi q = k.A,$$

A étant la quantité totale de chaleur dégagée et k un facteur de proportionnalité. Nommons i l'intensité de courant correspondante, nous avons $\pi = i = k.a$, on a représenté par a la quantité de chaleur transformée par unité de temps.

D'après la loi de Ohm on a maintenant :

$\pi = k'.i.W$, substituons, nous obtenons

$$i^2W = k'a.$$

La quantité de chaleur dégagée dans un circuit (ou une partie de circuit) par unité de temps est proportionnelle à la résistance et au carré de l'intensité. Cette loi est nommée loi de Joule du nom de celui qui l'a découverte et sa vérification expérimentale constitue réciproquement une preuve de l'exactitude de la loi de Ohm.

Si nous choisissons comme unités pour *a*, W et *i*, la calorie, l'ohm et l'ampère, le nombre de calories dégagées par unité de temps

$$= 0{,}2394 \text{ Ampère}^2. \text{ Ohm} \qquad (1)$$

Les indications suivantes présentent encore de l'intérêt. Un volt-coulomb s'appelle aussi un joule et vaut 10^7 Ergs. Un certain nombre de joules représente par suite une certaine quantité d'énergie, indépendante du temps. Si on divise par le temps exprimé en secondes le travail fourni par une machine pendant ce temps, on obtient l'énergie produite par unité de temps et ceci représente la puissance de la machine. L'unité de puissance, le volt-ampère s'appelle le Watt; c'est le travail d'un moteur qui fournit un Joule par seconde.

On a entre ces grandeurs les relations :

$$1 \text{ Watt} = \frac{\text{Joule}}{\text{Seconde}} = \frac{\text{Volt-coulomb}}{\text{Seconde}} = 1 \text{ Voltampère}.$$

La puissance multipliée par le temps donne inversement l'énergie fournie : un Watt-seconde = un Joule; un Watt-heure = 3600 Joules. En pratique industrielle au lieu du Joule ou du Kilojoule on compte en Watt-heure ou Kilowatts-heures. De même d'ailleurs les quantités d'électricité s'expriment non en Coulombs mais en ampères-heure en remarquant que 1 ampère-heure = 3600 coulombs. On trouvera à la fin de ce volume une table où sont réunies toutes les unités usuelles d'énergie.

Four électrique. — Une connaissance plus précise des rapports indiqués entre l'énergie électrique et la chaleur est d'une grande importance scientifique et technique. S'agit-il de l'obtention de très hautes températures, 3.000° et au-dessus, nécessaires par exemple pour préparer le carbure de calcium au moyen de la chaux et du charbon d'après la réaction :

$$CaO + 3C = CaC^2 + CO,$$

le chauffage électrique nous offre souvent l'unique moyen pour atteindre la température nécessaire, au moins dans des conditions économiques avantageuses. Le dispositif dans lequel on met en œuvre de semblables procédés se nomme un *four électrique.*

Un moyen de chauffage, que nous voulons étudier de plus près, consiste à isoler les deux extrémités d'un circuit par les parois opposées d'un four et de les réunir par une baguette d'une matière résistante, du charbon par exemple, qui possède vis-à-vis du circuit extérieur une haute résistance électrique. Plus le rapport entre la résistance intérieure et la résistance extérieure est élevé, meilleure est l'utilisation de l'énergie. Au moyen de cette disposition on peut presque complètement transformer en chaleur l'énergie électrique fournie par une source de courant, et la transmettre au mélange destiné à la réaction et disposé en couche autour de la baguette. La seule limite à l'élévation de température est le manque de résistance des matériaux conducteurs; l'utilisation de la chaleur est excellente puisque l'échauffement a lieu du dedans vers le dehors. Nous donnerons ici un exemple numérique pour faire ressortir clairement l'action thermique du courant électrique.

Soit une force électromotrice de 100 volts, et supposons

que la résistance des conducteurs du circuit extérieur, au four s'élève à 0,001 ohm. Fermons le circuit sur une résistance contenue dans le four et égale à 0,099 ohm, nous obtiendrons, puisque la résistance totale du circuit s'élève à 0,1 ohm un courant de $\frac{100 \text{ volt}}{0{,}1 \text{ ohm}} = 1000$ ampères. Comme la chute de potentiel est proportionnelle à la résistance, nous pourrons voir qu'il y dans le circuit extérieur une chute de 1 volt et pour le circuit intérieur une chute de 99 volts, par suite 99 0/0 de l'énergie électrique disponible se transforme en chaleur dans le four. Le nombre de calories qui prennent naissance est facile à obtenir :

$$99.1000 \text{ Watt-seconde} = 99000.0{,}2394 \text{ cal.} = 23700 \text{ cal.}$$

ou aussi :

$$(1000)^2.0{,}099 \text{ Amp}^2.\text{Ohm-Seconde} = 99000.0{,}2394 \text{ cal.} = 23700 \text{ cal.}$$

Si cette quantité de chaleur est trop grande nous demanderons à la source de courant moins d'énergie en augmentant la résistance dans le four.

Nous obtiendrons alors pour l'énergie électrique, une meilleure utilisation, celle-ci étant d'autant plus complète que le rapport entre la résistance extérieure et intérieure est plus grand.

La quantité de chaleur à fournir dans chaque cas particulier dépend des chaleurs de réaction, des capacités calorifiques des corps et des pertes de chaleur par conductibilité et rayonnement.

Fréquemment on remplace la résistance intérieure par un « arc électrique », particulièrement si on veut concentrer le chauffage sur une petite surface. Le calcul de l'effet thermique produit dans ce cas se fait comme précédemment; il suffit de mesurer la différence de potentiel aux pôles entre lesquels jaillit l'arc et l'intensité du courant, pour pouvoir déterminer aussitôt cet effet.

Les pointes de charbon ne peuvent dépasser une température de 3400° puisque le carbone commence à se volatiliser, mais les gaz incandescents de l'air peuvent être portés à une température plus élevée encore.

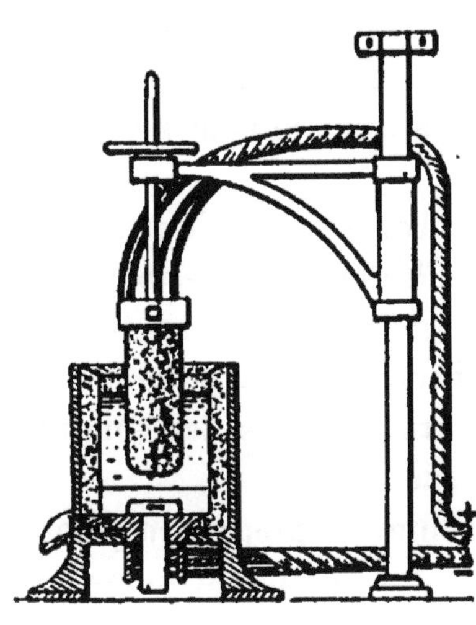

Fig. 8.

Les figures 8 et 9 ci-jointes (1) montrent la forme d'un four à arc (Hérault), et d'un four à résistance (Borchers); ces fours admettent les formes les plus variées.

Comme dans la technique le côté économique intervient en première ligne dans une installation, l'industrie électro-chimique s'est développée surtout là où l'é-

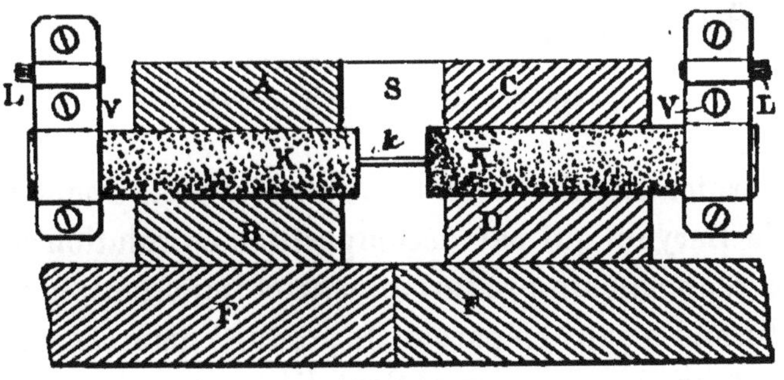

Fig. 9.

nergie électrique est à bon marché, au plus à 1 centime le kilowattheure. Aussi dans les dix dernières années nous

(1) Les figures sont empruntées à la monographie de Minet « Préparation de l'aluminium », W. Knapp, Halle, a. S. 1902 et se comprennent d'elles-mêmes.

avons vu s'installer aux Etats-Unis (Chute du Niagara), en France, dans les régions alpines, en Norwège, des usines puissantes qui transforment quotidiennement des millions de kilogrammètres en énergie chimique à l'aide de l'énergie électrique. Pour donner une idée de l'importance industrielle de ces usines nous décrirons rapidement quelques-unes des réactions réalisées dans le four électrique en dehors de celle qui fournit le carbure de calcium dont nous avons déjà parlé.

Il s'agit le plus souvent dans ces procédés de réduire des oxydes par le charbon. La réductibilité de tous les oxydes par le charbon au four électrique à une température suffisante a été il est vrai signalée par Borchers, mais elle ne se prête pas à la préparation des métaux purs et donne des combinaisons de ces métaux avec le carbone.

En dehors du carbure de calcium on prépare en grand de cette façon le carbure de silicium (carborandum) qui sert particulièrement pour le polissage

$$SiO^2 + 3C = SiC + 2CO$$

et le carbure de Baryum

$$BaO + 3C = BaC^2 + CO$$

Ce dernier chauffé dans un courant d'azote donne le cyanure de Baryum qui par décomposition en solution aqueuse permet d'obtenir un produit industriel important, le cyanure de sodium. En outre en partant de produits naturels par réduction au four électrique on obtient différents alliages métalliques. Le fer chromé ($FeOCr^2O^3$) chauffé avec le charbon nécessaire donne un ferrochrome à plus de 60 0/0 de chrome. L'Ilménite ($FeOTiO^2$) donne de même, suivant le procédé de fabrication, des ferrotitanes à teneur variable qui servent dans l'industrie de l'acier.

Le chauffage électrique s'applique également à la préparation du phosphore au moyen d'un mélange de phosphates naturels (principalement de chaux) de charbon et de silice ou de kaolin. La réaction est la suivante :

$$P^2O^8Ca^3 + 3SiO^2 + 5C = 2P + 3CaSiO^3 + 5CO$$

Le phosphore qui distille est recueilli sous l'eau.

Notons encore que l'attention a été attirée récemment sur l'important problème de la formation d'acides de l'azote par action de l'arc électrique sur l'air (1). Celui-ci obligé de traverser l'arc électrique alternatif est porté à une haute température ; il se fait quelques pour cent d'acides de l'azote qu'un refroidissement brusque protège contre une décomposition ultérieure.

Dans tous ces exemples, dont on pourrait encore augmenter la liste, l'action du courant alternatif ou continu est purement thermique (2). Le four électrique s'applique cependant dans des cas où à l'action thermique du courant (continu) s'ajoute une action électrolytique : c'est le cas par exemple de la préparation de l'aluminium.

Dans ce cas en effet le courant fournit d'une part la chaleur nécessaire à la fusion du mélange, et de l'autre décompose le composé de l'aluminium, qui y est contenu en séparant le métal au pôle négatif.

Décharge électrique obscure. — La décharge de deux corps chargés séparés par l'air ou un autre diélectrique se fait de différentes manières suivant la différence de potentiel, l'éloignement et la nature des électrodes et peut avoir lieu sans phénomènes lumineux nets : c'est ce qu'on appelle la décharge obscure ou tranquille. Elle se distingue de l'arc ordinaire en ce que le gaz seul existant entre les électrodes sert au passage

---

(1) Br. angl., nº 8230, 1901 ; Muthmann et Hofer, Ber., 36, 438, 1903.

(2) En général dans ces réactions le courant alternatif est préférable au continu.

du courant alors que dans l'arc ce rôle est joué principalement par la vapeur provenant de l'électrode. Cette vapeur, à tension égale, permet une augmentation considérable de l'intensité. Naturellement la quantité d'énergie électrique transformée en chaleur par unité de temps est beaucoup moindre pour la décharge dans les gaz.

Si on fait croître la tension jusqu'à ce que la décharge dans le gaz devienne un arc, on observe soudain une augmentation considérable de l'intensité pendant que la tension s'abaisse.

Il n'est pas en général possible de ramener la tension à sa valeur primitive par l'emploi d'une machine suffisamment puissante, car l'intensité croissant alors arriverait à volatiliser les électrodes les plus réfractaires. Cependant dans certaines conditions on peut réaliser toutes les formes intermédiaires entre la décharge dans les gaz et l'arc, formes par exemple dans lesquelles au voisinage des électrodes, au point incandescent de passage, la vapeur de l'électrode assure le passage du courant alors que plus loin la décharge redevient purement gazeuse (1). On devrait d'ailleurs plus exactement donner ce nom aussi aux arcs à flamme calme qui servent dans la préparation décrite plus haut des composés oxygénés de l'azote ; avec les courants alternatifs, même à haute fréquence, la décharge est bien entendu toujours discontinue ; au reste il est vraisemblable que toute décharge est discontinue.

Cette discontinuité est sûre pour les décharges par étincelles qui peuvent être envisagées comme des arcs de durée extrêmement petite ; l'intensité y atteint des valeurs considérables. On doit conclure des observations spectroscopiques que la vapeur de l'électrode joue un rôle dans le passage du courant et la possibilité de préparer des solutions colloïdales de métaux précieux en faisant éclater dans l'eau des étincelles entre des électrodes de ces métaux amène à la même conclusion.

---

(1) Voyez O. Lehmann, Phénomènes électriques lumineux, et décharges, W. Knapp à Halle a. S., 1898.

Comme nous l'avons déjà indiqué la décharge tranquille (comme aussi l'étincelle) est en état d'agir chimiquement sur les gaz. L'hydrogène avec l'azote fournit ainsi l'ammoniaque, avec le cyanogène l'acide cyanhydrique; l'oxyde de carbone et l'eau donnent de l'acide formique, et l'oxygène donne l'ozone. Cette dernière réaction, importante au point de vue industriel, est très remarquable sous certains rapports; dans tous les modes d'utilisation du courant alternatif vus précédemment la quantité de chaleur ou la température produite importait seule; il semble ici que la forme du courant, la courbe qui relie ses maximas et minimas joue un rôle sur la quantité d'ozone produite pour les mêmes appareils et la même quantité d'énergie électrique. Ces faits sont encore peu éclaircis dans leur détail.

Capacité. — Nous étudierons ici rapidement la capacité électrique (*C*), notion utilisée plutôt dans l'électricité statique; (cette « capacité électrique » n'a rien à voir avec le facteur de capacité de l'énergie électrique, la quantité d'électricité.) On entend sous ce nom le pouvoir absorbant d'un corps pour l'électricité et on définit la capacité par le quotient

$$\frac{\text{Quantité d'électricité}}{\text{Potentiel}} \qquad C = \frac{q}{\pi}.$$

Pour des corps ayant des capacités différentes une même quantité d'électricité fait naître des pressions électriques différentes et pour des pressions égales des quantités différentes d'électricité sont nécessaires.

L'unité est le Farad qui désigne la capacité d'un corps qui pour la quantité d'électricité 1 coulomb est porté au potentiel 1 volt.

La capacité d'un corps est indépendante de sa constitution intérieure, mais dépend au contraire de sa grandeur, de sa forme et du milieu qui l'entoure.

Quantités d'électricité positives et négatives. — Nous avons jusqu'ici comparé le courant électrique à un courant de liquide, et cette analogie est particulièrement utile au début et facilite la compréhension des phénomènes. En réalité, comme nous l'avons déjà indiqué, les faits sont plus compliqués. Intercalons dans un circuit une solution de chlorure de cuivre comme nous l'avons déjà indiqué précédemment, nous remarquons sur l'une des lames de platine une précipitation de cuivre métallique, et à l'autre lame un dégagement de chlore. Si la séparation du cuivre éveille l'idée d'un déplacement par le courant électrique du cuivre dissous dans le liquide vers l'une des électrodes où il se dépose, le dégagement de chlore à l'autre électrode donne à penser que le chlore présent dans le liquide a été déplacé dans la direction inverse. La constatation de ce mouvement de matière pondérable sous l'influence du courant électrique nous amène à admettre que nous devons attribuer au courant électrique non pas une seule direction comme pour le courant d'eau, mais deux directions de sens contraires. Mais nous savons, d'après les premiers principes d'électricité statique, que nous avons à distinguer deux sortes de quantités d'électricité, désignées par les noms de positive et de négative et de là résulte cette conclusion que le courant électrique consiste dans le mouvement simultané de quantités d'électricité positives dans un sens et de quantités d'électricité négatives dans le sens opposé ; c'est une conclusion qui sera justifiée par les recherches électrométriques que nous décrirons bientôt. Les particules de cuivre se meuvent toujours dans la direction de l'électricité positive, et celles de chlore dans la direction de l'électricité négative.

L'énergie électrique montre donc ainsi des propriétés tout autres que l'énergie mécanique. Le produit volume $\times$ pression représente une quantité d'énergie, et pour le volume qui, dans ce produit, représente le facteur de capacité, nous ne connaissons qu'une espèce. Pour l'énergie électrique nous avons deux sortes de facteurs de capacité $+q$ et $-q$ liés par cette relation que la réunion d'une quantité $+q$ et d'une quantité égale — q donne 0. Nous devons nous accoutumer à penser d'une manière abstraite; nous ne devons pas exiger qu'une quantité d'électricité se représente à nous comme une chose palpable ainsi que la matière. D'ailleurs si nous réfléchissons bien nous trouvons que si l'expression matière nous paraît compréhensible nous ne devons pas trouver incompréhensible l'expression quantité d'électricité. D'abord savons-nous bien clairement ce que nous entendons par matière? Nous parlons de matière quand nous remarquons en un point déterminé un ensemble déterminé de propriétés. L'une d'entre elles est par exemple d'occuper un certain espace, c'est-à-dire correspond à l'existence d'une certaine quantité d'énergie de volume. Si nous comprimons la matière nous tendons à réduire son volume, il y a absorption de travail et c'est cela que nous constatons. Nous parlons également de l'existence de quantités d'électricité quand nous remarquons en un endroit un ensemble de propriétés déterminées. Ces propriétés sont cependant d'autre sorte que les précédentes. La quantité d'électricité ne remplit pas l'espace, et ne possède pas d'énergie de volume par exemple, et c'est pourquoi nous ne pouvons la toucher avec les mains (1). On demande fréquemment ce que nous devons nous représenter sous le nom de quantité d'électricité; ou de quelle nature est l'électricité; et on ne demande jamais : Quelle est la nature de la matière? Ces deux questions sont également oiseuses. Les mots « matière » et « quantité d'électricité » ne sont rien de plus que des expressions globales pour une série de propriétés déterminées.

Frottons un bâton de cire à cacheter avec une étoffe de laine nous transformons du travail mécanique en énergie électrique.

---

(1) On doit cependant faire ici remarquer que Helmholtz et d'autres savants attribuent une structure atomique à l'électricité et supposent l'existence de particules positivement ou négativement chargées. D'après cela on doit admettre deux nouveaux éléments pour ainsi dire dénués de masse l'électron positif et l'électron négatif.

Mais toujours les deux corps, aussi bien le frotteur que le frotté, se montrent électrisés l'un négativement, l'autre positivement. C'est une loi de la nature que toujours, quand de l'énergie électrique prend naissance, elle apparaît en deux points séparés de l'espace, points qui au reste peuvent être extraordinairement près l'un de l'autre ; cela dépend des deux facteurs de capacité présents. On parle ordinairement et nous l'avons aussi fait d'une quantité d'électricité q qui traverse un circuit et on désigne comme sens du courant la direction dans laquelle les particules de cuivre se meuvent dans la solution. En fait à une quantité d'électricité positive qui se déplace dans un sens correspond toujours une certaine quantité d'électricité négative qui se déplace dans le sens contraire de telle manière qu'en tous les points du circuit la somme de ces deux quantités est constante. Le mouvement d'électricité positive dans une des directions est cependant équivalent au mouvement d'électricité négative dans la direction opposée, et nous sommes formellement autorisés et nous le faisons pour plus de simplicité, à ne parler que du transport de la quantité q d'électricité dans une direction, qui est celle du mouvement des particules de cuivre. Nous ne devons cependant jamais oublier que cette manière de s'exprimer ne correspond pas à la réalité des faits. Sans cela nous ne pourrions pas du tout comprendre par exemple les mesures électrométriques appliquées à un circuit que nous allons étudier maintenant.

Mesures électrométriques. — Nous connaissons pour la température facteur d'intensité de l'énergie thermique, une limite inférieure absolue — 273°. Il existe aussi pour la pression un semblable point à partir duquel nous commençons à compter ; dans un espace vide règne la pression zéro. Par contre nous ne pouvons pas parler de vitesses absolues, mais seulement mesurer des vitesses relatives. Pour les mesures ordinaires nous égalons à zéro la vitesse de la terre.

Quand nous disons par suite que un corps a la vitesse v cela veut dire que la différence entre sa vitesse absolue et celle de la terre en valeur absolue est égale à v. Il en est tout à fait de même pour le facteur d'intensité de l'énergie électrique. Celui-ci prend toujours la forme d'une différence puisque nous ne connaissons pas de point zéro à partir duquel nous puissions compter. On pose arbitrairement égale à zéro la tension existant à la surface de la terre. Si nous voulons amener au potentiel zéro un point d'un circuit, il nous suffit de réunir ce point par un bon conducteur avec la surface de la terre, et ainsi nous transformons pour ainsi dire ce point en une partie de cette surface même.

Les tensions électriques sont mesurées au moyen de l'électromètre. (Nous ne parlerons pas ici des méthodes galvanométriques). Il y en a une grande quantité de modèles qui sont sans intérêt pour nous; leur principe est toujours le même. Nous prenons, pour étudier le mode d'action de cet instrument, l'électromètre bien connu à feuilles d'or. Nous le réunissons d'abord à la terre pour le mettre au potentiel zéro, les feuilles tombent ensemble. Mettons-le maintenant en relation avec un point dont la tension doit être mesurée; il pénètrera dans l'électromètre de l'électricité soit positive, soit négative venant de ce point. Plus il en passe et plus la quantité d'énergie amenée sur les feuilles est grande, l'effet produit augmente et les feuilles s'écartent de plus en plus. La quantité d'énergie qui passe ainsi dépendant de la pression, l'écart des feuilles nous donne une mesure de la tension. On peut maintenant graduer l'électromètre et y lire directement la pression électrique en volts.

Imaginons maintenant un circuit (de résistance suffisamment grande et égale en toutes les parties), possédant aux points A et B (fig. 10) une source d'énergie électrique de tension 2 volts, et mettons l'électromètre en rapport avec différents points du circuit pendant que nous réunissons tour à tour les autres au sol. Réunissons d'abord au sol le milieu C par un conducteur, l'électromètre étant relié à A point de formation des quantités d'électricité positive, nous trouvons que l'électromètre se charge positivement et montre une tension de 1 volt. Relié à B où prennent naissance des quantités d'électricité négative, nous avons de nouveau l'électromètre chargé à un volt, mais négativement. Au point C l'électromètre ne montre aucune charge. Entre A et C et C et B nous pouvons avoir toutes les tensions entre 0 et 1 volt, la chute est toujours proportionnelle à la résistance, seulement dans le premier cas l'électromètre est toujours chargé positivement et dans le second toujours négativement. On obtient le même résultat si aucun point n'est réuni au sol, c'est-à-dire si le circuit est isolé. Si au contraire B est réuni à la terre, l'électromètre se montre toujours chargé positivement. La tension s'élève en A à 2 volts, en C à 1 volt, en B elle est nulle, et entre ces points elle passe par tous les degrés intermédiaires. En réunissant A à la terre l'électromètre ne nous indique plus que de l'électricité négative et en B 2 volts, en C 1 volt et en A 0.

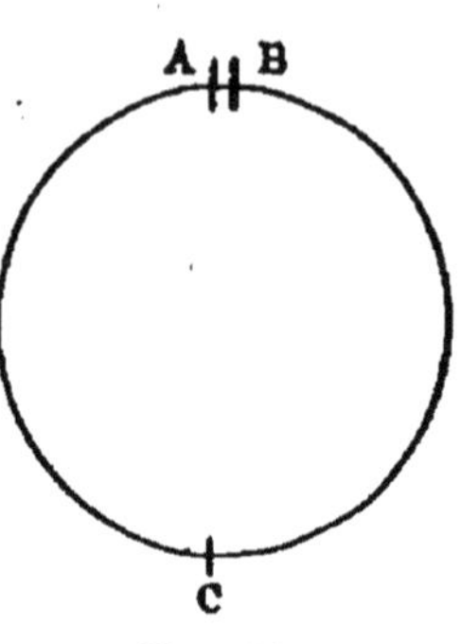

Fig. 10.

On voit que ces propriétés sont très claires, nous pouvons nous en rendre compte encore mieux par une représentation graphique.

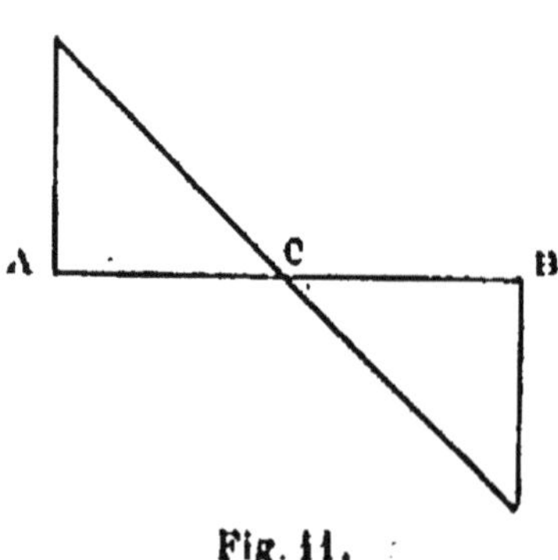

Fig. 11.

Représentons-nous le circuit précédemment décrit développé entre les points A et B et servant comme axe des abscisses d'un système de coordonnées. En chaque point particulier les ordonnées représentent les tensions correspondantes ; la ligne AB elle-même représente le lieu de la tension 0 ; les tensions correspondant à des quantités d'électricité positive sont portées

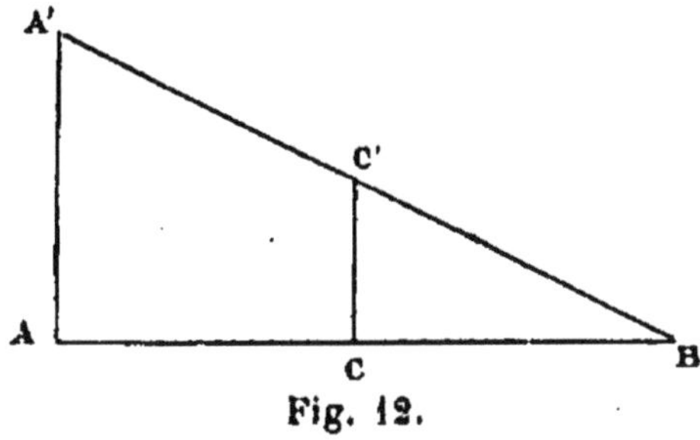

Fig. 12.

vers le haut, celles correspondant aux quantités d'électricité négative vers le bas. D'après cette convention, les trois cas

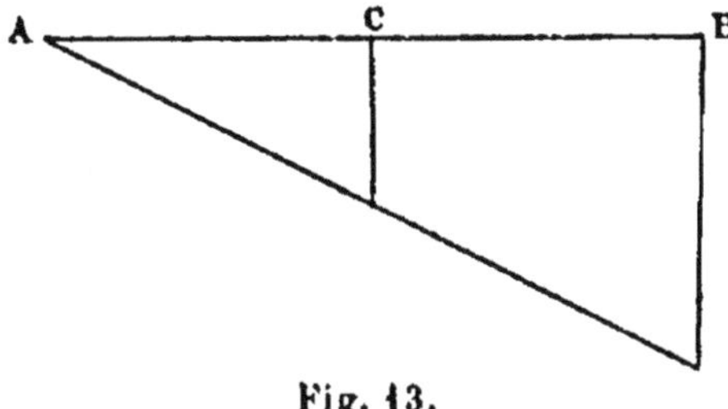

Fig. 13.

précédents sont représentés graphiquement par les fig. 11, 12, 13.

Il est facile de voir que l'on obtiendra la distribution des tensions en menant simplement une parallèle à l'axe des abscisses par le point réuni à la terre.

A partir de la figure 12 nous obtenons par exemple aussitôt la figure 11 en menant par C' une parallèle à AB, et la figure 13 en menant cette parallèle par A'. Nous avons en effet pour ces deux cas réuni d'abord C à la terre, ce qui l'amène par suite à la tension correspondante C'=0, puis le point A ce qui fait tomber à 0 la tension correspondante A'.

Il n'y a rien de changé en général s'il y a du travail fourni par le courant et par suite une chute brusque de potentiel en un point.

Il nous reste maintenant à indiquer une propriété caractéristique de l'énergie électrique. Soient deux sources égales d'énergie électrique réunissons le point origine des quantités d'électricité négative (le pôle négatif) de l'une avec le pôle positif de l'autre. Nous obtenons maintenant un système ayant une force électromotrice double. Deux éléments Daniell par exemple réunis de cette manière, donnent une force électromotrice de 2,20 volts. Nous avons ici des propriétés toutes différentes de la température. Deux barres ayant une de leurs extrémités à 0, l'autre à 100° ne peuvent en aucune manière être réunies pour nous donner une différence de température de 200°. Au contraire, l'énergie électrique jouit de cette propriété que quand une différence de potentiel existe entre deux points d'un conducteur elle ne change pas, si l'on amène l'un des points à un potentiel quelconque, et par suite on peut atteindre des forces électromotrices aussi élevées qu'on le veut par la réunion de sources d'électricité. Si le pôle négatif d'un Daniell est réuni à la terre, le pôle positif a la tension $+ 1^v,10$, réunissons le pôle négatif d'un second Daniell celui-ci se met à la même tension et le pôle positif du second Daniell indique la tension $2^v,2$, etc.

Par la réunion en quantité de plusieurs éléments, c'est-à-dire par la réunion entre eux des pôles de même nature, on ne produit aucune élévation de la force électromotrice, mais bien une diminution de la résistance intérieure.

Maintenant que nous avons acquis les notions principales nécessaires pour comprendre ce qu'est le courant électrique nous pouvons aborder l'électrochimie elle-même. Nous donnerons maintenant un court résumé historique de l'électricité qui nous amènera bientôt à l'électrochimie, c'est-à-dire à notre sujet proprement dit. Nous renverrons le lecteur désireux de plus de détails à l'ouvrage de Ostwald, « Elektrochemie, ihre Geschichte und Lehre » et aussi au « Handbuch der Elektrochemie (1) » qui paraît en ce moment.

(1) *Handbuch der Elektrochemie*, par Felix B. Ahrens, Stuttgart, 1903.

II

DÉVELOPPEMENT DE L'ÉLECTROCHIMIE JUSQU'A NOS JOURS

Il n'y a pas beaucoup plus de 2000 ans que les premiers phénomènes électriques ont été remarqués. Thalès fit, paraît-il, l'observation que l'ambre ἤλεκτρον dans certaines conditions acquérait le pouvoir d'attirer des corps légers tels que des parcelles de bois, de plume, etc. On trouva plus tard que d'autres corps partageaient cette propriété que l'on désigna alors comme une propriété semblable à celle de l'ἤλεκτρον d'où vint ensuite par abréviation l'adjectif électrique. Les phénomènes d'électricité atmosphérique ont été naturellement connus des anciens depuis un temps immémorial car l'orage et ce que nous nommons le feu Saint-Elme ne sont et n'étaient pas rares surtout dans les contrées méridionales ; on était cependant bien loin de considérer ces phénomènes comme électriques.

Nos connaissances électriques restèrent extrêmement incomplètes jusque il y a trois cents ans ; elles furent augmentées un peu d'abord par William Gilbert au commencement du XVIIe siècle. Il ajouta aux corps peu nombreux connus jusqu'alors pour devenir électriques par frottement un grand nombre d'autres substances, et montra que pour d'autres, comme les métaux cette faculté fait défaut. En même temps, il insista sur la nécessité du frottement pour rendre le corps électrisé. On prit depuis lors un plus grand intérêt à l'étude de l'électricité, on trouva notamment bientôt le moyen de produire des actions électriques plus fortes, et en 1773 Dufay énonça cette loi importante qu'il y avait deux électricités opposées qu'il distingua sous les noms d'électricité résineuse et d'électricité vitreuse.

Vers la fin du XVIIIe siècle les connaissances s'étaient étendues de telle sorte qu'on reconnaissait cinq sortes d'électricité. L'unique source jusqu'à Franklin était le frottement, il y ajouta l'atmosphère. Une troisième source fut découverte par Wilke dans la solidification de substances fondues, il nomma cette électricité « electricitas spontania ». Une quatrième source avait été trouvée dans l'échauffement de la Tourmaline et une cinquième et dernière dans l'organisme des animaux vivants ; on avait reconnu avec certitude la propriété que possèdent les gymnotes, les torpilles et les silures de donner des secousses électriques.

Le siècle ne devait pas finir sans qu'on pût ajouter une source d'électricité plus étendue et beaucoup plus féconde à celles citées précédemment. En 1790 une tradition nous apprend que la femme de *Aloisio Galvani*, professeur de médecine à l'Université de Bologne, fit par hasard l'observation qu'une préparation de grenouille dont les nerfs cruraux étaient en contact avec la pointe d'un scalpel tressaillaient chaque fois que des étincelles étaient tirées d'une machine électrique qui se trouvait dans la pièce. Elle attira sur ce fait l'attention de son mari qui se mit à étudier ce nouveau phénomène avec d'autant plus d'empressement qu'il lui semblait vérifier son hypothèse de prédilection d'une électricité propre aux animaux. Au cours de ces recherches, le hasard fit que pour étudier l'action de l'électricité atmosphérique il suspendit à un balcon de fer par les pattes des préparations de grenouilles contenant un fil métallique dans la moelle épinière. Le temps était serein et il n'y avait dans l'électricité atmosphérique aucun de ces changements qui eussent pu faire naître les phénomènes d'induction espérés. Fatigué de sa longue attente Galvani mit le fil qui pendait en-dessous en contact avec le balcon ; il pensait que l'électricité venue du dehors et adhérente à l'animal se déchargerait ainsi peut-être plus facilement. En fait il observa alors de fréquentes secousses. Tout d'abord il rapporta encore ces secousses à l'électricité atmosphérique, mais plus tard, des recherches faites à l'intérieur de son laboratoire lui montrèrent qu'elles n'avaient aucune relation avec elle, et que les conditions déterminées étant conservées, il pouvait les provoquer dans n'importe quel lieu et à n'importe quel moment.

C'était une découverte de grande portée et comme il est donné rarement d'en faire. Ces secousses furent envisagées comme produites par l'électricité et la question se posa de savoir d'où venait l'électricité dans cette recherche ? Galvani répondit qu'elle venait de la préparation qu'il compara à une bouteille de Leyde chargée ; les muscles et les nerfs étaient les deux garnitures, et le conducteur métallique servait à opérer la décharge. De même que les poissons électriques, chaque organisme aurait été une source d'électricité, mais de force différente, et on pouvait dès lors espérer acquérir bientôt l'explication des conditions intimes de la vie.

Tout d'abord l'opinion de Galvani fut admise sans difficulté par les physiciens qui répétèrent naturellement un grand nombre de fois ses expériences sensationnelles, et Volta qui déjà jouissait d'une réputation particulière l'admit aussi. Bientôt cependant il remarqua que les secousses, fortes si le conducteur métallique était constitué par deux métaux différents, étaient au contraire faibles ou cessaient complètement s'il n'y avait qu'un seul métal ; par des recherches plus précises il trouva qu'il se produisait toujours un courant électrique si on constituait un circuit avec deux métaux et un liquide. Par suite l'opinion de Galvani devenait insoutenable et Volta n'hésita plus que sur le point de savoir si on devait fixer le siège de l'électricité à l'endroit de contact des deux métaux ou au point de contact des deux métaux avec un liquide : *la préparation même de grenouille humide n'étant autre chose qu'un électroscope sensible.* Finalement Volta considéra le point de contact des métaux entre eux comme le siège de l'action électrique et regarda comme secondaires les actions résultant du contact entre le métal et le liquide ; il créa ainsi une manière de voir qui régna seule sans conteste pendant de nombreuses années et dont on ne commence à se libérer que depuis peu.

Nous ajouterons ici que Volta distingua par la suite les conducteurs de la première classe et ceux de la seconde. Parmi les premiers il comptait les métaux, le charbon et quelques combinaisons naturelles, parmi les seconds les solutions aqueuses de toute nature. Cette distinction a été conservée dans ses parties essentielles. D'après les idées modernes nous pouvons définir les conducteurs de première classe comme ceux qui conduisent le courant sans donner lieu à un déplacement de matière pondérable, pendant que pour ceux de la seconde classe le passage du courant a lieu grâce à un déplacement de cette nature. Il est remarquable que la conductibilité décroît presque toujours quand la température s'élève pour les conducteurs de première classe (sauf le charbon) et croît presque toujours pour ceux de la deuxième. De plus fait expliqué d'ailleurs par la théorie électromagnétique de la lumière, les conducteurs métalliques sont complètement opaques même en couches minces, alors que les autres laissent toujours plus ou moins passer la lumière. Cette dernière propriété, notamment dans des cas douteux comme dans les oxydes, permet une facile distinction Pour les conducteurs de la première classe Volta établit déjà une série de tensions, c'est-à-dire les rangea de telle manière que quand deux d'entre eux étaient réunis d'une part par un conducteur de deuxième classe et de l'autre étaient en contact direct, le courant électrique traversant le liquide passait du terme le plus élevé dans la série au terme le moins élevé. Le courant était d'autant plus intense que les termes étaient plus éloignés l'un de l'autre dans la série.

Après l'établissement de cette série de tensions Ritter fit une découverte fondamentale, qui, comme cela arrive souvent, n'obtint pas l'attention méritée ; il trouva que dans cette série les métaux se suivaient dans l'ordre où ils se précipitent les uns les autres de leurs solutions. Zn, Cu, Ag tel est l'ordre de la série de tension et le zinc précipite le cuivre de ses solutions, le zinc et le cuivre précipitent l'argent des siennes. Il y avait là déjà une indication du rapport existant entre les propriétés chimiques et galvaniques, et cette découverte peut être considérée comme le commencement de l'électrochimie scientifique.

Un peu plus tard Volta donna la « Loi des tensions ». Elle exprime que entre deux métaux il existe toujours une tension invariable que le contact soit direct ou que ces métaux soient séparés par une série d'autres. De cette loi résulte l'impossibilité d'obtenir un courant électrique dans un circuit exclusivement métallique, car les tensions admises aux points de contact des métaux doivent dans un tel circuit se neutraliser exactement La loi des tensions d'après Volta ne s'applique pas aux conducteurs de la seconde classe ; deux métaux peuvent être réunis par un liquide conducteur, sans qu'il naisse pour ainsi dire de nouvelle tension puisqu'il n'y a que de très faibles tensions au point de contact de conducteurs de la première et de la seconde catégorie. Dans un circuit ainsi disposé, par exemple : < Zinc — Cuivre / liquide conducteur > l'électricité doit passer à peu près sous la même tension que celle existant entre le cuivre et le zinc. Aussi longtemps qu'on s'était occupé principalement de l'électricité de frottement on n'avait accordé qu'accessoirement de l'attention à l'action chimique des phénomènes électriques. Les quantités d'électricité dont on disposait étaient trop faibles pour pouvoir produire d'importantes actions chimiques. Cependant des faits isolés de cette nature étaient connus depuis le milieu du XVIIIe siècle : on savait que par l'étincelle électrique les métaux pouvaient être « revivifiés » de leurs oxydes, et on avait remarqué aussi que l'air et d'autres gaz comme aussi l'eau pouvaient être transformés par le passage de l'étincelle. Les actions chimiques du courant électrique furent étudiées d'une manière étendue seulement après que Volta eut construit sa pile. Cette dernière était constituée par des morceaux de zinc, des morceaux de cartons humectés autant que possible d'une solution saline et des morceaux d'argent, placés alternativement les uns sur les autres dans l'ordre indiqué. Au lieu du zinc et de l'argent on pouvait prendre aussi d'autres métaux ; avec les métaux choisis variait la force de la pile qui dépendait aussi d'ailleurs du nombre d'éléments dont elle se composait. Tous ceux qui étaient à même de le faire se construisirent alors de semblables piles et tous les journaux scientifiques du commencement du XIXe siècle sont pleins de descriptions d'expériences réalisées avec la pile. Il est remarquable que Volta même ne cita aucune des actions chimiques de sa pile quoique de ses recherches on doive conclure par exemple qu'il a dû observer la décomposition de l'eau. Il ne savait évidemment tirer aucun parti de ces phénomènes.

C'est ainsi que la découverte de la décomposition de l'eau par la pile fut réservée à d'autres ; en l'an 1800 Nicholson et Carlisle montrèrent que par le passage du courant dans l'eau il apparaissait de l'hydrogène au fil relié à une extrémité de la pile et de l'oxygène à l'autre fil qui s'oxydait s'il n'était pas constitué par un métal noble. L'alcalinité du liquide au pôle où l'hydrogène se dégageait, et l'acidité à l'autre passèrent inaperçues.

Il est remarquable que dès cette époque (1802) des mesures précises sur la tension électroscopique d'une pile de Volta furent faites par Ermann, et restèrent fondamentales jusqu'à l'heure actuelle. Nous avons déjà vu une partie de ces résultats dans l'introduction, une autre peut être citée ici. Ermann intercalait dans le circuit un tube d'argent rempli d'eau ; à ses extrémités étaient mastiqués deux morceaux de verre traversés par les pôles de la batterie. En mettant en rapport avec un point quelconque du tube d'argent l'électroscope, celui-ci, après fermeture de la pile de Volta, indiquait la présence d'électricité et Ermann établit la loi importante suivante : *La colonne d'eau qui se trouve dans l'appareil à gaz entre les deux fils de la batterie contient réellement pendant l'expérience de l'électricité.* La variation de la tension électroscopique après l'introduction de la colonne de liquide a lieu comme nous l'avons vu p. 11 et suivantes. Il y a chute de potentiel seulement aux deux pôles puisque là il s'agit de

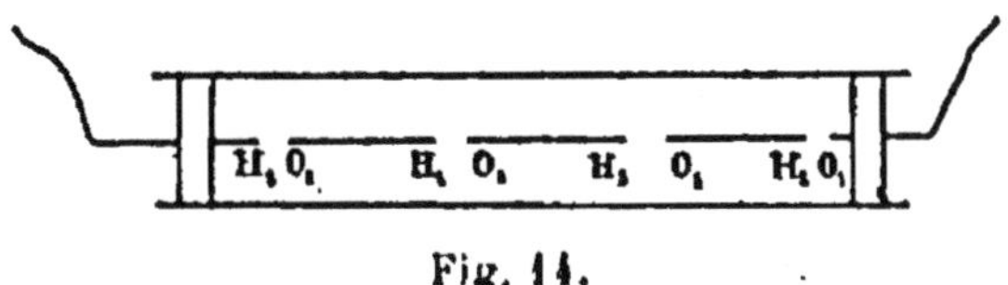

Fig. 14.

travail absorbé. — Ermann plaça ensuite des fils métalliques (fig. 14) entre les deux pôles et observa à leurs extrémités un dégagement de gaz et cela de telle manière que l'extrémité d'un fil d'où naissait de l'hydrogène était opposée justement à l'extrémité donnant de l'oxygène d'un autre. Le passage du courant avait lieu partie par l'eau, partie par les fils métalliques. Dans ce cas aussi la répartition des tensions électroscopiques du circuit avait lieu comme précédemment. Par une réunion convenable avec le sol nous pouvons faire que toute la colonne d'eau et les fils contenus indiquent seulement de l'électricité positive ou négative en toutes leurs parties, ou enfin qu'une partie de la colonne se montre positive et l'autre négative (1).

(1) Ces observations communiquées d'abord par Ermann que, par l'introduction de morceaux métalliques dans un liquide traversé par un courant une partie de celui-ci traverse le métal et produit ainsi une décomposition de l'eau aux deux extrémités du morceau métallique, ont été récemment utilisées en pratique pour fondre des métaux sous l'eau. Le courant électrique traversant pour la plus grande partie le métal l'échauffe très fortement pendant que l'eau n'est cependant que

La formation séparée de l'hydrogène et de l'oxygène sur les deux conducteurs de la pile placés dans l'eau et la formation d'alcali et d'acide causaient alors de grandes difficultés aux savants. Ces derniers corps prenaient-ils naissance par l'action de l'électricité sur l'eau ? La loi de la conservation de la matière n'était alors nullement connue en général, si bien qu'une telle supposition n'avait à priori rien d'absurde mais devait être soumise à l'expérience. Davy se consacra à ce travail et montra par des recherches expérimentales remarquables que l'eau pure se décomposait par le courant en hydrogène et oxygène et qu'on devait attribuer aux impuretés la formation de base et d'acide. Il institua en outre quelques recherches extrêmement importantes sur le mouvement de la base et de l'acide aux deux pôles, mouvement qui n'a trouvé son explication satisfaisante que dans ces dernières années, grâce aux nouvelles théories. Nous rapporterons brièvement ces expériences parce qu'elles concernent des phénomènes qu'il importe de connaître ; les chapitres suivants pourront en donner l'explication. Il serait bon, pour le lecteur devenu familier avec les nouvelles théories, de chercher lui-même à ces recherches une explication sur les bases nouvellement acquises. Cette explication ne lui sera pas difficile, et il reconnaîtra la fécondité des théories nouvelles.

Réunissons deux fils de platine avec le pôle positif et le pôle négatif d'une pile de Volta et plaçons leurs extrémités libres que nous désignerons comme positive ou négative d'après le pôle correspondant, l'une dans un vase plein d'eau pure, l'autre dans un vase garni d'une solution de sulfate de potasse, les vases étant réunis par un siphon plein d'eau ; par le passage du courant l'acide apparaît au pôle positif et l'alcali au pôle négatif. La même chose a lieu si on prend trois vases, les deux extrêmes où plongent les pôles contenant

---

modérément chaude puisqu'il se produit une sorte de phénomène de caléfaction ; l'échauffement direct de l'eau par le courant est faible.

de l'eau et le vase intermédiaire la solution de sulfate. Il semblerait donc que le pôle positif attire l'acide et le négatif la base et il se produit ainsi une décomposition du sel. Davy eut le désir compréhensible de suivre le déplacement de l'alcali et de l'acide à partir du sol jusqu'aux pôles et se servit pour cela de papier de tournesol. A son grand étonnement il trouva que la réaction alcaline ou acide apparaissait d'abord aux pôles et s'étendait graduellement ensuite à partir de là. Puisque l'alcali et l'acide peuvent émigrer aux pôles sans agir sur le papier de tournesol il est possible, se dit Davy, qu'ils puissent traverser des corps pour lesquels ils aient de grandes affinités. Et en fait une solution alcaline concentrée placée sur le chemin de l'acide et une solution acide concentrée placée sur le chemin de la base n'empêchent en aucune manière l'apparition des deux corps aux pôles. Mais dans la solution alcaline on pouvait constater la présence d'un peu de l'acide employé et dans l'acide d'un peu de la base du sel utilisé. Les affinités chimiques paraissaient donc au moins un peu masquées. En employant du sulfate de potasse et en plaçant une solution saturée de baryte sur le chemin de l'acide sulfurique il y eut formation de sulfate de baryte et il n'apparut d'acide sulfurique au pôle que longtemps après. L'affinité chimique avait là complètement vaincu l'attraction électrique.

Bientôt après Davy couronna ses recherches expérimentales par la séparation des métaux alcalins de leurs hydrates et donna ainsi le principe de la fabrication actuelle du sodium métallique par le procédé Castner; celui-ci consiste essentiellement à fondre la soude peu au-dessus de son point de fusion et à maintenir le sodium libéré à la cathode, écarté de l'anode par une fine toile métallique en fer. Les groupes hydroxyles libérés à l'anode fournissent de l'eau et de l'oxygène. Celui-ci se dégage en grande partie mais l'eau se dissout dans la masse et vient retransformer en soude à la cathode environ la moitié du sodium métallique; le rendement ne dépasse donc jamais 50 0/0. Si la température est trop haute le sodium métallique se dissout aussi dans la masse fondue, s'oxyde de nouveau à l'anode et le rendement tombe finalement à zéro. Les formules suivantes rendent compte de ce qui se passe en marche normale

$$2NaOH = 2Na + 2OH ; \quad 2OH = O + H^2O$$
$$Na + H^2O = H + NaOH$$

Berzélius commençait alors sa carrière. Dans un des premiers travaux qu'il entreprit en collaboration avec Hisinger il étudia l'action du courant électrique sur les solutions de différents corps minéraux et le résultat le plus essentiel fut l'établissement d'une théorie électrochimique qui régna sur toute la chimie pendant plusieurs dizaines d'années. Les différents atomes étaient d'après lui assimilables à un aimant dont les deux pôles, un électro-positif et l'autre électro-négatif seraient en contact l'un avec l'autre. Comme l'un des pôles est ordinairement plus fort que l'autre, l'atome réagit comme unipolaire, électro-positivement ou négativement. De la valeur des charges dépend l'aptitude réactionnelle des éléments particuliers. Les particules positivement chargées réagissent sur les négatives, les électricités de nom contraire s'équilibrent en partie et le composé obtenu est positif ou négatif au point de vue électrique suivant que l'un des éléments combinés possédait un excès d'électricité positive ou l'autre d'électricité négative. Pendant que la formation d'un composé à partir de ses éléments était ainsi expliquée, celle d'une combinaison double à partir de deux combinaisons simples l'était de même ; les deux électricités opposées qui étaient propres aux combinaisons devaient aussi se neutraliser en partie ou presque complètement. Un exemple fera comprendre cette manière de voir.

Un atome de potassium chargé positivement se combine avec un atome d'oxygène chargé négativement pour donner KO (les poids atomiques d'alors étaient différents des nôtres) ;

mais comme le potassium possède plus d'électricité positive que l'oxygène de négative, le composé KO contient encore une certaine quantité d'électricité positive. Un atome négatif de soufre (1) se combine avec trois atomes négatifs d'oxygène pour donner la combinaison SO^3 qui du fait de sa charge résiduelle négative est chargée négativement. Ensuite KO et SO^3 se combinent pour donner SO^3KO qui possède encore une certaine quantité d'électricité positive. La formation du sel double $KOSO^3 + Al^2O^3(SO^3)^3$ s'explique maintenant immédiatement par la réunion des deux composants électriquement différents, le sulfate de potasse et le sulfate d'alumine.

Les phénomènes chimiques et électriques furent ainsi liés étroitement par la théorie que nous venons de voir et le dualisme s'introduisit ainsi dans la chimie minérale et par suite dans la chimie en général, la chimie anorganique étant alors presque seule connue. On regardait ainsi chaque combinaison comme composée de deux parties qui pouvaient être aussi chacune de leur côté constituées par deux composants. Quoiqu'il y eût encore beaucoup d'arbitraire dans cette théorie elle rendit cependant service au point de vue systématique jusqu'à ces derniers temps.

Les années qui suivirent ne présentent aucun progrès essentiel dans le domaine électrochimique. Cet arrêt fut compensé vers le milieu de 1830 par les brillantes découvertes de Faraday.

Quand Faraday se fut convaincu qu'il n'y a qu'une espèce d'électricité positive et négative toujours en état de produire les mêmes effets, quelle que fût son origine, frottement ou pile de Volta, il chercha un rapport entre la quantité d'électricité passée dans un circuit et les effets chimiques et magnétiques

---

(1) Berzélius explique ce fait que deux corps négatifs puissent réagir énergiquement l'un sur l'autre en disant que le soufre outre sa charge négative prédominante possède une charge positive relativement grande qui peut neutraliser suffisamment la charge négative de l'oxygène.

produits par elle. *Il se trouva que ces trois grandeurs étaient proportionnelles entre elles.*

Il trouva une seconde loi lorsqu'il compara les quantités de corps décomposées par les mêmes quantités d'électricité. Cela se fait le plus simplement en intercalant dans un même circuit les électrolytes à étudier. Le résultat fut que, indépendamment des concentrations des solutions, de leurs températures, de la grandeur des électrodes et de toutes les autres circonstances, *les quantités de corps séparées dans un même temps aux électrodes étaient dans le rapport de leurs équivalents chimiques.* Intercalons ainsi, en employant des pôles de platine, une solution acide, une solution de mercure au minimum et une solution mercurique et mesurons les quantités d'hydrogène et de mercure séparées nous trouvons pour 1 gr. d'hydrogène dans la première solution, 200 gr. de mercure dans la seconde et 100 dans la troisième; les quantités de mercure séparées sont entre elles comme 2 et 1, rapport correspondant aux différentes atomicités. Ce fait a son importance technique; la même quantité de courant précipite dans une solution de $CuCl^2$ moitié moins de cuivre que dans une dissolution de Cu^2Cl^2 dans le chlorure de sodium; cette dissolution cuivreuse serait préférée à la première pour la préparation électrolytique du cuivre s'il n'y avait des difficultés dues à des circonstances particulières. La loi de Faraday s'est montrée par la suite rigoureusement exacte aussi bien pour ce qui concerne la proportionalité entre les quantités d'électricité passées et celles de corps décomposées, que pour l'équivalence chimique de ces quantités décomposées entre elles. Il n'y a pas à l'heure présente de base permettant de douter de sa rigueur dans aucun cas. Pour décomposer un gramme-équivalent d'un corps conducteur quelconque il faut faire passer d'après les mesures les plus récentes 96580 coulombs; ce nombre de coulombs représente d'après cela l'unité électrochimique de quantité d'électricité que nous désignerons plus tard à l'occasion par F. Cette quantité F décompose ainsi dans une solution d'azotate d'argent 169,97 d'azotate d'argent. Un coulomb dans une seconde séparera ainsi $\frac{107,93}{96580}$ = 0,0011175 gr. d'argent (1). Nous voyons ainsi que de grandes quantités d'électricité sont mises en mouvement avec de faibles masses et il est intéressant de rappeler que avec la même quantité d'électricité 100 coulombs qui sépare seulement 0,111 d'argent ou moins de 0 gr., 001 d'hydrogène on pourrait charger à refus un condensateur à air dont les dimensions s'exprimeraient en kilomètres carrés.

La loi de Faraday souleva dès sa publication de fortes objections. Les idées que nous avons actuellement sur les principes fondamentaux de l'électricité étaient encore peu claires, Faraday même n'était pas encore parvenu à une précision complète, et on confondait la quantité d'électricité et l'énergie électrique. La loi de Faraday ne se rapporte en effet qu'à la quantité d'électricité. Elle exprime que quand des quantités égales d'électricité sont passées dans un circuit des quantités chimiquement équivalentes des différents corps sont séparées mais elle ne dit rien sur l'énergie électrique nécessaire à la séparation.

Berzélius comprenait cette loi et c'était la conception générale, de la manière suivante : pour lui la décomposition de quantités chimiquement équivalentes de différents corps exigeait la même dépense d'énergie.

Cette manière de comprendre la loi au début la fit apparaître un peu comme quelque chose d'impossible, puisque la cohésion des différentes parties séparées par le courant dans les divers corps ne pouvait être la même.

Nous devons aussi à Faraday la nomenclature électrochimique. D'après des vues théoriques résultant des observations faites et dont nous parlerons bientôt, on admit qu'il y avait

(1) La table qui termine le volume contient ces nombres pour beaucoup d'autres métaux, etc.

un mouvement de nature pondérable pendant le passage d'un courant dans un liquide conducteur. Faraday nomme *ions* ces particules pondérables en mouvement; celles qui se déplaçaient dans la direction de l'électricité positive reçurent le nom de *cations* et les autres d'*anions*. Faraday donna le nom d'électrolytes aux corps qui conduisent le courant de cette manière, c'est-à-dire aux conducteurs de deuxième espèce; le processus lui-même prit le nom d'*électrolyse*. Il appela *électrodes* les points de contact entre les conducteurs de la première et de la seconde espèce; l'endroit vers lequel vont les cations fut la *cathode*, celui vers lequel vont les anions l'*anode*. A l'avenir nous utiliserons ces désignations.

Conceptions diverses sur le processus électrochimique. — Les premiers expérimentateurs qui observèrent la décomposition de l'eau par le courant cherchèrent, bien entendu, une explication à l'apparition simultanée de l'oxygène et de l'hydrogène aux deux électrodes. La première théorie générale fut donnée par Grotthus (1804). Pour lui, par l'existence d'un courant électrique l'une des électrodes se charge négativement, l'autre positivement, et sous son influence, la molécule d'eau (HO dans l'ancienne formule) se polarise, c'est-à-dire que l'atome d'hydrogène devient positif et celui d'oxygène négatif. Les électrodes exercent maintenant sur les particules d'hydrogène et d'oxygène une attraction ou une

Fig. 15.

répulsion et les molécules d'eau qui se trouvent entre elles se rangent de telle manière que le côté hydrogène s'oriente vers l'électrode négative et le côté oxygène vers la positive (fig. 15).

Si la force électromotrice et par suite la charge des électrodes est suffisante, l'oxygène et l'hydrogène des molécules d'eau extrêmes seront mis en liberté simultanément, elles neutraliseront leur charge électrique avec celle de l'électrode qui est de signe contraire, et se dégageront à l'état de gaz hydrogène et oxygène électriquement neutre. Les particules d'hydrogène ou d'oxygène des deux molécules extrêmes demeurées libres se combinent aussitôt avec les particules d'oxygène et d'hydrogène des molécules d'eau les plus voisines qui sont ainsi décomposées, et cette combinaison et décomposition alternante se propage à travers toute la série des molécules d'eau. Les nouvelles molécules d'eau ainsi formées subissent toutes une rotation, pour remettre en face les unes des autres les électrodes et les particules chargées d'électricités opposées, puis le phénomène se continue de la manière indiquée.

Le monde scientifique se contenta de cette explication pendant plusieurs dizaines d'années. Une autre question dont bientôt on s'occupa en détail fut la suivante : dans une solution est-ce l'eau ou le corps dissous qui agissent pour le passage du courant ? Les opinions étaient partagées ; ordinairement on parlait d' « eau qu'on avait rendue meilleure conductrice par l'adjonction d'acide sulfurique, par exemple » sans cependant attacher à cela une autre idée que de rendre compte d'une observation expérimentale. Il y eut bientôt aussi discussion pour savoir lequel des ions du corps dissous devait être considéré comme positif ou comme négatif.

Berzélius avait émis l'opinion non douteuse que dans le sulfate de soude par exemple $NaO.SO^3$, NaO était l'ion positif et SO^3 le négatif ; ces ions étaient amenés aux électrodes et y formaient de l'alcali et de l'acide par fixation d'eau. Plus tard des voix s'élevèrent pour désigner Na comme ion positif et SO^4 comme ion négatif.

Ces deux questions furent résolues par une recherche de Daniell qui ne doit d'ailleurs être considérée comme probante qu'au point de vue des opinions d'alors. Il électrolysa du sulfate de soude, en intercalant en même temps dans le circuit de l'acide sulfurique étendu et trouva que les quantités d'hydrogène et d'oxygène séparées des deux électrolytes étaient égales. Il trouva ensuite que les quantités de base et d'acide produites aux électrodes étaient équivalentes aux quantités précédentes. L'opinion de Berzélius fut ainsi montrée inexacte. D'après lui, conformément à l'opinion précédente, le sel aurait été décomposé par électrolyse en base et acide en même temps qu'une quantité équivalente d'eau en hydrogène et oxygène, une double action électrolytique aurait dû avoir lieu, ce qui est contraire à la loi de Faraday. Daniell donna l'explication suivante d'accord avec la loi : Na doit être regardé comme l'ion positif, SO^4 comme l'ion négatif ; ces ions se déchargent aux électrodes et agissent maintenant sur l'eau en dégageant de l'hydrogène ou de l'oxygène et en formant l'alcali et l'acide. Les quantités d'alcali et d'acide doivent alors être égales aux quantités de gaz et ces dernières égales à celles séparées de l'acide sulfurique étendu. C'était le sel seul qui permettait le passage du courant, l'hydrogène et l'oxygène ne devaient être que secondaires car si l'eau avait pris une part quelconque à la conductibilité, les quantités de gaz séparées n'auraient pu être équivalentes aux quantités de base et d'acide fournies ; ces dernières auraient dû être plus petites.

Des recherches ultérieures de Hittorf et Kohlrausch vérifièrent les vues de Daniell. Par suite les métaux et les radicaux qui peuvent leur être assimilés. $H^{\cdot}$, $K^{\cdot}$, $Na^{\cdot}$, $Ag^{\cdot}$, $Hg^{\cdot}$, $Hg^{\cdot\cdot}$, $Fe^{\cdot\cdot}$, $Fe^{\cdot\cdot\cdot}$, $AzH^{4\cdot}$, $AzH^3(CH^3)^{\cdot}$ etc., sont désignés comme ions positifs et les restes des molécules des composés conducteurs OH', $AzO^{3\prime}$, Cl', Br', I', $Fe\,Cy^{6\prime\prime\prime\prime}$, $Fe\,Cy^{6\prime\prime\prime}$ (1), etc., comme ions négatifs.

Nous voyons que à côté d'ions d'un seul et même métal de

---

(1) Le point à droite en haut représente d'après Ostwald une charge positive et le petit trait une charge négative.

valeurs différentes se présentent aussi des ions isomères négatifs ayant la même propriété tels que l'ion trivalent Fe $(Cy)^{6'''}$ du ferro-cyanure de potassium et l'ion tétravalent Fe $(Cy)^{6''''}$ du ferricyanure. La conductibilité existe donc grâce aux corps dissous et non à l'eau. Les progrès ultérieurs firent graduellement reconnaître les imperfections de la théorie de Grotthus. D'après elle, en effet, la décomposition des molécules et par suite le passage du courant n'auraient lieu qu'à partir d'une force électromotrice déterminée; en réalité, on trouva que dans des conditions expérimentales appropriées, en évitant notamment la polarisation comme cela a lieu par exemple dans le dispositif *argent, azotate d'argent, argent,* le courant passait même sous une force électromotrice extrêmement faible; en d'autres termes, la loi de Ohm était valable pour le phénomène de pure conductibilité électrique déjà pour les différences de potentiel les plus faibles. Pour faire mieux ressortir l'incompatibilité de ces résultats expérimentaux avec la théorie de Grotthus, nous donnerons l'explication suivante.

Imaginons-nous une série horizontale de points et en chacun d'eux une sphère maintenue là par une force déterminée x; nous ne pourrons déplacer ces sphères de telle manière que l'une quelconque remplace celle qui la précède que si dans la direction horizontale il existe une force agissant sur ces sphères suffisante au moins pour vaincre la force x; seulement alors nous pourrons, en provoquant le renouvellement des sphères, obtenir un « courant » durable. L'analogie avec la théorie de Grotthus saute aux yeux.

Clausius fut le premier qui montra cette contradiction avec l'expérience. Il montrait (en se basant sur les données acquises expérimentalement) « que toute hypothèse est en contradiction avec la loi de Ohm, si elle admet que l'état actuel d'une solution électrolytique est un état d'équilibre dans lequel chaque partie positive de molécule est solidement liée à une négative, et si elle exige ensuite une certaine force pour faire passer le liquide de cet état d'équilibre dans un autre équivalent du premier dans sa partie essentielle et n'en différant que parce que un certain nombre de particules positives sont liées avec des particules négatives différentes des précédentes ». La conséquence rigoureuse de ce qui précède eût été d'admettre que les ions étaient libres de se mouvoir dans le liquide et indépendants les uns des autres. Les conceptions chimiques d'alors empêchèrent Clausius d'arriver à cette conclusion et il prit un moyen terme. Il se représenta les particules positives et négatives comme n'étant pas solidement liées entre elles, mais dans un état d'oscillation. Les oscillations pouvaient alors être si rapides que la particule positive d'une molécule se trouvât vis-à-vis de la particule négative de la molécule voisine dans une position plus avantageuse telle que ces deux particules continuaient à vibrer ensemble et les particules devenues libres maintenant se trouvant bientôt dans une position favorable vis-à-vis de particules de signes contraires aux leurs se liaient à elles, etc., etc. ; il résultait de ceci un échange perpétuel entre les particules positives et négatives des différentes molécules. Qu'une force électrique vînt à agir maintenant dans le liquide, cet échange et cette oscillation continuelles des particules chargées ne se fera plus au hasard comme précédemment mais seront alors facilitées et par suite rendues plus fréquentes des décompositions telles que les parties de molécules puissent en même temps suivre dans leurs mouvements la direction de la force électrique. Si on considère une section normale à l'action de la force, il est évident que maintenant les parties positives de molécules traverseront cette section dans la direction positive en plus grand nombre que dans la direction inverse, et de même qu'il passera plus de particules négatives dans le sens négatif que dans le sens positif. Comme pour chaque espèce de partie de molécule deux passages en sens inverses se compensent on pourra dire qu'un certain nombre de particules positives traversent dans le sens positif et un certain nombre de négatives dans le sens négatif et que ces deux mouvements de particules électriquement chargées forment le courant galvanique dans le liquide. Nous voyons ainsi que, à l'encontre de la théorie de Grotthus celle de Clausius ne comporte aucune décomposition des molécules par le courant, mais seulement une régularisation et une accélération du mouvement des particules chargées vers l'électrode chargée de signe contraire.

Cette théorie fut admise en général et conservée jusque dans ces derniers temps. A peu près à ce moment commencèrent les travaux de Hittorf sur la migration des ions et un peu plus tard ceux de Kohlrausch sur la conductibilité. Notre connaissance du phénomène électrolytique s'enrichit alors considérablement et en s'appuyant sur ces nouvelles conquêtes *Arrhénius* en 1887 remplaça la théorie de Clausius par sa théorie des ions libres.

Relation entre l'énergie chimique et l'énergie électrique. — Lorsque Volta attribuait comme lieu de naissance à l'énergie électrique le point de contact entre les métaux (v. p. 35) la loi de conservation de l'Energie n'était pas encore établie et il ne concevait nullement que l'énergie du courant électrique ne pouvait prendre naissance qu'au dépens d'une autre sorte d'énergie. Il tenait pour possible l'existence d'un mouvement perpétuel et pensait que l'on pourrait peut-être trouver un dispositif fournissant des quantités infinies d'énergie électrique sans nécessiter aucune dépense. Mais devant le principe de la conservation de l'Energie, découvert au milieu du siècle dernier, la conception de Volta dut être modifiée. Les réactions chimiques qui se passent entre métal et liquide étaient précédemment considérées comme phénomènes accessoires du courant électrique ; on démontra qu'elles en étaient la cause grâce à l'énergie nécessaire qu'elles fournissaient. Il était néanmoins remarquable de conserver comme siège de la force électromotrice le point de contact des deux métaux. Il n'est cependant pas naturel, sans raisons spéciales, de rapporter la formation du courant électrique aux réactions qui ont lieu aux électrodes, et de placer en un autre point le siège de la force électromotrice ; nous pourrions tout aussi bien admettre que s'il y a de la chaleur dégagée en un point d'un circuit, l'augmentation de température correspondante ait lieu en un autre point.

Admettre que l'endroit où l'énergie électrique se produit est aussi le siège de la chute de potentiel est l'hypothèse la plus simple et par suite la seule justifiée tant que rien n'en démontre l'inexactitude. En fait avec elle nous pourrons sans objection représenter les faits et aujourd'hui nous faisons naître la force électromotrice des éléments galvaniques principalement des deux chutes de potentiel existants aux points de contact des deux électrodes et du liquide.

On a reconnu, nous l'avons dit, que l'énergie électrique doit son origine aux réactions qui se passent dans l'élément, mais d'après le principe de la conservation de l'Energie il faut encore répondre à la question de savoir si l'énergie chimique de ces réactions, mesurée par la tonalité thermique, se transforme complètement en énergie électrique ? L'élément Daniell consiste en zinc, sulfate de zinc, sulfate de cuivre, cuivre et pendant son fonctionnement le zinc se dissout tandis qu'il se précipite du cuivre. La tonalité thermique correspondant à cette réaction est connue grâce aux mesures thermochimiques et s'élève pour un équivalent gramme des deux corps à 25050 cal.

$$CuSO^4.Aq + Zn = ZnSO^4.Aq + Cu + 2.25050 \text{ cal.}$$

Si cette réaction ne fournit que de l'énergie électrique la quantité de cette dernière doit correspondre à ces 25050 cal. Nous pouvons facilement obtenir l'énergie réelle produite par l'élément. Pour un équivalent gramme de cuivre précipité la quantité d'électricité F est passée dans le circuit. Cette quantité d'électricité entre toujours en mouvement dès que un équivalent gramme d'un corps quelconque s'est dissous ou précipité. Nous pouvons mesurer la force électromotrice π de l'élément en volt. Or nous savons que le produit 1 volt $\times$ 1 coulomb $= 0,2394$ cal. Il nous suffit donc pour exprimer en calories la quantité d'énergie représentée à l'aide des unités électriques volt $\times$ coulomb, de multiplier le nombre obtenu par 0,2394. L'énergie électrique produite par notre élément est donc

$$0,2394 . F . \pi \text{ cal.}$$

l'énergie chimique donnée par la tonalité thermique étant 25050 cal. De l'égalité de ces deux expressions résulte que

$$0,2394\, F . \pi = 25050$$

et

$$\pi = \frac{25050}{23111} = 1,083 \text{ volt}$$

Expérimentalement on a trouvé à peu près cette valeur et on en conclut que l'énergie chimique se transforme complètement en énergie électrique. Des recherches ultérieures sur d'autres éléments donnèrent des résultats moins satisfaisants. La question fut résolue il y a seulement vingt ans par les recherches expérimentales et théoriques de W. Gibbs, F. Braun, H. v. Helmholtz; ils montrèrent que en général il existe une différence entre l'énergie chimique et électrique, c'est-à-dire qu'il y a en même temps absorption ou production de chaleur.

III

THÉORIE DE LA DISSOCIATION ÉLECTROLYTIQUE D'ARRHENIUS

Les recherches électrochimiques prirent un essor inattendu grâce à la théorie proposée par Arrhénius en 1887. Elle relia des faits jusqu'alors sans relations apparentes et se montra une aide inestimable pour de nouvelles découvertes. L'électrochimie scientifique actuelle est basée sur cette théorie. Nous allons maintenant parcourir l'histoire de sa formation et nous verrons alors quel est l'état actuel de l'électrochimie, ainsi qu'elle apparaît à la lumière de ces nouvelles conceptions.

En juin 1887 parut dans le premier volume du Zeitschrift fur physikalische Chemie, nouvellement fondé, une communication de J. H. Van't Hoff intitulée « Le rôle de la pression osmotique dans l'analogie entre les gaz et les solutions », publication dans laquelle théoriquement aussi bien qu'expérimentalement il était démontré que les lois de Boyle et Gay-Lussac appliquées aux solutions étendues conservaient leur valeur. Ensuite fut formulée cette généralisation extraordinairement importante de la loi d'Avogadro : « Pour la même pression osmotique et la même température des volumes égaux des solutions les plus différentes contiennent le même nombre de molécules, et ce nombre est le même qui dans les mêmes conditions de température et de pression est contenu dans le même volume d'un gaz. »

Quant à ce que nous devons entendre sous le nom de pression osmotique, l'expérience suivante nous l'indique clairement. Dans un vase plein d'eau introduisons un tube ouvert à la partie supérieure, fermé en bas par une paroi dite semi-perméable, et dans lequel nous avons mis, par exemple, une solution de sucre de telle manière que le niveau soit le même dans les deux vases. La paroi semi-perméable s'obtient en plaçant par exemple un peu d'une solution de sulfate de cuivre dans le tube de verre fermé avec un papier parchemin ou une petite plaque poreuse, et en le plongeant dans une solution de ferrocyanure; les deux liquides remplissent avec le précipité de ferrocyanure de cuivre résultant de leur contact les pores du corps interposé entre eux et produisent ainsi la membrane cherchée, qui après lavage est prête pour un usage quelconque.

Une telle membrane semi-perméable, ainsi que son nom l'indique, permet le passage au solvant, ici l'eau, mais pas au corps dissous, le sucre. Nous observons maintenant que la colonne de liquide commence à monter dans le tube l'eau du vase pénétrant à travers la membrane. Si nous voulons empêcher cette élévation, nous devons exercer sur la surface de la colonne une pression. Cette pression, qui maintient la colonne dans sa position initiale, nous indique la pression osmotique et elle joue pour le corps dissous le même rôle que la pression gazeuse. L'état d'un gaz est réglé par l'équation $pv = RT$, expression simultanée du principe d'Avogadro et de la loi de Boyle et Gay-Lussac, v désigne le volume en cm^3, qui contient une molécule gramme du gaz sous la pression p (en grammes par cm^2 de surface), T la température absolue et R une constante. L'expression $\frac{pv}{T}$ a pour tous les gaz (parfaits) toujours la même valeur constante, indépendante de leur dilution et de leur nature, valeur désignée par R. Cette expression est une donnée purement expérimentale à laquelle d'ailleurs on est parvenu par des moyens détournés. On obtient toujours R si on multiplie le volume moléculaire d'un gaz quelconque par la pression correspondante, et si on divise le produit par la température absolue.

Avec les unités indiquées précédemment R possède la valeur 84800. Cette équation d'état s'applique aux corps dissous. Pfeffer trouva pour une solution de sucre à 1 0/0 à 6°,8 une pression osmotique de 50,5 cm de Hg, $P = 50,6 \times 13,59$ gr. Pour 100 cm³ de solution à très peu près il y a 1 gr. de sucre, par suite il y en a 342 (= poids mol. du sucre) grammes dans 34200 cm³, et 34200 nous donne alors V le volume moléculaire. T était égal à 279,8. Par suite $\frac{PV}{T}$ pour la solution de sucre

égale $\frac{50,5.13,59.34200}{279,8} = 83900$ (en chiffres ronds) ; aux erreurs d'expériences près, c'est la valeur de R pour les gaz. Ceci démontre que, la pression osmotique de la solution de sucre est égale à la pression qu'exercerait le sucre, s'il était présent à l'état gazeux dans le même volume.

Maintenant que nous connaissons le phénomène de la pression osmotique et les lois auxquelles elle est soumise, il est à dire vrai superflu de se faire une idée particulière sur la nature intime de cette pression. Cependant comme nous aurons beaucoup à en tenir compte et comme beaucoup de notions nouvelles de même nature ne deviendront pour ainsi dire faciles à concevoir que si elles sont rapprochées de ses phénomènes familiers, nous nous ferons l'idée hypothétique suivante de son origine.

Soit une solution de sucre dans un tube solidement fermé à sa partie inférieure, nous ne pouvons plus constater la pression osmotique. A la surface de l'eau s'exerce cependant une pression dirigée vers l'intérieur, c'est la pression dite interne, qui atteint, et même dépasse, une valeur de 1000 atmosphères (1); dans la solution à 1 0/0 de sucre à cette pression

(1) Des faits expérimentaux sur lesquels nous ne pouvons insister

dirigée vers l'intérieur n'est opposée qu'une pression d'une fraction d'atmosphère dirigée vers l'extérieur, cette dernière provient justement du sucre qui se comporte dans le volume d'eau comme un gaz dans un espace clos. Même pour les dissolutions les plus concentrées la pression sur la surface de la solution due au corps dissous reste très inférieure à la pression interne, de telle manière qu'il subsiste toujours une pression de plusieurs centaines d'atmosphères dirigée vers l'intérieur. D'après cela on comprend que le vase contenant la solution ne peut être brisé par la pression osmotique, puisque, en dehors du poids du liquide aucune pression ne s'exerce sur les parois.

Nous pouvons cependant faire apparaître la pression osmotique aussitôt que nous utilisons une membrane semi-perméable. Fermons le tube à la partie inférieure par une membrane de cette nature et plaçons-le dans de l'eau pure; l'eau entrera dans la solution de sucre. En effet, dans la solution partout où il y a une couche superficielle, la pression interne *a* et la pression inverse *b* du sucre dissous dirigée vers l'extérieur deviennent agissantes, alors que dans l'eau pure existe seulement *a*. Sur la membrane semi-perméable du côté de la solution s'exerce seulement la pression *b*, puisque la membrane étant perméable à l'eau, il n'y a là aucune surface et par suite aucune pression intérieure. La solution tend donc par suite vis-à-vis de l'eau pure à s'étendre et le peut dans ce cas puisque l'eau peut passer à travers la membrane Nous voyons ainsi la nécessité d'une membrane semi-perméable pour que la pression osmotique puisse se manifester, et on définit ainsi la pression osmotique comme celle exercée sur cette membrane. Le phénomène d'ascension de l'eau dans le tube sera peut-être encore plus compréhensible si nous nous rappellons ici l'action de la pompe à air. Dans le

---

conduisent à admettre cette pression. Ostwald, Allgem. Chem., 2e édition, vol. I, 538.

tube garni de la membrane plaçons aussi de l'eau pure, nous pourrons cependant amener la colonne de liquide à s'élever si nous diminuons la pression atmosphérique qui s'exerce sur elle. Par là nous diminuons la pression s'exerçant sur la surface de l'extérieur vers l'intérieur; par la dissolution du sucre nous produisons une pression sur la surface dirigée de l'intérieur vers l'extérieur; dans l'un comme dans l'autre cas le résultat doit être le même et c'est en fait ce qui a lieu (1).

Dès cette époque Van't Hoff avait insisté sur cette profonde analogie entre les gaz et les solutions étendues. Il put en outre déduire des lois de la pression osmotique des lois analogues pour des faits en apparence sans rapport avec elle, notamment pour l'influence des corps dissous sur la tension de vapeur et le point de congélation des solutions. Ces lois trouvées déjà empiriquement, principalement par Raoult, exprimaient que l'abaissement de tension ou celui du point de congélation d'un solvant par un corps dissous était proportionnel à la concentration et était le même pour des solutions équimoléculaires, c'est-à-dire, telles que des quantités égales de solvant contenaient des quantités de corps dissous proportionnelles aux poids moléculaires. C'était là l'occasion offerte de faire un progrès essentiel dans la connaissance de l'état de la matière et notamment aussi de répondre d'une manière commode pour les composés solubles à la question de grandeur moléculaire, résolue seulement jusqu'alors pour les corps volatils.

Une grosse difficulté se montrait cependant et jetait une ombre regrettable sur la théorie des dissolutions si lumineuse sans cela. Presque tous les acides dissous dans l'eau, les bases et les sels donnaient, d'après la pression osmotique, la tension de vapeur ou le point de congélation, des poids

(1) Voyez pour une définition plus précise de la pression osmotique, Planck, Zeitschr. f. physik. Chem. 52, p. 581, 1903.

moléculaires d'accord entre eux mais notablement plus petits que ceux que faisaient prévoir les densités de vapeur ou les propriétés chimiques ou en d'autres termes fournissaient en admettant un poids moléculaire normal, des pressions osmotiques et des abaissements du point de congélation trop élevés.

Il n'y a pas encore bien longtemps que la théorie moléculaire s'était trouvée en semblable position vis-à-vis des densités de vapeurs anormales. En hésitant, on s'était décidé à admettre une dissociation, manière de voir qui actuellement paraît à tous justifiée. Evidemment de là à admettre une telle dissociation dans les solutions, il n'y avait pas loin et le physicien Planck, conduit par des considérations thermodynamiques, arriva sans hésiter à cette conclusion ; mais l'adhésion des chimistes n'eut pas lieu. — Il paraissait en effet absurde que des corps comme le chlorure de potassium que l'on croyait réunis par les plus fortes affinités puissent être scindés en chlore d'une part, et de l'autre en potassium métal qui brûle avec flamme au contact de l'eau. L'hypothèse d'une dissociation paraissait aussi en désaccord avec le principe de la conservation de l'Energie : des éléments qui s'étaient combinés avec un dégagement de chaleur considérable se séparaient en effet maintenant pour ainsi dire d'eux-mêmes.

Avant de conclure à une transformation aussi profonde des idées sur la constitution de cette classe importante de corps, ces objections devaient être éliminées et il fallait réunir une grande quantité de preuves expérimentales. C'est à Arrhénius que nous les devons.

Déjà dans un travail plus ancien sur la conductibilité des électrolytes Arrhénius avait distingué deux sortes de molécules et admis qu'une seule, les molécules actives, prenaient part à la conductibilité, les autres étant inactives. Il fit ressortir que vraisemblablement dans les solutions très étendues toutes les molécules inactives d'un corps se changeaient en molécules actives. Sous le nom de coefficient d'activité il comprenait le rapport entre le nombre des molécules actives et la somme des molécules actives et inactives. Pour une dilution infinie ce coefficient d'activité devait par suite égaler l'unité. Pour les dilutions moindres il était plus faible et devait être posé égal au rapport entre la conductibilité équivalente (nous verrons plus tard ce qu'il faut entendre par là) et sa limite supérieure correspondant à une dilution infinie. Mais la question de savoir quelle était la différence entre les molécules actives et inactives resta non tranchée.

Seulement après l'apparition du travail de Van't Hoff cité précédemment, Arrhénius dans son travail sur la dissociation des corps dissous dans l'eau, par comparaison des propriétés des électrolytes au point de vue de leur abaissement du point de congélation et de leur conductibilité, put donner à cette question une réponse inattendue et probante par l'hypothèse de la dissociation électrolytique.

Comme on l'a déjà remarqué, toute une série de corps, par exemple NaCl, donnait des abaissements du point de congélation trop élevés. Pendant qu'une molécule gramme de sucre dissoute dans 10 litres d'eau présentait un abaissement de 0°,185 une solution de NaCl fournissait une valeur presque double. En admettant que la loi de Van't Hoff demeure applicable à ce cas, et que le NaCl se scinde en particules Na et Cl qui causent la valeur trop forte trouvée, on peut facilement calculer quelle fraction de gramme molécule est dissociée en ces deux parties. Si l'on désigne par i le rapport entre l'abaissement observé et la valeur que l'on devait obtenir, si la substance était normale, par k le nombre de particules en lequel chaque molécule se scinde (pour NaCl $k = 2$, pour $MgCl^2$ $k = 3$, etc.), et par a le degré de dissociation, c'est-à-dire le nombre des molécules dissociées divisé par leur nombre total, on a :

$$i = 1 + (k - 1)\,a$$

et

$$a = \frac{i-1}{k-1}$$

Arrhénius calcula ce degré de dissociation, ou plutôt comme il l'appela désormais ce *coefficient d'activité*, au moyen des déterminations des points de congélation d'un grand nombre de substances, et le trouva en bon accord avec les valeurs que lui avaient fournies les déterminations de conductibilité. Seuls conduisaient sensiblement les corps pour lesquels i était plus grand que 1, c'est-à-dire qui étaient en partie dissociés ; par suite la conductibilité ne pouvait résulter que de cette partie même et Arrhénius pour ce fait attribua aux particules des charges électriques et les nomma « Ions ».

Il ne manqua pas d'indiquer dès cette époque combien cette conception des ions libres jetterait de lumière sur toute une série de faits chimiques et physiques.

Il ne s'agit pas, comme nous voyons, d'une dissociation comparable à celle du sel ammoniac en vapeur. Les produits de dissociation en solution contiennent des charges électriques ; il prend naissance autant d'électricité négative que de positive. On peut maintenant se demander d'où viennent soudain ces quantités d'électricité. Elles paraissent bien en effet venir de rien.

Il nous paraît cependant qu'il n'est pas difficile de donner à cela une réponse satisfaisante. Considérons du sodium métallique et de l'iode métallique, si on peut s'exprimer ainsi, ils possèdent une certaine quantité d'énergie sous forme d'énergie chimique ou d'énergie interne ; le dégagement de chaleur résultant de leur réunion pour former l'iodure de sodium montre qu'une certaine quantité d'énergie est partie. Le composé iodure de sodium contient moins d'énergie que l'iode métallique et le sodium métallique ensemble. Cependant il en contient toujours une certaine quantité sur la grandeur de laquelle nous ne savons rien de plus précis ; si l'on vient à mettre l'iodure de sodium dans l'eau, cette quantité d'énergie se transforme en énergie électrique, et de là viennent les quantités d'électricité positives et négatives.

Nous voyons que Na˙ et I′ se distinguent de Na et I métalliques d'abord par leur teneur en énergie, qui est plus petite dans le cas cité et ensuite parce qu'ils possèdent cette énergie sous la forme d'énergie électrique. Ils peuvent facilement être ramenés à l'état métallique par l'addition d'énergie électrique, en conduisant à travers la solution un courant électrique dans des conditions appropriées. Quand les ions ont repris l'énergie nécessaire une transformation de l'énergie électrique en énergie chimique a lieu et les éléments se séparent à l'électrode.

Nous pouvons nous demander encore d'où vient cette transformation d'énergie chimique en énergie électrique par dissolution de l'iodure de sodium et comment est-il possible que des particules chargées positivement et négativement subsistent ensemble dans la solution sans se réunir en corps électriquement neutre. Nous répondrons que cela résulte des propriétés particulières du solvant, et l'hypothèse de la dissociation électrique consiste justement à admettre cela. Il ne reste plus que la question de savoir si cette conception de particules électriquement chargées présente un avantage pour notre connaissance scientifique et à cela on peut aujourd'hui répondre par un oui sans restriction.

Au point de vue de la conception matérielle de l'électricité (voir Rem. p. 26) on peut aussi envisager les ions comme des combinaisons des électrons positifs et négatifs avec l'élément correspondant. Comme symboles de ces deux nouveaux éléments on a choisi les signes ⊕ et ⊖. La formation d'un ion devient alors comparable complètement à la combinaison de deux éléments chimiques ordinaires et le passage d'une molécule d'iodure de sodium à l'état ionisé s'effectue simplement par combinaison de l'atome d'iode avec l'électron négatif et de l'atome de sodium avec l'électron positif.

$$\mathrm{NaI} + \oplus + \ominus = \mathrm{Na}\oplus + \mathrm{I}\ominus = (\mathrm{Na}^{\cdot} + \mathrm{I}')$$

ce qui, si on admet l'existence d'un composé de l'électron positif et de l'électron négatif, peut aussi s'écrire :

$$\mathrm{NaI} + \oplus\ominus = \mathrm{Na}\oplus + \mathrm{I}\ominus.$$

Cette manière de voir très claire fait apparaître la loi fondamentale de Faraday (voy. p. 43) comme une simple conséquence de la loi des proportions définies et multiples.

Cette théorie à laquelle les objections n'ont pas manqué dans les premières années les a toujours victorieusement réfutées et aujourd'hui le nombre de ses adversaires avoués est faible. Les résultats qu'elle a donné et qu'elle donne encore tous les jours sont considérables ; l'avenir nous en démontrera toute l'utilité.

IV

LA MIGRATION DES IONS

Prenons la solution aqueuse d'un électrolyte, par exemple HCl, nous avons là des ions H˙ chargés positivement et des ions Cl′ chargés négativement. Nous pouvons dire maintenant en nous basant sur la loi établie par Faraday, d'abord que tout passage d'électricité à travers une solution a lieu seulement par le mouvement de particules pondérables, dans notre cas les ions hydrogène et chlore, auxquelles sont liées des quantités d'électricité, et ensuite qu'à des quantités chimiquement équivalentes correspondent des quantités égales d'électricité.

On peut d'abord provoquer un courant galvanique ou ce qui revient au même électrique dans un électrolyte en y plongeant deux électrodes qui sont alimentées, l'une en électricité positive, l'autre en électricité négative par une source de courant. Par suite de la différence de potentiel qui en résulte a lieu un mouvement des ions de l'électrolyte et on dit que dans le liquide passe un courant électrique. Par cette disposition expérimentale, il se produit constamment une décomposition, invisible toutefois dans certaines circonstances; pour l'acide chlorhydrique se séparent aux électrodes de l'hydrogène et du chlore gazeux à l'état neutre.

On peut d'autre part provoquer un courant galvanique par induction sans l'aide d'électrodes, mais dans ce cas le passage des ions à l'état neutre ne se produit plus.

Si l'on fait passer, suivant l'expression adoptée, un courant électrique à travers un électrolyte, à chaque instant passent à travers la section, dans une direction un certain nombre d'ions positifs et dans la direction opposée un certain nombre d'ions négatifs. On tendait précédemment à croire que le nombre d'ions (monovalents) positifs ou négatifs qui passent devait être le même et cela à cause de l'observation citée plus haut que les quantités de composants, de l'électrolyte séparées de chaque électrode étaient équivalentes. Ce n'est pas tout à fait le cas. Les phénomènes de conductibilité et de décomposition aux électrodes ne sont pas dans un rapport aussi étroit.

Le mérite d'avoir déterminé les rapports existants revient en première ligne à Hittorf, et il parvint à cette connaissance par l'étude des changements de concentration de l'électrolyte qui se produisent aux électrodes.

Voyons comment il est possible de tirer de là des conclusions sur la vitesse de translation des deux ions. Par le passage d'un courant à travers l'électrolyte, ici la solution d'acide chlorhydrique, il se produit un mouvement des ions et une précipitation à l'électrode. Tout d'abord il y a dans l'électrolyte autant d'ions positifs que d'ions négatifs ; si maintenant par exemple un ion négatif passait à l'état neutre à l'électrode positive, sans que, en même temps à l'autre électrode il disparût de la solution un ion positif, celle-ci contiendrait plus d'ions positifs que d'ions négatifs et serait par suite électriquement positive. Comme aux ions sont liées de grandes quantités d'électricité la charge électrique serait d'ailleurs élevée. Si maintenant un ion négatif devait encore se séparer il faudrait fournir pour cela une grande quantité de travail, parce que le liquide chargé positivement par suite de l'attraction qui s'exerce sur la quantité d'électricité négative s'oppose à cette séparation. Au contraire, la séparation d'un ion chargé positivement sera favorisée à l'autre électrode. Comme maintenant ces forces électrostatiques qui interviennent sont très grandes par rapport aux autres forces existantes, la décomposition sera réglée toujours de telle manière qu'un nombre égal d'ions positifs et négatifs abandonne en même temps la solution ; dans ce cas le liquide reste neutre électriquement.

Maintenant que nous nous sommes démontré clairement la nécessité de la séparation simultanée des deux ions aux électrodes, nous savons de plus, d'après les lois de l'électricité, que dans un circuit l'intensité, c'est-à-dire la quantité d'électricité passant dans l'unité de temps à travers la section est égale en tous les points. La quantité totale d'électricité sera représentée par la somme des quantités d'électricité positives et négatives passant dans des directions opposées, et il n'y a pas à discuter sur le point de savoir si en un point d'un circuit la quantité totale 1 se compose de 1/2 d'électricité négative et 1/2 de positive, et en un autre du même circuit de 1/4 de positive et 3/4 de négative. Car le mouvement de l'une des électricités dans un sens est équivalent au mouvement de l'autre dans la direction opposée, c'est pourquoi nous sommes autorisés à considérer l'électricité totale comme se déplaçant ordinairement dans une seule direction ; en réalité une fraction quelconque peut circuler dans un sens et le reste dans l'autre.

Il n'est alors nullement nécessaire d'admettre que les deux ions se déplacent avec la même vitesse puisque cette égalité correspondait seulement à cette condition que des quantités toujours égales d'électricité positive et négative traversent une section donnée. En fait dans un électrolyte traversé par un courant, la vitesse des ions n'étant presque jamais rigoureusement la même, les quantités d'ions positifs et négatifs qui traversent une section déterminée ne le sont pas non plus. L'ion H et l'ion Cl ont ainsi une vitesse très différente ; si les deux ions sont soumis aux mêmes forces l'ion H se déplacera environ cinq fois aussi vite que l'ion chlore ainsi que nous le verrons plus tard. Nous verrons que en admettant la différence de vitesse des ions toute une série de faits peut être embrassée. Il faut cependant faire attention que dans chaque volume de l'électrolyte il doit toujours y avoir la même quantité d'ions positifs et négatifs.

Nous pouvons nous représenter le passage des ions avec des vitesses inégales par deux séries de cavaliers, qui chevauchent les uns près des autres. L'une des troupes va au pas, l'autre au galop. Le chemin traverse-t-il un fossé ? Alors si la seconde troupe se déplace avec une vitesse cinq fois plus grande, cinq cavaliers passent le fossé dans une direction dans le même temps qu'un de la première troupe dans l'autre direction, et des six cavaliers qui ont passé dans l'unité de temps, par suite cinq appartiennent à la seconde troupe et un à la première. Si chaque cavalier porte avec soi la sixième partie d'un kilogramme de poudre, dans l'unité de temps ce kilogramme passera le fossé ; 5/6 se déplaceront à la vérité dans un sens et 1/6 seulement dans l'autre. Nous pouvons appliquer cette image à la migration électrolytique. Dans une solution d'acide chlorhydrique placée dans un circuit entre deux électrodes de platine le passage de l'unité de quantité d'électricité à travers la section de la solution s'effectue pour 5/6 d'électricité positive avec les ions H dans un sens, et pour 1/6 d'électricité négative avec les ions Cl dans l'autre direction.

La migration des ions positifs seuls ou des ions négatifs a lieu exclusivement aux endroits où le courant passe de l'électrolyte à l'électrode ou de l'électrode à l'électrolyte. En ces points le passage du courant consiste en ce que la quantité unité d'électricité négative traverse la section à l'anode pendant que de la même manière la quantité unité d'électricité positive se déplace simplement à la catode. Ceci explique que les quantités de matières séparées aux électrodes dépendent seulement de la quantité d'électricité traversant le circuit et en toutes circonstances sont égales entre elles et indépendantes des vitesses propres des ions eux-mêmes. Au contraire les concentrations de la solution dans le voisinage des deux électrodes doivent changer par suite de l'inégalité de ces vitesses. Nous pouvons nous rendre compte facilement des faits de la manière suivante.

Soit une solution d'HCl entre les électrodes A et B (fig. 16); elle contient 30 grammes équivalents d'acide, soit 10 dans chaque tiers du vase. Nous faisons passer la quantité d'électricité F à travers la solution. Il s'est par suite séparé aux électrodes A et B un gramme équivalent de Cl et un gramme équivalent de H. Imaginons-nous ces quantités éliminées. La même quantité d'électricité F doit être passée par toutes les sections de l'électrolyte, par suite aussi par les sections C et D. Si les deux ions avaient même vitesse, 1/2 gr. équivalent d'ions H avec 1/2 F serait passé de BD par DC vers AC et 1/2 gramme équivalent d'ions Cl avec aussi 1/2 F de AC par CD vers DB, soit ensemble un gramme équivalent d'ions par les sections C et D. Comme 1 gramme équivalent d'ions H est éliminé de AC par décomposition, et que 1/2 gramme équivalent a été introduit par migration nous avons dans AC maintenant encore 9 1/2 gr. équivalent d'ions H', et comme 1/2 gr. équivalent d'ions Cl est parti de AC, nous avons la même quantité d'ions Cl. Par un raisonnement semblable nous trouvons aussi pour DB 9 1/2 gr. équivalent d'HCl.

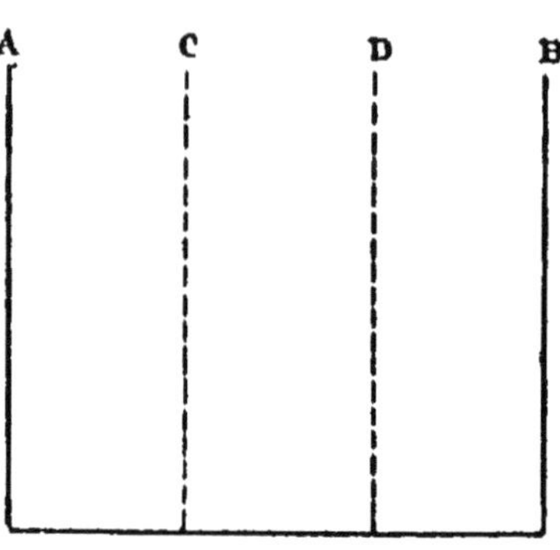

Fig. 16.

Par suite pour une vitesse de déplacement égale des ions H' et Cl' les concentrations sont égales dans AC et BD. Dans la couche moyenne DC la concentration initiale est par contre demeurée la même, 10 équivalents, puisqu'il y est arrivé autant d'ions qu'il en est parti ; cette couche forme seulement un lieu de passage.

Mais en réalité les ions H' doivent se déplacer cinq fois

aussi vite que les ions Cl. Par suite 5/6 gr. équivalents d'ions H' avec 5/6 de F sont passés de BD vers AC à travers DC et 1/6 de gr. équivalent d'ions Cl' avec 1/6 de F de AC vers DB à travers CD ; ensemble cela fait encore 1 gr. équivalent d'ions avec F à travers les sections C et D. La composition initiale dans la partie moyenne CD est de nouveau évidemment restée la même, mais non celle de AC et BD, celle-ci a changé de la manière suivante 1 gr. équivalent d'ions H' est disparu de AC par composition, 5/6 y sont arrivés par migration, par suite il y reste encore 9 5/6 gr. équivalent d'ions H' et juste autant d'ions Cl' puisque seulement 1/6 des 10 gr. équivalents en est parti. En BD il n'y a plus que 9 1/6 gr. équivalent d'ions H' puisque 5/6 se sont éloignés, et autant d'ions Cl', car 1 équivalent de ce dernier s'est séparé à l'électrode, et seulement 1/6 est arrivé par migration. En résumé nous avons par suite en AC 9 5/6 et en BD 9 1/6 gr. équivalent d'acide chlorhydrique ; il y a eu en AC une perte de 1/6 et en BD de 5/6 d'équivalent.

De ces deux exemples résulte cette règle : *la perte à la catode (dans AC) est à la perte à l'anode (BD) comme la vitesse de transport de l'anion (Cl') est à celle du cation (H') ; dans notre cas, ce rapport est 1/5.*

D'après les considérations précédentes, les changements de concentration aux électrodes ont fourni à Hittorf des renseignements sur les vitesses de transport des deux ions, et sa manière de voir, acceptée d'abord avec difficulté, l'est maintenant d'une manière générale.

Par un examen plus superficiel on inclina d'abord à penser que si l'un des ions allait plus vite que l'autre, il devrait s'entasser des ions positifs d'un côté et des ions négatifs de l'autre. Cela n'est en réalité aucunement le cas ainsi que nous l'avons vu.

Une seconde question qui pouvait se présenter est encore la suivante : comment se peut-il que à l'électrode B 1 gr. équivalent d'ions Cl' soit séparé, pendant que seulement 1/6 de gr. équivalent y parvient par migration. Nous pouvons admettre qu'ici il existe un grand excès d'ions dans le voisinage immédiat de l'électrode, de telle sorte que à chaque moment il peut s'en séparer plus qu'il n'en arrive par migration. La diffusion ordinaire vient encore aider à cela. La détermination des rapports de vitesse de deux ions est maintenant facile à établir d'après les principes précédents Nous partagerons toujours le liquide total en trois parties et connaissant la concentration initiale nous étudierons les concentrations particulières après le passage d'une certaine quantité d'électricité. La couche moyenne doit toujours rester invariable, cela nous assure que les résultats n'ont pu être faussés par la diffusion réciproque des parties existant aux pôles, par suite d'une durée trop longue de l'expérience. Ordinairement on ne calcule pas, au moyen des pertes, mais au moyen des quantités transportées. Si nous exprimons en équivalent par 1 les quantités de l'anion ou du cation séparées par le courant aux électrodes, ces deux quantités sont bien égales, et si la fraction n de gr. équivalent de l'anion a été transportée de la catode à l'anode, il doit y avoir eu la fraction $1-n$ de gr. équivalent du cation transportée de l'anode à la catode. On nomme ces valeurs n et $1-n$ déterminées expérimentalement, nombres de transport de l'anion et du cation et leur rapport fournit, d'après ce que nous avons vu, le rapport des vitesses de transport.

$$\frac{n}{1-n} = \frac{l_A}{l_K} = \frac{\text{Perte à la catode}}{\text{Perte à l'anode}}$$

l_A représente la vitesse du cation, l_K celle de l'anion.

De l'équation $$\frac{n}{1-n} = \frac{l_A}{l_K}$$

il résulte que $$n = \frac{l_A}{l_K + l_A} \text{ et } 1-n = \frac{l_K}{l_K + l_A}$$

On voit que n ou $1-n$ représentent le rapport des vitesses de l'anion ou du cation à la somme des vitesses des deux ions, et on désigne ces valeurs aussi comme vitesses relatives des ions correspondants.

Nous sommes donc en état d'obtenir les vitesses relatives et aussi le rapport des vitesses, mais pas encore la valeur particulière de chacune exprimée dans une unité déterminée. (Voyez chapitre « conductibilité »).

Pour plus de clarté nous remarquons en outre que sous le nom de *mobilité* ou *vitesse de transport* on comprend la vitesse avec laquelle un ion-gramme se déplace sous l'action de l'unité de force. Comme pour les autres forces la vitesse varie proportionnellement à ces forces le rapport des vitesses de migration donne pour les mêmes forces agissantes le rapport des vitesses considérées ici.

Pour la conduite d'une expérience il faut considérer aussi la quantité des ions qui est séparée. Un exemple tiré de Hittorf éclaircira ces faits, et montrera en même temps quel est le mode de calcul le plus commode.

Une solution d'azotate d'argent à 4 0/0 fut à 18°,4 électrolysée un certain temps et la quantité d'argent précipitée fut déterminée ; elle s'éleva à 0,3208 gr. Le même volume de la solution fournit à la catode 1,9605 gr. d'AgCl avant l'électrolyse et 1,7358 gr. après, il manquait par suite 0,2247 gr. AgCl ou 0,1691 gr. d'Ag. S'il n'y avait pas eu d'argent amené par migration la solution aurait été trouvée plus pauvre de la quantité d'argent déposée, comme elle a été trouvée appauvrie seulement de 0,1691 gr., cela montre que

$$\begin{array}{r} 0{,}3208 \\ -\ 0{,}1691 \\ \hline 0{,}1517 \end{array}$$ gr. d'argent ont été amenés par migration.

S'il y avait eu autant d'argent d'amené par la migration que de précipité, c'est-à-dire 0,3208 le nombre de transport de l'ion argent aurait été égal à 1, c'est-à-dire que l'ion AzO^3 n'aurait pour ainsi dire pas pris part à la migration : comme seulement 0,1517 gr. d'argent ont été transportés il en résulte que $\frac{0,1517}{0,3208} = 0,473$ est le nombre de transport de l'ion argent. $1 - 0,473 = 0,527$ est le nombre de transport de l'ion AzO^3. On aurait pu pour contrôler étudier la solution anodique, on aurait dû obtenir une perte en argent égale à 0,1517 gr.

Si cela est plus commode pour des raisons analytiques on pourra naturellement déterminer les quantités des ions négatifs et aussi bien à l'anode qu'à la cathode si on ne préfère pas pour être plus sûr faire la détermination aux deux électrodes. La détermination des nombres de transport des ions cadmium et chlore constitue un exemple excellent de ceci. Dans ce cas l'anode est en cadmium amalgamé ; celui-ci forme avec le chlore qui s'y sépare du chlorure de cadmium. La perte de poids de l'anode donne aussi le poids de chlore séparé. La concentration initiale en chlore était connue à l'anode, on la détermine de nouveau après l'électrolyse, et de la valeur trouvée on retranche la quantité calculée de chlore séparée. La teneur en chlore restant soustraite de la quantité initiale fournit la perte, d'où l'on peut déduire facilement la quantité de chlore transportée : elle est égale à la quantité de chlore séparée diminuée de celle désignée comme perte.

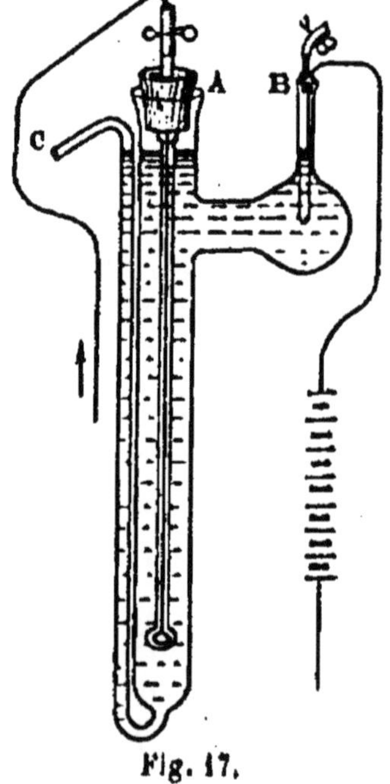

Fig. 17.

Il y a un grand nombre d'appareils qui ont servi à ces mesures. Pour en donner un aperçu, je prendrai celui qui a servi à Nernst et Lœb pour déterminer le nombre de transport des sels d'argent (1) (fig. 17). Les deux électrodes sont en argent. Sur la cathode se dépose une quantité d'argent correspondant à la quantité d'électricité qui a passé, pendant qu'à l'anode la même quantité est dissoute. Sa forme est en gros celle d'une burette de Gay-Lussac.

« Pour empêcher une chute gênante de l'argent qui se dépose à la cathode, un tube de même largeur que le tube principal est soudé sur le côté et se termine en une boule qui sert à recevoir la cathode. Celle-ci est introduite par un tube étroit B. Elle consiste en une feuille d'argent roulée en cylindre et fixée à un fil d'argent. L'anode, fil d'argent roulé en spirale à sa partie inférieure, est introduite par A jusqu'au fond du tube. Sa partie rectiligne est recouverte d'un tube de verre mince et capillaire..... Les ouvertures A et B portent des bouchons en liège traversés de courts tubes de verre. Le petit tube laisse simplement passer le fil de l'électrode, pendant que celui de B possède un fil de platine soudé sur le côté et auquel l'électrode est suspendue. De cette manière A peut être fermé par un bout de tube de caoutchouc placé sur le fil et le petit tube est serré au moyen d'une pince. Par B au moyen d'un tube de caoutchouc on peut souffler ou aspirer sans ébranler les électrodes.

Pour exécuter une expérience un tel appareil est pesé avec ses électrodes et ses bouchons, mais sans les joints en caoutchouc ; A est alors fermé comme on a vu et on aspire par B pendant que l'ouverture de C plonge dans le liquide considéré. L'appareil se remplit jusqu'à la partie supérieure du tube latéral et contient suivant sa taille 40 ou 60 cm³ de solution. Puis l'ouverture du tube de sortie est fermée par une calotte en caoutchouc, l'appareil suspendu verticalement dans un thermostat à eau d'Ostwald et quand la température s'est éga-

(1) Zeitschr. f. physik. Chem., 2, p. 948, 1888.

lisée on fait passer le courant. Aussitôt après la fin de l'expérience le tube d'écoulement est ouvert et en soufflant par B on chasse une partie du liquide dans un vase taré, on pèse et on analyse. La quantité du liquide restée dans l'appareil est déterminée par son augmentation de poids. Si maintenant pendant l'expérience il n'y a eu aucun mélange par des courants de diffusion ou de convection, par une division convenable la couche qui s'écoule d'abord devra contenir la solution plus concentrée à l'anode, et aussi une quantité suffisante de solution inaltérée pour un lavage ultérieur complet. Les couches suivantes doivent posséder une concentration invariable pendant que la partie restant dans l'appareil contient la solution étendue à la cathode. L'expérience est utilisable si les couches intermédiaires n'ont pas varié et aussi quand la solution a perdu autant d'argent à la cathode, qu'elle en contient plus à l'anode.

Pour empêcher le mélange des liquides plusieurs expérimentateurs ont employé des diaphragmes. Depuis on a constaté que si les diaphragmes en terre poreuse sont convenables les autres diaphragmes, ceux par exemple constitués par une membrane animale, donnent des nombres de transports différents. Il se produit là au contact des faces du diaphragme des changements de concentration analogues à ceux qui se produisent quand au lieu du diaphragme on intercale un solvant dans lequel l'électrolyte étudié fournit des nombres de transports différents (voyez plus loin).

Dès le début de ses recherches expérimentales Hittorf se posa l'importante question suivante : Les nombres de transport obtenus sont-ils des grandeurs constantes ou variables ? Et dans ce dernier cas de quoi dépendent-elles ? Une étude plus approfondie lui montra qu'il fallait considérer l'intensité du courant employée, la concentration et la température. Hittorf trouva que l'intensité était sans importance, que par suite le rapport des vitesses de migration était indépendant de la force agissant sur les ions. La concentration au contraire jouait un rôle; les nombres de transport ne demeuraient constants pour une dilution ultérieure qu'à partir d'une concentration donnée. Ceci est facile à comprendre. Pour les grandes concentrations nous avons suffisamment de molécules dissociées qui font obstacle au déplacement des ions et suivant la nature de chacun pour une part différente; la dilution augmentant ces molécules disparaissent graduellement et on arrive à des valeurs constantes. Les faits précédents peuvent s'appliquer aux mélanges de divers électrolytes; pour des concentrations pas trop élevées les nombres de transport des divers ions restent invariables.

Dans les limites étroites de température où il opérait Hittorf ne put rien observer quant à l'influence de la température. Récemment Kohlrausch (1) a cependant établi qu'à température croissante pour les ions monovalents et à un seul atome les nombres de transport tendaient vers 0,5; la différence des vitesses n'en devient cependant pas plus petite mais croît au contraire. Un exemple numérique fera comprendre ce fait. Soit en unité quelconque à une température x 100 pour la vitesse de migration de l'ion positif et 50 celle de l'ion négatif, soit 115 et 60 de vitesses correspondantes à la température plus élevée y. Ce nombre de transport pour les deux ions s'est approché de 0,5 dans ce cas; celui de l'ion positif est tombé de 0,666 à 0,657 celui de l'ion négatif s'est élevé de 0,333 à 0,343 pendant que la différence des vitesses mêmes a cru de 50 à 55.

Pour les autres électrolytes apparaissent des phénomènes variés.

Les nombres de transport trouvés dans l'eau perdent leur valeur quand on passe à d'autres solvants. C'est par exemple le cas du nombre de transport 0,51 commun au chlorure, au bromure et à l'iodure de potassium qui devient 0,19 pour ces

(1) Sitzungsber. d. Königl. Pr. Akademie d. Wiss. Physik. mathem. Kl., 26, p. 572, 1902.

trois sels dans le phénol. Les changements de concentration qui se produisent à la surface de séparation de deux solvants contenant le même électrolyte et traversés par un courant sont en relation avec ce changement des nombres de transports (1).

Nous n'avons jusqu'ici considéré que des ions monovalents. Pour des ions bi ou polyvalents la détermination des nombres de transport s'établit de même. Si nous avons un ion bivalent, lié à deux ions monovalents, chargés inversement, comme c'est le cas dans $Ba^{\cdot\cdot}\begin{matrix}Cl' \\ Cl'\end{matrix}$ $\frac{n}{n-1}$ représente le rapport de la vitesse de transport des deux ions Cl' à celle de l'ion $Ba^{\cdot\cdot}$.

L'étude des changements de concentration aux électrodes nous donne en outre la possibilité de déterminer en quels ions se scinde un sel. Le cyanure d'argent forme avec KCAz la combinaison KCAz, AgCAz. A priori il n'est pas possible de dire quelque chose sur la nature des ions qui prennent naissance par la dissolution de ce sel. Par le passage d'un courant dans cette solution Hittorf trouva que de l'argent était déposé à la cathode. Il détermina ensuite la quantité de potassium et d'argent à la cathode avant et après l'électrolyse, et il trouva que, outre l'argent précipité, il y avait à la cathode, en plus de la quantité initiale, un excès de potassium correspondant à la quantité de courant mesurée par un voltamètre à argent intercalé dans le circuit. Ce fait est en contradiction avec l'opinion que le potassium et l'argent existaient tous les deux à l'état d'ions positifs ; il peut cependant s'interpréter de la manière suivante en admettant que K' est l'ion positif et $Ag(CAz)^{2'}$ l'ion négatif. Abstraction faite de la quantité précipitée il doit toujours y avoir dans la solution autant d'ions positifs que d'ions négatifs, par suite avant l'expérience des quantités équivalentes d'argent et de potassium. La quantité de potassium séparée pendant l'expérience s'est redissoute dans

(1) Nernst et Riesenfeld, Ann. d. Physik [4], 8, 600 à 609, 1902.

le liquide, de là l'excès de potassium correspondant à la quantité d'électricité passée. La quantité équivalente d'argent précipité est d'origine secondaire, elle résulte de l'action décomposante du potassium qui fait apparaître en même temps à la place des ions Ag $(CAz)^2$ détruits une quantité correspondante double d'ions CAz. Hittorf trouva de la même manière que le chloro-platinate de sodium était scindé en deux ions Na˙ et $PtCl^{6''}$, le chloraurate en un ion Na˙ et en l'ion $AuCl^{4'}$, le ferrocyanure de potassium en quatre ions K˙ et l'ion $FeCy^{6''''}$, le ferricyanure en trois ions K˙ et l'ion $FeCy^{6'''}$, etc., etc.

On peut encore voir plus facilement si un métal est à l'état d'ions positifs ou négatifs par l'observation des changements de concentration à l'anode pendant l'électrolyse. Comme en général il ne s'y dépose aucun métal, comme les ions négatifs complexes lors de leur décharge réagissent seulement sur l'eau avec dégagement d'oxygène mais sans se détruire, la solution doit s'enrichir à l'anode en métal si celui-ci fait partie de l'anion, et s'appauvrir s'il fait partie du cation. En regardant les faits de plus près, il peut cependant n'y avoir aucun changement de concentration par suite d'une compensation due à l'existence d'ions métalliques présents, quoique en quantité très faible à côté des ions complexes négatifs.

Les nombres de transport peuvent également servir à déterminer la constitution des sels qui peuvent donner plusieurs ions (1). Le chlorure de baryum peut par exemple se dissocier à deux degrés:

$$BaCl^2 \rightleftarrows BaCl' + Cl'$$

et

$$BaCl' \rightleftarrows Ba^{\cdot\cdot} + Cl'$$

Si on admet par suite en solution moyennement concentrée l'existence des ions intermédiaires complexes BaCl˙ suscep-

(1) A. A. Noyes Zeitschr. f. physikal. Chem. 36, p. 63, 1901.

tibles d'une dissociation ultérieure quand la dilution augmente, les nombres de transport obtenus pour le baryum dans des solutions à concentration variable doivent différer notablement et décroître quand la concentration diminue ; le chlore est alors en effet de moins en moins attiré à la cathode à l'état d'ions $BaCl^{\cdot}$ et cette attraction du chlore a pour résultat une augmentation du nombre de transport du baryum et par suite une diminution de celui du chlore. En fait c'est l'inverse qu'on observe d'où l'on doit conclure que en solution moyennement concentrée, il y a association de une ou plusieurs molécules de $BaCl^2$ non dissociées avec l'ion Cl' pour donner les ions complexes $BaCl^{3'}$ ou $BaCl^{4''}$ destructibles par une dilution croissante. On ne sait pas encore si la dissociation précédente ne se produit pas également.

Nernst (1) a de plus indiqué que de l'étude des nombres de transport on peut parfois tirer des conclusions sur l'existence des hydrates d'ions. Si par exemple les ions positifs entraînent avec eux plus de molécules d'eau que les négatifs, il y a transport d'eau d'une électrode à l'autre et la concentration d'un corps non conducteur, dissous, un indicateur par exemple, variera aux deux électrodes. La méthode n'indique comme on voit que la différence des quantités d'eau entraînées. Les résultats préliminaires actuels paraissent indiquer la formation d'hydrates pour les anions des acides minéraux forts.

Les vues de Hittorf, d'abord fortement combattues, se sont complètement vérifiées ensuite. Par une autre voie, par exemple, au moyen des déterminations de point de congélation, nous pouvons maintenant vérifier ses conclusions.

Des corps intéressants sont ceux qui peuvent s'ioniser de deux manières différentes, par exemple $Pb(OH)^2$ qui peut donner soit un ion positif $Pb^{\cdot\cdot}$ et deux ions négatifs OH', soit un ion négatif $PbO^{2''}$ et deux ions $H^{\cdot}$ positifs ; dans le premier

(1) Jarb. d. Elektrochemie, 7, p. 70, 1901.

cas il réagit comme base, dans le second comme acide. Les hydroxydes des autres métaux nobles se conduisent de même. On nomme ces corps *Electrolytes amphotères* (1). Pour de semblables électrolytes en solution acide le métal doit aller comme cation à la cathode et en solution alcaline comme anion à l'anode, c'est en effet ce que l'expérience montre pour les sels de plomb. Il faut cependant considérer que les colloïdes peuvent se déplacer avec ou contre le courant (voyez le chapitre sur l'endosmose électrique), aussi une détermination de transport seule peut ne pas suffire à prouver l'existence d'un oxyde métallique comme anion dans une solution alcaline.

Au point de vue théorique on peut au reste dire que dans tous les cas tous les ions sont non seulement possibles mais même existent réellement ; nous ne considérons ici que ceux dont l'existence est démontrable. Ceux qui peuvent fournir un ion hybride forment une classe spéciale de ces électrolytes. Pour le glycocolle par exemple l'équilibre est le suivant :

$$HOH^3AzCH^2COOH \rightleftarrows H^3AzCH^2COO' + H^{\cdot} + OH'$$

Cet ion hybride est en même temps chargé positivement et négativement, il ne prend naturellement pas part à la migration et se conduit vis-à-vis du courant comme un corps électriquement neutre. Citons encore finalement une recherche faite par Hittorf sur l'électrolyse de solutions mixtes. De ses recherches avec le chlorure et l'iodure de potassium il résulte que le chlore et l'iode se meuvent avec des vitesses presque égales. Nous pouvons d'après les vues actuelles dire avec une grande certitude pour ces deux ions, que dans une solution qui contient un mélange des deux électrolytes, le chlore et l'iode prennent part également à la migration, et par suite

(1) Bredig, Zeitschr. f. Elektrochemie **6**, p. 33, 1899; Zeitschr. f. anorg. Chem. **34**, 202, 1903.

leur rapport dans toutes les parties du liquide reste le même après l'électrolyse, ce qui en fait a été constaté. La question était alors très discutable ; en effet en apparence, seul l'iode se sépare à l'électrode positive, et non le chlore et comme on ne peut séparer les phénomènes de conductibilité et de décomposition aux électrodes on pouvait croire que, peut-être seul l'iode, le plus facilement décomposable des constituants, prenait part à la conductibilité. En réalité, la séparation en apparence unique de l'iode à l'électrode, est un phénomène à part, qui n'a rien à faire avec celui de la conductibilité ; dans le chapitre sur la polarisation nous reviendrons sur ce fait.

Il est évident que l'importance de ces phénomènes de transport leur fait jouer aussi un grand rôle dans la technique. Dans l'électrolyse des solutions de chlorures alcalins qui s'effectue en grand dans des vases séparés en deux parties par un diaphragme il se produit de l'alcali à la cathode et du chlore à l'anode. Ce dernier se dégage, il est éliminé, l'alcali s'accumule dans la partie cathodique, prend part au passage du courant et envoie les ions OH' qui accompagnent à l'anode les ions Cl'. Le rendement en alcali diminue et baisse à mesure que la concentration en alcali croît à la cathode. Aussi ne laisse-t-on pas en pratique la teneur en alcali dépasser 6 à 8 0/0. En outre on remarquera que l'élévation de température qui diminue déjà la résistance électrique du bain améliore le rendement en alcalis puisque pour les électrolytes à ions monovalents (voy. p. 74) le nombre de transport tend vers 0,5 quand la température s'élève.

Il paraît remarquable à priori que le rendement en alcalis, toutes choses égales d'ailleurs, est de 10 0/0 plus élevé avec KCl qu'avec NaCl ; ceci résulte tout simplement des nombres de transport. Ce nombre pour OH' à 18° dans une solution de KOH normale est 0,74 et 0,825 dans NaOH ; en d'autres termes, dans une solution de KOH pendant l'électrolyse par suite de la plus grande vitesse de transport de K˙ comparé à Na˙, il y a moins d'ions OH' transporté à l'anode que dans une solution de NaOH.

On peut améliorer le rendement (cela se fait en certains endroits) en envoyant dans la solution cathodique de l'acide carbonique, ce qui provoque le remplacement des ions OH' à transport rapide par les ions $CO^{3''}$ beaucoup plus lents. Mais il faut remarquer, d'autre part, que le produit obtenu le carbonate est de moindre valeur que l'hydrate.

Si on fait couler la solution dans le sens anode cathode avec la même vitesse que celle des ions OH' dans le sens cathode anode, le transport des ions OH' est manifestement empêché. Dans ce cas, il suffirait par conséquent de faire couler continuellement de la cathode à l'anode une solution de sel dans un appareil convenable qui ne nécessite pas de diaphragme pour avoir un rendement quantitatif en alcali. Malheureusement, dans [illegible] conditions, la solution alcaline a une teneur en alcali trop [illegible]ible; mais on peut arriver à un procédé mixte et par un écoulement lent du liquide diminuer le transport des ions OH' tout en arrivant à une concentration alcaline suffisante; sur ces principes repose le *procédé à cloche* (Glokenverfahren) (1).

On peut encore dans de nombreux cas éviter d'une manière rationnelle les conséquences fâcheuses du transport. Dans les fabriques de matières colorantes, on emploie en grand, pour produire des oxydations, une solution sulfurique d'acide chromique qui passe à l'état de sulfate de chrome. L'acide chromique peut être régénéré par électrolyse en plaçant la solution de sulfate dans la partie anodique d'un électrolyseur dont la partie cathodique, séparée par un diaphragme, contient une solution conductrice d'acide sulfurique. Malheureusement, il y a enrichissement du liquide anodique en SO^4H^2 par suite du transport des ions SO^4, et appauvrisse-

(1) Adolph, *Zeitschr. f. Elektrochemie*, 7, 581, 1901.

ment du liquide cathodique. Il faudrait par suite neutraliser de temps en temps l'acide sulfurique en excès par de la chaux et remplacer par une solution nouvelle plus concentrée la solution sulfurique de la cathode souillée du chrome qui a été transporté. On remédie à cet inconvénient en employant l'artifice suivant : on ne place pas directement la solution acide de sulfate de chrome à l'anode mais d'abord à la cathode (à la place d'acide sulfurique), et on électrolyse jusqu'à ce que le liquide anodique correspondant soit suffisamment oxydé. Celui-ci rentre dans la fabrication, repasse à l'état de sel de chrome et sert de nouvelle solution catodique pendant que la solution cathodique précédente passe dans le compartiment de l'anode. Dans la seconde opération, la solution cathodique est au début plus riche en acide sulfurique que la solution anodique, mais par le passage du courant, cet excès d'acide repasse à l'anode.

On obtient ainsi un cycle parfait ; par ces passages alternatifs de la solution au pôle positif et au pôle négatif on n'obtient nulle part d'accumulation d'acide sulfurique et la solution sans perte de substance et sans variation dans sa composition peut servir à transporter de l'oxygène pendant un temps quelconque (1).

Pour terminer ce chapitre, nous donnons un tableau général des nombres de transport des ions dans les électrolytes les plus importants et les mieux étudiés.

Ce tableau est constitué au moyen des chiffres contenus dans le livre de Kohlrausch et Holborn « Conductibilité des électrolytes », et de ceux obtenus récemment par Jahn, Noyes et Sammet (*Zeitschr. f. physik Chem.*, **36**, p. 63, 1903 ; **37**, p. 673, 1901 ; **43**, p. 49, 1903).

---

(1) Le Blanc, *Zeitschr. f. Elektrochemie*, **7**, 290, 1900.

Nombre de transport des Anions.

A la température ordinaire (environ 18°), en solution aqueuse de concentration *m* en équivalent grammes par litre ou de dilution $V = 1/m$. Les données en petits caractères sont incertaines.

m =	0,01	0,02	0,05	0,1	0,2	0,5	1	1,5	2	3	5	7	10
K {Cl, Br, I}, AzH^4Cl	0,503	0,503	0,503	—	—	—	—	—	—	—	—	—	—
NaBr, NaCl	0,604	0,604	0,604	—	—	—	—	—	—	—	—	—	—
LiCl	0,070	0,670	0,680	0,687	0,697	—	—	—	—	—	—	—	—
$KAzO^3$	—	—	—	0,497	0,496	0,492	0,487	0,482	0,479	—	—	—	—
$NaAzO^3$	—	—	—	0,615	0,614	0,612	0,611	0,610	0,608	0,603	0,585	—	—
$AgAzO^3$	0,528	0,528	0,528	0,528	0,527	0,519	0,504	0,487	0,476	—	—	—	—
$KC^2H^3O^2$	—	—	—	0,33	0,33	0,33	0,331	0,332	0,332	0,333	0,335	—	—
$NaC^2H^3O^2$	—	—	—	0,44	0,43	0,43	0,425	0,422	0,421	0,417	—	—	—
KOH	—	—	—	0,735	0,736	0,738	0,740	—	—	—	—	—	—
NaOH	—	—	0,81	0,82	0,82	0,82	0,825	—	—	—	—	—	—
LiOH	—	—	—	0,85	0,85	0,861	0,873	0,890	—	—	—	—	—
HCl	0,166	0,166	0,164	—	—	—	—	—	—	—	—	—	—
$HAzO^3$	0,170	0,170	0,170	0,170	0,170	—	—	—	—	—	—	—	—
1/2 $BaCl^2$ (25°)	—	—	0,558	—	0,585	—	—	—	—	—	—	—	—
1/2 $CaCl^2$	0,58	0,59	0,61	0,64	0,66	0,675	0,686	0,695	0,700	0,710	0,737	0,764	0,79
1/2 $MgCl^2$	—	—	0,63	0,66	0,68	0,69	0,709	0,718	0,729	0,747	0,776	0,799	—
1/2 $CdCl^2$	0,570	0,570	0,570	0,570	0,65	0,69	0,72	0,73	0,745	0,767	0,865	0,995	—
1/2 CdI^2	0,558	0,554	0,606	0,69	0,86	1,00	—	—	—	—	—	—	—
1/2 $Ba(AzO^3)^2$ (25°)	—	—	0,544	—	0,545	—	—	—	—	—	—	—	—
1/2 K^2SO^4 (à 25°)	—	—	0,504	—	0,507	—	—	—	—	—	—	—	—
1/2 K^2CO^3	—	—	0,39	0,40	0,41	0,435	0,434	0,421	0,413	0,404	0,380	0,355	—
1/2 Na^2CO^3	—	—	0,52	0,53	0,53	0,54	0,548	0,546	0,542	0,530	—	—	—
1/2 $MgSO^4$	—	—	0,60	0,64	0,66	0,70	0,74	0,75	0,76	0,76	—	—	—
1/2 $CuSO^4$	—	0,625	0,625	0,626	0,657	0,672	—	—	—	—	—	—	—
1/2 H^2SO^4	—	—	0,193	0,191	0,188	0,182	0,174	0,169	0,168	0,170	0,190	0,216	0,268
V =	100	50	20	10	5	2	1	2/3	0,5	1/3	0,2	0,14	0,1

V

LA CONDUCTIBILITÉ DES ÉLECTROLYTES

Conductibilité spécifique et équivalente. — La résistance des conducteurs de la première classe a été vue précédemment. La résistance d'un tel conducteur dépend d'abord de la nature du corps puis de son état et de sa composition. Appelons $\frac{1}{x}$ la résistance d'un cylindre d'un corps déterminé ayant 1 cm² de base et 1 cm. de hauteur, la résistance d'un conducteur quelconque de même forme pour la même température sera égale à $\frac{1}{x}\frac{l}{q}$, l étant la longueur en cms, et q la section en cm². Le facteur $\frac{1}{x}$ représente la conductibilité spécifique du corps.

L'unité de résistance est l'ohm ; c'est la résistance d'une portion de conducteur qui, pour une intensité de un ampère, provoque entre ses extrémités une chute de potentiel de un volt. Un corps cylindrique qui, pour 1 cm² de base et 1 cm. de hauteur, a une résistance de 1 ohm, représente ainsi l'unité de résistance ; pour ce corps $\frac{1}{x} = 1$. Pratiquement, 1 ohm est représenté par la résistance d'une colonne de mercure prise à la température de la glace fondante, ayant une longueur de 106,3 cms, une section régulière de 1 mm² et dont la masse s'élève à 14,4521 gr.

Précédemment on employait comme unité une colonne de

mercure de 1 m. de long, de 1 mm² de section à 0° (unité Siemens ou unité au mercure). Cette unité et la nouvelle sont dans le rapport de 1 à 1,063; il suffit donc, pour rapporter à l'unité actuelle les mesures obtenues avec l'ancienne unité, de les diviser par 1,063. Dans les pages qui suivent, nous utiliserons toujours l'ohm comme unité de résistance. Plus la résistance est grande, plus la conductibilité est faible et inversement. Résistance et conductibilité sont évidemment des grandeurs réciproques $W = \frac{1}{L}$.

Pour les liquides on parle le plus souvent de la conductibilité, et nous ferons ainsi désormais. On pourra maintenant à priori pour les conducteurs de la première espèce comme pour ceux de la seconde, considérer comme conductibilité spécifique $\varkappa$ la conductibilité en inverse d'ohm, d'un cylindre de liquide de 1 cm² de base et de 1 cm. de hauteur et comme unité la conductibilité d'un liquide dont un cylindre de 1 cm² de base et de 1 cm. de hauteur a pour résistance un ohm ; pour ce liquide $\varkappa = 1$.

La même loi s'applique aux liquides comme aux solides : la conductibilité est proportionnelle à q (section du liquide) et inversement proportionnelle à l la longueur de la colonne de liquide. Pour les solutions qui nous occupent principalement, cette notion s'est cependant montrée impropre à fournir des rapports numériques. Pour elles la conductibilité dépend à peu près exclusivement du corps dissous et par suite il convient de comparer la conductibilité de solutions telles qu'elles contiennent un équivalent en grammes. Cette conductibilité est dite *conductibilité équivalente*.

Si η est la concentration équivalente d'une solution, c'est-à-dire la concentration mesurée en gramme équivalent du corps dissous dans 1 cm³ de solution, $\varphi = \frac{1}{\eta}$ la dilution en cm³ par gramme équivalent, la conductibilité équivalente est alors

$$\Lambda = \frac{\varkappa}{\eta} = \varkappa\varphi.$$

On arrive à cette valeur par les considérations suivantes. Soient deux électrodes parallèles distantes exactement de 1 cm, constituant les deux parois opposées d'un vase, entre lesquelles nous plaçons un cm^3 d'une solution, contenant un gramme équivalent dans un cm^3, c'est-à-dire une solution pour laquelle $\varphi = 1$; la section de la solution perpendiculaire à la direction du courant égale 1 cm^2, sa conductibilité est la conductibilité équivalente Λ, égale dans ce cas à la conductibilité spécifique $\varkappa$. Si maintenant nous avons une solution qui contient un gramme équivalent dans 1000 cm^3, solution pour laquelle par suite $\varphi = 1000$, nous devons, pour avoir de nouveau 1 gr. équivalent du corps dissous entre les électrodes, placer entre celles-ci 1000 cm^3. Cette conductibilité équivalente Λ' est alors 1000 fois aussi grande que la conductibilité spécifique correspondante $\varkappa'$

$$\Lambda' = \varphi\varkappa' = \frac{\varkappa'}{\eta}.$$

Les conductibilités spécifiques changent naturellement pour la solution d'un seul et même électrolyte avec la concentration, et par suite aussi les conductibilités équivalentes.

Dans le tableau ci-joint (p. 86) on a réuni, d'après les dernières recherches de Kohlrausch les conductibilités équivalentes de quelques sels, bases et acides en solutions aqueuses à diverses dilutions.

Lois générales. — Les travaux de Kohlrausch frayèrent d'abord la voie et permirent de se faire une idée nette des propriétés de la conductibilité des électrolytes ; à ses travaux vinrent s'ajouter plus tard ceux de Arrhénius, Ostwald et d'un grand nombre d'autres savants. Ils montrèrent que la conductibilité équivalente croit avec la dilution, et que pour beaucoup d'électrolytes il existe une limite supérieure de la conductibilité équivalente pour une grande dilution. A par-

Conductibilités équivalentes à 18°.

$m = 1000\,\eta$ Gr. équivalent / Litre	KCl	NaCl	$KAzO^3$	$AgAzO^3$	$1/2\ CuSO^4$	$1/2\ H^2SO^4$	HCl	CH^3COOH	KOH	AzH^3	V Litre / Gr. équivalent
0,0001	129,07	108,10	125,50	115,01	113,3	—	—	107	—	(66)	10,000
0,0002	128,77	107,82	125,18	114,56	111,1	—	—	80	—	53	5,000
0,0005	128,41	107,18	124,44	113,88	106,8	(362)	—	57	—	38,0	2,000
0,001	127,34	106,49	123,65	113,14	101,6	361	(377)	41	(234)	28,0	1,000
0,002	126,31	105,55	122,60	112,07	93,4	351	376	30,2	(233)	20,6	500
0,005	124,41	103,78	120,47	110,03	81,5	330	373	20,0	230	13,2	200
0,01	122,43	101,95	118,19	107,80	72,2	308	370	14,3	228	9,6	100
0,02	119,96	99,62	115,21	—	63,0	286	367	10,4	225	7,4	50
0,05	115,75	95,71	109,86	99,50	57,4	253	360	6,48	219	4,6	20
0,1	112,03	92,02	104,79	94,33	51,4	225	351	4,60	213	3,3	10
0,2	107,96	87,73	98,74	—	45,0	214	342	3,24	206	2,30	5
0,5	102,41	80,94	89,24	77,5	39,2	205	327	2,01	197	1,35	2
1	98,27	74,35	80,46	67,6	35,5	198	301	1,32	184	0,89	1
2	92,6	64,8	69,4	—	30,8	183,0	254	0,80	160,8	0,532	1/2
3	88,3	56,5	(61,3)	—	25,8	166,8	215,0	0,54	140,6	0,364	1/3
5	—	42,7	—	—	20,1	135,0	152,2	0,285	105,8	0,202	1/5

tir de cette limite s'applique la loi de Kohlrausch (1) : *la conductibilité équivalente d'un électrolyte binaire est égale à la somme de deux valeurs particulières, dont l'une appartient à l'anion, l'autre au cation.*

En d'autres termes, la conductibilité d'un électrolyte est une propriété additive, c'est simplement la somme des conductibilités de ses ions. On peut découvrir cette loi en formant le tableau suivant (2) :

	K	Na	Tl	Li
Cl	129,1	108,1	130,3	98,1
AzO^3	125,5	104,6	126,6	94,5
F	110,5	89,4	114,4	—
$C^2H^3O^2$	100,0	76,8	—	—

Les différences entre deux termes correspondants dans la série verticale, aussi bien que dans l'horizontale, sont à peu près égales. Cette relation ne peut exister que si les valeurs représentent des sommes de deux constantes indépendantes entre elles. Nous connaissons toute une série de propriétés des solutions étendues, conductrices, qui se composent ainsi par sommation de valeurs personnelles aux constituants des électrolytes. Ostwald leur a donné le nom de propriétés additives. La couleur et l'indice de réfraction appartiennent entre autres à ces propriétés.

A l'aide de la théorie de la dissociation nous pouvons facilement nous rendre compte de ces lois expérimentales. La

(1) Wied. Ann. 6. 1, 1879. 26, 213, 1885.
(2) $t = 18°$. Les nombres représentent les conductibilités équivalentes pour $\varphi = 10^7$.

transmission de l'électricité par une solution consiste dans le mouvement de ses ions. Si nous avons dans un circuit une solution de x ions et si 100 traversent la section dans l'unité de temps, toutes choses égales d'ailleurs, pour un nombre $2x$ d'ions 200 ions traverseront la section, c'est-à-dire que la conductibilité sera aussi doublée. Imaginons un vase, dont les deux parois opposées, distantes de 1 c.m. constituent les électrodes, fermé en bas, ouvert en haut et d'une hauteur quelconque. Plaçons dans ce vase un gr. équivalent d'un électrolyte binaire, la conductibilité que nous observons en faisant passer un courant est la conductibilité équivalente quel que soit le volume d'eau employé pour la solution, car toujours entre les électrodes il y a bien un gr. équivalent du corps dissous. Si en même temps deux gr. équivalent d'ions se trouvent entre les électrodes, c'est-à-dire si l'électrolyte est complètement dissocié, la valeur de la conductibilité équivalente est toujours la même, indépendante de la dilution, parce que toujours le même nombre d'ions est prêt à effectuer le transport, et que celui-ci ne peut être effectué que par eux. La surface des électrodes ne joue aucun rôle dans la conductibilité, puisque dans notre cas une augmentation de surface ne peut pas plus augmenter le nombre des ions entre les électodes qu'une diminution de surface le réduire.

Nous pouvons ainsi expliquer ce fait que pour une grande dilution beaucoup d'électrolytes atteignent une valeur limite de la conductibilité équivalente, limite qui reste constante pour une dilution ultérieure. Il est en outre aisé à comprendre, que, pour les solutions plus concentrées, ou plus généralement, pour les solutions incomplètement dissociées la conductibilité équivalente est plus petite ; là en effet les molécules n'étant pas toutes dissociées, il y a moins d'ions à la disposition du courant. Avec une dilution croissante la dissociation augmente et par suite aussi la conductibilité équivalente, jusqu'à ce que la dissociation étant totale la valeur maxima soit atteinte.

C'est ici que l'avantage des idées nouvelles sur celles de

Clausius se laisse clairement reconnaître. D'après Claudius en effet la conductibilité dépendrait de la fréquence des échanges entre les molécules. On devrait par suite s'attendre à ce que plus la solution serait concentrée, plus la conductibilité équivalente serait grande, les molécules pouvant alors évidemment agir les unes sur les autres avec plus d'énergie; l'expérience est en contradiction avec ces conclusions. La conductibilité d'une solution dépend du nombre d'ions entre les électrodes et en outre aussi de la somme des vitesses des deux ions. Prenons d'après cela des solutions étendues équivalentes de sels neutres, d'acides forts ou de bases, qui étant totalement dissociés contiennent le même nombre d'ions, leurs conductibilités équivalentes doivent se comporter comme les sommes des vitesses de migration de leurs ions. Comme les ions sont mobiles librement, les vitesses de migration particulières sont constantes, indépendantes de la nature des autres ions en présence; on peut écrire $\Lambda = K\,(l_A + l_K)$ si K est le facteur de proportionnalité, dépendant des unités choisies, l_K et l_A représentant les vitesses de migration des ions positifs et négatifs : cette relation est d'ailleurs l'expression de la loi de Kohlrausch.

La somme des vitesses de migration nous est par suite donnée par la valeur limite de la conductibilité équivalente. Nous connaissons les vitesses de migration relatives par les recherches de Hittorf (p. 57) par suite nous pouvons calculer les valeurs particulières,

$$K\,(l_K + l_A) = \Lambda$$

$$\frac{l_A}{l_A + l_K} = n \qquad l_A K = n\Lambda \qquad l_K K = (1 - n)\,\Lambda$$

Posons la fraction de proportionnalité égale à 1, c'est-à-dire exprimons les vitesses de migration en unités de conductibilité on aura :

$$l_A = n\Lambda\,; \qquad l_K = (1 - n)\Lambda.$$

Une fois une valeur particulière déterminée toutes les autres pourront s'en déduire aussi bien au moyen des nombres de transport, que des conductibilités limites, en tant que celles-ci sont expérimentalement déterminables. D'un autre côté l'accord des valeurs déduites de ces deux séries nous garantit que nos vues sur ce sujet sont justifiées. Ces calculs et ces comparaisons ont été faits par Kohlrausch et ont fourni les résultats attendus.

Pour plus de clarté nous donnerons un exemple :

Pour KCl pour $\varphi = 10^7$ on a trouvé pour la conductibilité équivalente 129,5. Par les recherches de transport pour les solutions les plus étendues $n = 0{,}503$, $1 - n = 0{,}497$ d'où on tire $l_A = 65{,}3$ $l_K = 64{,}6$.

Pour NaCl la conductibilité limite équivalente $= 108{,}9$ ce qui donne $l_A = 65{,}3$ et $l_K = 43{,}6$. A l'aide des chiffres obtenus dans les mesures de transport $n = 0{,}604$, $1 - n = 0{,}396$, et de la valeur 65,3 pour l_A nous trouvons pour l_K 42,8 résultat en accord satisfaisant avec la première valeur.

Des résultats rassemblés par Kohlrausch (1) nous extrayons les valeurs suivantes pour les vitesses de migration infinie et à $t = 18°$:

$K' = 64{,}67$	$F' = 46{,}64$	$IO^{4\prime} = 47{,}7$	$1/2\ Ba'' = 56{,}3$
$Na' = 43{,}55$	$Cl' = 65{,}44$	$AzO^{3\prime} = 61{,}78$	$1/2\ Pb'' = 61{,}5$
$Li' = 33{,}44$	$Br' = 67{,}63$	$MnO^{4\prime} = 53{,}4$	$1/2\ Mg'' = 46{,}0$
$Rb' = 67{,}6$	$I' = 66{,}40$	$OH' = 174{,}0$	$1/2\ Zn'' = 45{,}6$
$Cs' = 68{,}2$	$SCAz' = 56{,}63$	$CHO^{2\prime} = 46{,}7$	
$AzH^{4\prime} = 64{,}4$	$ClO^{3\prime} = 55{,}03$	$C^2H^3O^{2\prime} = 35{,}0$	
$Tl' = 66{,}00$	$BrO^{3\prime} = 46{,}2$	$C^3H^5O^{2\prime} = 31{,}0$	$1/2\ SO^{4\prime\prime} = 68{,}7$
$Ag' = 54{,}2$	$IO^{3\prime} = 33{,}87$	$C^4H^7O^{2\prime} = 27{,}6$	$1/2\ CO^{3\prime\prime} = 70$
$H' = 329{,}8$	$ClO^{4\prime} = 64{,}7$	$C^5H^9O^{2\prime} = 25{,}7$	
		$C^6H^{11}O^{2\prime} = 24{,}3$	

La conductibilité pour une grande dilution $\Lambda = l_K + l_A$. Si

(1) Sitzungsber.. der K. Pr. Akad. d. Wiss. Physik. math., p. 574 et 587, 1902.

La valeur de H' est extraite d'un travail récent de Noyes et Sammet (Zeitschr. f. physik. Chemie, 43, p. 49, 1903).

toutes les molécules ne sont pas dissociées en ions, mais seulement la moitié, comme la conductibilité est proportionnelle au nombre des ions, sa valeur sera moitié moins élevée et nous pouvons écrire : $\Lambda' = \frac{\Lambda}{2} = \frac{1}{2}(l_K + l_A)$.

On suppose ici implicitement que le frottement électrolytique des ions, c'est-à-dire la résistance qu'ils rencontrent dans leur mouvement du fait des autres particules dissoutes et du solvant est indépendant de la concentration pour les solutions étendues auxquelles seules ces développements s'appliquent.

Par suite l'équation $\Lambda\varphi = x(l_K + l_A)$ est générale ; Λx est la conductibilité équivalente correspondant pour un électrolyte à une solution contenant dans un volume φ un équivalent en grammes ; x est la partie de cette équivalent dissociée en ions, c'est-à-dire le degré de dissociation. Si nous désignons par Λ_∞ la limite de la conductibilité équivalente nous avons

$$\Lambda_\infty = l_K + l_A \quad \Lambda\varphi = x(l_K + l_A) \quad x = \frac{\Lambda\varphi}{\Lambda_\infty}$$

« *Le degré de dissociation d'une solution est égal au rapport de la conductibilité équivalente de cette solution à la valeur limite de cette conductibilité.* » — Nous avons déjà vu (p. 59) que Arrhénius était arrivé à cette conclusion, et que les degrés de dissociation calculés par les déterminations de conductibilité, correspondaient d'une façon suffisante (mais pas sans exceptions) (1) avec ceux fournis par les déterminations de point de congélation.

La détermination du degré de dissociation de divers corps a pris une extension considérable. Les expériences de Ostwald avaient montré que la série des acides classés au moyen de leurs propriétés accélératrices dans la saponification de l'a-

(1) Zeitschr. f. physik. Chem., 37, p. 490, 1901.

cétate de méthyle, ou dans l'inversion du sucre de canne, etc., coïncident avec celle de leur avidité pour une base. Celle-ci pouvait être déterminée, par des mesures thermo-chimiques et par la mesure des variations de volume accompagnant les réactions chimiques. On avait ainsi obtenu une mesure de l'*affinité* ou de la *force* d'un acide (ou d'une base). Arrhénius recherchа ensuite s'il n'y avait pas aussi une relation entre la conductibilité et la tendance réactionnelle, et en fait il trouva un rapport étroit entre le degré de dissociation et l'aptitude à réagir.

Si nous prenons deux solutions acides à un gr. équivalent par litre, si leurs degrés de dissociation sont différents, leurs « forces » le seront aussi. Si nous les étendons maintenant de plus en plus, leurs degrés de dissociation changent mais d'une manière différente pour chacun, puis quand la dilution est très grande, les deux acides étant totalement dissociés, leurs forces sont égales. La force relative des acides et des bases change donc avec la concentration, ce que Ostwald avait déjà trouvé avant la découverte de la théorie de la dissociation.

Détermination de la constante de dissociation au moyen des conductibilités; méthode de Kohlraush; méthode de Nernst et Haagn.

Ostwald (1) a montré le premier, à l'aide de la théorie de la dissociation et en se basant sur la similitude des corps dissous et des gaz d'après la loi de van't Hoff, qu'on peut calculer pour les électrolytes binaires une constante indépendante de la dilution, ou comme il la nomma une constante d'affinité.

D'après la loi de l'action des masses la relation suivante s'applique à un gaz qui se scinde en deux composants, à température constante : *Le produit des masses actives des deux*

(1) Zeitschr. physik. Chem., 2, p. 270, 1888.

composants divisé par la masse active du corps non dissocié est une constante. Sous le nom de masse active d'un corps on entend la quantité de molécules grammes contenues dans l'unité de volume ; masse active est donc synonyme de concentration moléculaire. Pour les gaz au lieu des masses actives on peut employer les pressions gazeuses des composants qui leur sont proportionnelles. Si nous avons du sel ammoniac il se scinde à une température élevée partiellement en gaz ammoniac et acide chlorhydrique. Maintenons la température constante nous pourrons écrire $\frac{p_1^2}{p} = K'$; p_1 étant la pression partielle du gaz ammoniac, et aussi de l'acide chlorhydrique, puisque ces deux corps sont présents en quantités moléculaires égales, et p étant la pression du sel ammoniac non dissocié. La valeur de la constante reste invariable que nous comprimions le gaz, ce qui augmente la valeur des pressions partielles, ou que nous le dilations, ce qui diminue cette valeur. Il n'y a également aucun changement, si nous ajoutons un excès d'un des composants. Si nous ajoutons du gaz ammoniac nous augmentons la pression partielle de ce composant ; si en même temps rien ne changeait la valeur de la constante devrait s'élever. Comme cela n'arrive pas, il faut que le numérateur ait diminué, ou que le dénominateur ait augmenté, ou que les deux se soient produits en même temps. Ce dernier fait est le vrai, une partie du gaz ammoniac et de l'acide chlorhydrique ayant formé du sel ammoniac ; cette réaction s'effectue jusqu'à ce que le produit des deux pressions partielles de l'ammoniac et de l'acide chlorhydrique divisé par la pression partielle du chlorhydrate d'ammoniaque, donne la même valeur qu'auparavant : $\frac{p'_{AzH^3} \cdot p''_{HCl}}{p'''_{AzH^4Cl}} = K'$, p' et p'' ont naturellement des valeurs différentes.

Comme d'après la théorie de Van't Hoff dans les solutions étendues les corps se comportent comme à l'état gazeux il faut admettre que ce que nous venons de dire s'applique aussi à un électrolyte binaire c'est-à-dire se scindant en deux ions (à une dilution suffisante). L'acide acétique par exemple en solution aqueuse se compose d'acide acétique non dissocié et des deux ions H' et CH^3COO' nous devrons donc nous attendre à ce que l'équation $\frac{m_1^2}{m} = e$ où m_1 la masse active des ions et m celle de la partie non dissociée, reste valable et indépendante de la dilution ; la présence d'autres corps n'influe pas sur ce rapport. La constante de dissociation est pour chaque composé caractéristique et par suite leur détermination d'une grande importance.

Pour vérifier ce rapport pour les électrolytes, il est nécessaire d'avoir une méthode pour la détermination exacte des concentrations m et m_1. La détermination des conductibilités s'y prête à un haut degré et par suite ces mesures ont acquis une grande importance.

Dans le volume φ exprimé en cm^3 doit être dissous une molécule-gramme d'un électrolyte binaire. Appelons x le degré de dissociation de cet électrolyte, x indique la partie de cette molécule gramme qui est dissociée $\frac{x}{\varphi}$ donne par conséquent la fraction d'ions gramme contenue dans un cm^3, c'est-à-dire la masse active de chacun des deux ions, $\frac{1-x}{\varphi}$ la masse active de la partie non dissociée. Nous avons ainsi :

$$\frac{x^2}{(1-x)\varphi} = c$$

Pour déterminer les constantes de dissociation d'une solution donnée, on voit qu'il suffit de connaître le degré de dissociation. Mais nous savons maintenant que le degré de dissociation x est égal au rapport de la conductibilité équivalente à la conductibilité équivalente limite correspondant à une dilution infinie : $x = \frac{\Lambda_\varphi}{\Lambda_\infty}$.

Remplaçons x par cette valeur, nous avons :

$$\frac{\Lambda^2 \varphi}{\Lambda^2_\infty \left(1 - \frac{\Lambda \varphi}{\Lambda_\infty}\right) \varphi} = \frac{\Lambda^2 \varphi}{\Lambda_\infty (\Lambda_\infty - \Lambda \varphi) \varphi} = c$$

La connaissance de la conductibilité équivalente et de la conductibilité limite suffit pour le calcul de la constante de dissociation. Avant de pénétrer plus avant dans la vérification de la formule, il convient d'apprendre à connaître les méthodes de détermination de la conductibilité des liquides.

Pour les conducteurs de la première classe la détermination de la conductibilité devient extrêmement simple par l'emploi de la loi de Ohm $W = \frac{\pi}{i}$. Les choses ne sont plus aussi faciles pour les électrolytes ; π la chute de potentiel qui a lieu du fait du passage du courant dans l'électrolyte est dans la plupart des cas à peine déterminable avec exactitude, parceque aux électrodes par suite des décompositions qui ont lieu se produisent des chutes de potentiel de différentes grandeurs. On a indiqué pour surmonter cette difficulté toute une série de méthodes plus ou moins bonnes (1) ; nous les laisserons de côté et nous en tiendrons à celle qui à peu près exclusivement sert à déterminer la conductibilité. Cette méthode est celle de Kohlrausch. La méthode repose sur l'emploi du courant alternatif de haute fréquence entre des électrodes inattaquables qui, pour obtenir une grande surface, sont platinées; par ce moyen l'action nuisible de la polarisation est annulée, et nous pouvons déterminer la conductibilité comme pour les conducteurs de première classe.

La disposition employée est celle du pont de Wheatstone (fig. 18) (2) ; 5 est un élément galvanique, 6 l'appareil d'induction

(1) Ostwald, Lehrbuch der Allg. Chemie II, 1, 622.
(2) Ostwald, Zeits. physik. Chem. 2, 561, 1888.

fournissant les courants alternatifs, 7 est un téléphone. Un galvanomètre ordinaire ne peut naturellement être employé.

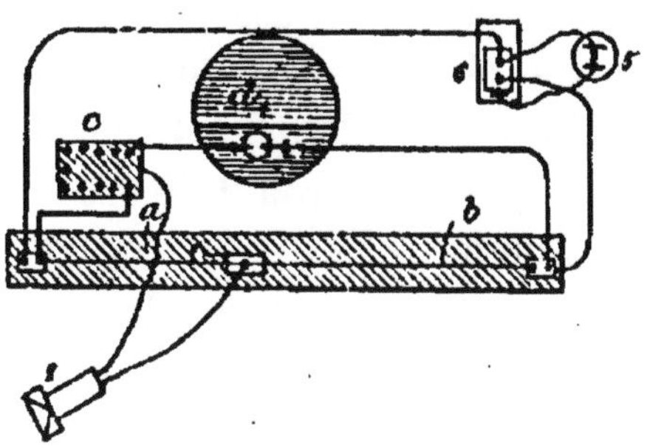

Fig. 18.

a, b, c, d, sont les quatre bras de pont. Si l'élément 6 est en activité, on entend le téléphone et son bruit ne devient à peine reconnaissable que si les résistances des quatre bras sont dans un rapport tel que $\frac{a}{b}=\frac{c}{d}$. En c se trouve une boîte de résistances en ohms, en d on place dans un thermostat l'électrolyte à étudier dont nous désignerons dorénavant la résistance par w. On constitue avantageusement les deux bras a et b au moyen d'un fil bien calibré étendu sur un mètre. Sur ce fil glisse un contact que l'on déplace jusqu'à ce que pour une certaine résistance intercalée en c on ait le son minimum. La distance du contact à l'une des extrémités est a, l'autre b lisibles directement en dixièmes de millimètre.

La résistance absolue du fil n'intervient pas dans le calcul, puisqu'il s'agit de rapports. Les connexions métalliques réunissant la boîte de résistance aux électrodes etc. doivent avoir une résistance négligeable. La résistance cherchée est alors :

$$w=c\frac{b}{a}$$

Comme vase pour la détermination de la conductibilité on

peut utiliser dans la plupart des cas celui représenté (fig. 19) (1). Les électrodes suivant le besoin peuvent être éloignées ou rapprochées et leur section peut être changée. Il convient de les platiner avec une solution de chlorure de platine à 3 0/0 à laquelle on ajoute environ 1/40 0/0 d'acétate de plomb.

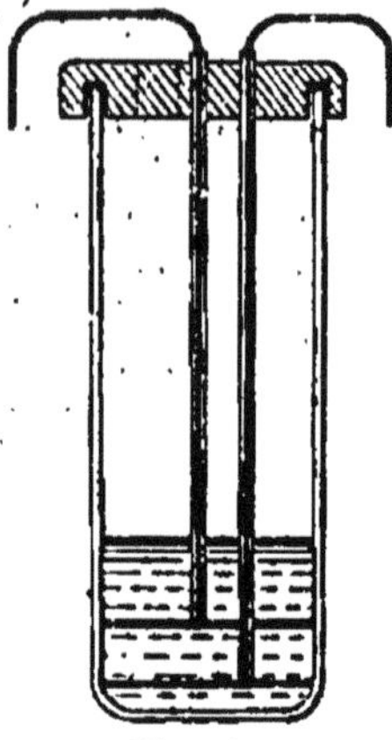

Fig. 19.

Si on mesure la distance l des deux électrodes égales en centimètres et leur section f en cm² on peut évidemment déterminer la conductibilité spécifique $\varkappa$:

$\frac{1}{w} = \frac{a}{cb} = \varkappa . \frac{f}{l}$; $\varkappa = \frac{l}{fw}$ et aussi d'après la conductibilité équivalente $\Lambda = \varkappa \varphi$. Il est ici supposé que les électrodes et le vase ont la même section.

Pour se libérer de cette condition et éviter la mesure incommode de l'espace qui se trouve entre les électrodes, on détermine le mieux la capacité de résistance du vase. On comprend sous ce nom la résistance que l'on obtient quand l'espace entre les électrodes est rempli d'un liquide de conductibilité 1.

Dans ce cas la résistance mesurée $= \frac{lz}{f}$ puisque $\varkappa = 1$ et ce rapport ou la résistance mesurée représente justement la capacité de résistance est désigné par C. z est un facteur constant correspondant au dispositif employé et dépendant de la forme du vase, de la position des électrodes par rapport à la paroi, etc. z est égal à 1 quand la section des électrodes f

(1) Voir pour diverses formes d'appareils le Hülfsbuch für physik. chem. Messungen de Ostwald et Luther, p. 401.

est égale à celle du vase. Pour déterminer C, il n'est pas besoin d'un liquide pour lequel $x = 1$; on peut utiliser n'importe quelle solution de conductibilité connue. Si x' est cette conductibilité spécifique et w' la résistance du vase quand il est rempli de cette solution on a $C = w'x'$.

C étant déterminé une fois pour toutes on peut utiliser l'équation pour obtenir la conductibilité inconnue d'autres solutions. Par suite :

$$x = \frac{C}{w} \text{ ou } \Lambda = \frac{C\varphi}{w}$$

où w est la résistance du liquide à étudier mesurée avec le pont. Comme le pouvoir conducteur du liquide de comparaison est exprimé en ohms, on obtient les conductibilités aussi en ohms, même par l'emploi d'unités de résistance quelconques Naturellement ceci suppose que C est déterminé avec les mêmes unités.

Très fréquemment on utilise comme liquide de conductibilité connue une solution 1/50 N. de KCl. Sa conductibilité spécifique est à 18° et à 25° d'après les plus récentes mesures $x_{18} = 0{,}002399$ $x_{25} = 0{,}002773$, sa conductibilité équivalente par suite :

$$\Lambda_{18} = 119{,}96 \quad \Lambda_{25} = 138{,}67$$

Comme on le voit la conductibilité équivalente est remarquablement élevée. Entre deux électrodes éloignées de 1 cm. la solution de un équivalent gramme de KCl dans la solution précédente oppose seulement une résistance de $\frac{1}{119{,}9}$, soit $\frac{1}{138{,}3}$ ohms. Les conductibilités limites Λ_{∞} des électrolytes binaires sont du même ordre de grandeur et oscillent entre 50 et 500 comme le montrent les chiffres de la p. 86. Au contraire les conductibilités équivalentes Λ peuvent pour un volume déterminé prendre de très faibles valeurs (Voy. Tableau p. 86).

Nous considérerons ici encore une autre méthode pour déterminer la conductibilité, indiquée récemment par Nernst et Haagn et qui permet de déterminer commodément la résistance intérieure d'une cellule pendant le passage du courant. Elle se distingue du montage ordinaire du pont par le remplacement de deux résistances par des condensateurs. La figure 20 fera comprendre la disposition employée.

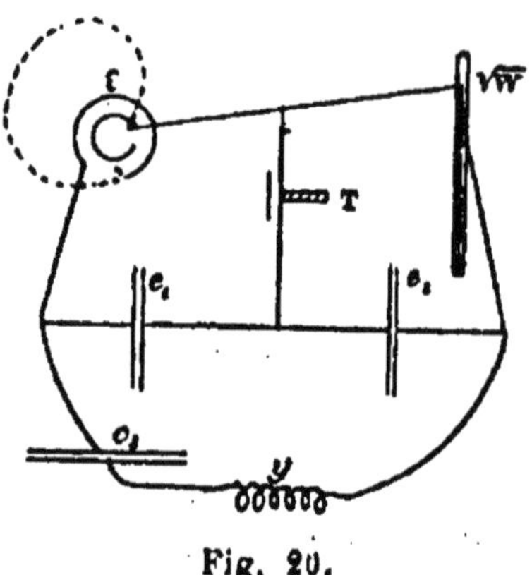

Fig. 20.

e_1 et e_2 sont les deux condensateurs, w la résistance variable connue, ε la cellule à mesurer, y l'appareil d'induction, T le téléphone, et c_3 un condensateur accessoire qui empêche que la cellule soit fermée par w et y. Dans ces conditions, la cellule est sans courant et la résistance cherchée x s'obtient après mise du téléphone à son minimum par $x : w = e_2 : e_1$, où e_1 et e_2 signifient les capacités des deux condensateurs ; leur rapport doit être connu et peut être obtenu facilement connaissant un rapport de résistances déterminé, au moyen d'un pont de Wheatstone ordinaire.

Pour obtenir la résistance pendant le passage du courant on ferme ε par une résistance (indiquée en ponctué). Maintenant il faut noter que la résistance cherchée x de la cellule n'est pas ainsi mesurée directement, mais peut être seulement calculée à l'aide de x', mesuré d'abord au moyen de la résistance du circuit accessoire (x')

$$\frac{1}{x'} = \frac{1}{x} + \frac{1}{x''}$$

Pour la grandeur x'' la formule suivante approchée suffit :

$$x = x'\left(1 + \frac{x'}{x''}\right)$$

Nous allons maintenant passer au calcul de la constante de dissociation : $c = \frac{\Lambda\varphi^2}{\Lambda_\infty(\Lambda_\infty - \Lambda\varphi)\varphi}$. Pour cela, nous avons besoin de connaître outre la valeur $\Lambda\varphi$, la valeur Λ_∞. Nous savons maintenant comment on détermine $\Lambda\varphi$, Λ_∞ peut, dans certains cas, être obtenu en passant à des solutions toujours de plus en plus étendues ; alors $\Lambda\varphi$ finalement ne variant plus, nous pouvons l'égaler à Λ_∞. Ceci est seulement possible pour les électrolytes fortement dissociés ; pour les faiblement dissociés la détermination expérimentale de Λ_∞ est impossible ; la dissociation complète n'étant atteinte que pour une dilution telle que la détermination de la conductibilité n'est pratiquement plus possible. Pour presque tous les acides organiques et les bases nous n'aurions pu obtenir Λ_∞ de cette manière, et c'est justement pour ces composés que le calcul de la constante est important.

Heureusement que les sels alcalins des acides, comme aussi les sels des acides halogénés des bases fortes et faibles sont fortement dissociés, ce qui permet la détermination de Λ_∞. Mais Λ_∞ représente la somme des vitesses de migration des deux ions.

Ces vitesses nous étant connues pour les métaux et les ions halogènes, nous obtenons, en les soustrayant de Λ_∞, les vitesses de migration des ions acides et basiques. Par suite, nous obtenons aussitôt Λ_∞ pour les acides et les bases. En effet, Λ_∞ est bien égal à la somme des vitesses de migration des ions $H^\cdot$ et de l'ion acide, ou à celle de l'ion OH' et de l'ion de la base ; celles de l'ion $H^\cdot$ et de l'ion OH' nous étant déjà connues, nous obtenons aussitôt celles des ions acides et basiques.

Au reste, il n'est pas besoin dans le calcul de passer par les vitesses de transport particulières ; la différence des conductibilités limites par ex. de HCl et NaCl, qui est à 18° d'après les mesures récentes (395,5 — 108.9 = 286,6), et à 15° (440,7 — 126,6 = 314,1) donne ajoutée à la conductibilité limite du sel de Na étudié la conductibilité limite de l'acide de ce dernier sel.

L'étude d'un grand nombre d'acides et de bases faiblement dissociés pour des dilutions très différentes a donné en fait une constante indépendante de la dilution.

On a trouvé ainsi pour huit solutions différentes d'acide acétique dont les concentrations étaient 1/8, 1/16, 1/32..... 1/1014 les valeurs suivantes de la constante c multipliée par 10^5 :

0,0180, 0,00179, 0,00182, 0,00179, 0,0179,
0,0180, 0,0180, 0,0177.

Quant à la signification plus intime des constantes, il n'y a pas lieu ici de nous en occuper de plus près, ceci appartient au chapitre de la statique chimique. Nous dirons seulement que la série des constantes indique la série des dissociations que possèdent des solutions à teneurs équivalentes. Il n'y a cependant pas proportionnalité, ce que l'on voit clairement puisque pour des dilutions sans cesse croissantes, les degrés de dissociation tendent à se rapprocher de plus en plus. Par contre nous indiquerons quelques conséquences de l'existence des constantes, conséquences d'ailleurs empiriquement établies par Ostwald (l. c.) avant l'établissement de la théorie de la dissociation.

1. φ croissant, dans l'équation $\frac{\Lambda_\varphi^2}{\Lambda_\infty(\Lambda_\infty - \Lambda_\varphi)} = \varphi c$ le premier membre doit devenir infini. Comme Λ_φ et Λ_∞ conser-

vent toujours une valeur finie, il faut donc que $\Lambda_\infty = \Lambda\varphi$, c'est-à-dire *que la conductibilité équivalente atteigne finalement la valeur* Λ_∞.

2. Pour les électrolytes binaires peu dissociés et par suite mauvais conducteurs, pour lesquels $\Lambda\varphi$ est très petit vis-à-vis de Λ_∞, la valeur de l'expression $\Lambda_\infty - \Lambda\varphi$ varie peu avec une dilution croissante et peut être considérée comme constante. On a alors :

$$\frac{\Lambda\varphi^2}{\varphi} = \text{Constante}.$$

c'est-à-dire : *la conductibilité équivalente croît avec la dilution de telle manière que son carré croît proportionnellement au volume, ou elle-même proportionnellement à la racine carrée de ce volume.*

3. Donnons à la formule de dissociation sa forme primitive $\frac{x^2}{(1-x)\varphi} = c$; pour un corps *peu dissocié* $1 - x$ diffère peu de 1 et par suite $\frac{x^2}{\varphi} = c$.

4. Pour deux électrolytes faibles (ou plus) d'après les considérations précédentes pour une même valeur de φ le rapport

$$\frac{\Lambda'\varphi^2}{\Lambda''\varphi^2} = \text{Constante} \qquad \text{et} \quad \frac{x_1^2}{x_2^2} = \frac{c'}{c''}.$$

$\Lambda\varphi'$, x_1, c' et $\Lambda''\varphi$, x_2, c'' étant les conductibilités équivalentes, les degrés de dissociation et les constantes de dissociation. $\Lambda\varphi$ est $= x . \Lambda_\infty$; pour des électrolytes dont les conductibilités limites sont égales, ce qui, pratiquement, a lieu pour beaucoup d'acides, parce que la vitesse de migration de l'ion commun H˙ est très élevée, il en résulte que :

$$\frac{\Lambda'\varphi^2}{\Lambda''\varphi^2} = \frac{c'}{c''}.$$

Le carré des conductibilités équivalentes de différents électrolytes sont à dilution égale dans le rapport de leurs constantes de dissociation.

5. Pour les électrolytes très forts dans la formule

$$\frac{\Lambda_\varphi^2}{\Lambda_\infty(\Lambda_\infty - \Lambda_\varphi)\varphi} = c \quad \Lambda_\varphi \text{ à dilution croissante}$$

peut à peu près être considéré comme constant, Λ_∞ est *ipso facto* constant, par suite $\frac{1}{(\Lambda_\infty - \Lambda_\varphi)\varphi}$ = Constante.

La différence des conductibilités limite et équivalente multipliée par les volumes correspondants est une valeur constante.

6. L'équation $\frac{x^2}{(1-x)\varphi} = c$ donne pour les électrolytes forts puisque x^2 peut être égal à un à peu de chose près,

$$\frac{1}{(1-x)\varphi} = c, \text{ ou } (1-x)\varphi = \frac{1}{c}.$$

La partie non dissociée multipliée par le volume correspondant est égale à la valeur réciproque de la constante de dissociation. On voit par suite que si pour $\varphi = 50000$ cm^3 la partie non dissociée atteint 1 0/0 pour $\varphi = 100000$ cm^3 elle tombe à 1/2 0/0.

7. Si de nouveau on compare deux (ou plusieurs) électrolytes forts à dilution égale on a $\frac{\Lambda'_\infty - \Lambda_\varphi}{\Lambda'_\infty - \Lambda'_\varphi} = C^{te}$ ou $\frac{1-x'}{1-x'} = \frac{c'}{c'}$ ce qui peut s'énoncer ainsi :

Les parties non dissociées de divers électrolytes à dilution égale sont dans le rapport inverse des constantes de dissociation. Si les différentes conductibilités limites sont à peu près égales, on peut écrire d'une manière approchée :

$$\frac{\Lambda'_\infty - \Lambda'_\varphi}{\Lambda'_\infty - \Lambda'_\varphi} = \frac{c'}{c'},$$

Les différences entre les conductibilités limites et équivalentes, à dilution égale sont dans le rapport inverse des constantes de dissociation.

8. Enfin on peut déduire encore pour les électrolytes en général la loi suivante.

Si nous avons deux électrolytes de même degré de dissociation dans l'équation $\frac{x^2}{1-x} = \varphi c$ les premiers membres sont égaux, il doit en être de même des seconds $\varphi' c' = \varphi'' c''$ ou $\frac{\varphi'}{\varphi''} = \frac{c''}{c'}$.

Les dilutions pour lesquelles différents électrolytes possèdent le même degré de dissociation (et aussi fréquemment la même conductibilité équivalente) sont dans un rapport constant et aussi dans le rapport inverse des constantes de dissociation.

On peut souvent faire un usage avantageux des relations simples qui précèdent.

Relations entre la constante de dissociation et la constitution chimique. On a trouvé entre la valeur des constantes et la constitution chimique des corps quelques relations particulières pour les acides; nous donnons de ces relations quelques exemples. Les constantes ($K = c. 10^5$) de l'acide acétique et des trois acides chloracétiques sont à 25° :

Ac. Acétique	0,00130
— Monochloracétique. . .	0,155
— Dichloracétique	5,14
— Trichloracétique	121,

Le remplacement de l'hydrogène par le chlore provoque toujours pour les acides une élévation de la constante ; le premier atome la multiplie par 86, le second par 33,2 et le troisième par 23,5. De là on conclut que l'action due à l'introduction du chlore dans l'acide acétique et dans l'acide monochloracétique n'est pas la même, ce qui se comprend facilement puisque pour ce dernier il y a déjà un atome de chlore dans la combinaison. Une augmentation de la constante a la même signification qu'une augmentation du degré de dissociation, c'est-à-dire une augmentation du caractère acide; à l'introduction du chlore on doit par suite attribuer la même influence. De la même manière que le chlore agissent les autres radicaux dits négatifs comme le brome, le cyanogène, le sulfocyanogène, l'hydroxyle, etc.

Ce qui montre d'une manière particulièrement claire la propriété constitutive de la constante de dissociation, c'est sa variation dans les composés α et β.

La même observation s'applique aux dérivés isomères du benzène.

Ac. Benzoïque	C^6H^5COOH	0,0060
o. Oxybenzoïque	$C^6H^4(OH)COOH$ . . .	0,102
m. Oxybenzoïque	$C^6H^4(OH)COOH$ . . .	0,0087
p. Oxybenzoïque	$C^6H^4(OH)COOH$ . . .	0,00286

A propos de cet exemple nous pouvons montrer comment la connaissance de la constante peut être utile pour déterminer une constitution chimique. Par l'introduction de l'hydroxyle en ortho par rapport au carboxyle la valeur de la constante pour l'acide benzoïque est multipliée par 17, en position méta l'élévation est à peine sensible, et en position para il y a même diminution. Si nous partons de l'acide o. oxybenzoïque en introduisant l'hydroxyle dans diverses positions, nous pourrons admettre que ici comme pour l'acide benzoïque nous rencontrerons les mêmes propriétés. C'est aussi le cas ainsi que le tableau suivant le montre.

Acide ortho.	oxybenzoïque (salicylique) [1].		. . . .	0,102
—	oxysalicylique	$C^6H^3(OH)^2COOH$	(2,3) . .	0,114
—	id.	id.	(2,5) . .	0,108
—	β résorcylique	id.	(2,4) . .	0,052
—	α id.	id.	(2,6) . .	5,0

Dans l'acide (2,3) comme dans (2,5) le nouvel hydroxyle

est par rapport au carboxyle dans la position méta, par suite nous devons prévoir seulement une faible élévation, ce qui cadre avec l'expérience. Pour l'acide 2,4 l'hydroxyle est entré en position para, ce qui cadre avec la diminution de la constante, enfin dans l'acide 2,6, le deuxième hydroxyle est aussi en ortho, par suite on trouve une très forte augmentation de constante, environ cinquante fois. Des relations intéressantes ont été trouvées également pour la dissociation graduelle d'acides organiques bibasiques. Du fait que la formule de dissociation est applicable aussi aux acides bibasiques faibles, il résulte que pour eux la dissociation s'effectue d'abord d'après le schéma $H^2R = H^{\cdot} + HR'$. Puis pour les acides plus forts a lieu une scission plus avancée de l'ion monovalent négatif. $HR' = H^{\cdot} + R''$. La formule précédente cesse naturellement de s'appliquer. Des différences remarquables interviennent alors : pendant que pour quelques acides la seconde dissociation a lieu seulement quand la première est devenue à peu près complète, pour quelques autres elle se produit déjà quand 50 0/0 environ sont dissociés suivant le premier schéma. La titration des acides avec un indicateur permet déjà de reconnaître ce fait ; l'acide sulfureux par exemple ne donne aucun virage net avec la teinture de tournesol, parce que la seconde dissociation est trop faible, alors que l'acide succinique, beaucoup plus faible sous le rapport de la première dissociation, se laisse bien titrer.

Entre les constantes de dissociation pour la première réaction (constante K de dissociation des acides libres) et celle de la seconde réaction qui se mesure d'une manière au reste assez compliquée à l'aide des sels de sodium acides (constante de dissociation (s) des sels acides) il y a une relation établie par Smith (1) d'après les travaux de Ostwald et Noyes et ses propres recherches : cette relation s'énonce ainsi.

1. *Le premier atome d'hydrogène est d'autant plus fort*

(1) Zeitschr. f. physik. Chem. 25, p. 144, 1898.

et le second d'autant plus faible que les deux groupes carboxyles sont plus voisins, et inversement.

Pour illustrer cette proposition nous citerons les lignes suivantes de Ostwald, qui pense que les charges électriques des ions acides sont localisées à l'hydroxyle acide du carboxyle :

« Dans le cas des acides bibasiques pour les acides carbonés un carboxyle devenant négatif (par la dissociation du premier atome d'H) favorise l'ionisation du second et cela d'autant plus énergiquement que les deux carboxyles sont plus rapprochés l'un de l'autre. Imaginons-nous atteint le premier stade de la dissociation, la scission du complexe H^2R en $H^{\cdot}$ et HR', le deuxième stade, la scission de HR' en $H^{\cdot}$ et R' sera en général beaucoup plus difficile que la première, puisque le groupe HR' déjà chargé négativement doit encore prendre une charge négative de même valeur, alors que cependant les charges négatives se repoussent. En second lieu la facilité de la deuxième scission dépend de l'éloignement réciproque des deux charges: plus elles sont rapprochées sur l'ion bivalent, plus faible sera la tendance du second H à se séparer, et inversement. »

Les propriétés des acides fumarique et maléique correspondent complètement à cette hypothèse et à la loi précédente.

	Ac. maléique		Ac. fumarique	
	H — C — COOH ‖ H — C — COOH		H — C — COOH ‖ HOOC — C — H	
v	x	k	x	k
128	68,5	1,16	29,3	0,095
256	78,8	1,14	39,0	0,097
512	87,1	1,15	50,3	0,099
1024	92,8	1,17	63,9	0,110
2048	98,2	—	78,5	0,140

v est le nombre de litres dans lequel une molécule gramme est dissoute, $x =$ dissociation de H en 0/0 en considérant les acides comme monobasiques, $K = c.\ 10^5$.

Par suite du rapprochement des carboxyles K est pour l'acide maléique remarquablement plus élevé que pour l'acide fumarique. La scission du second atome d'hydrogène est par contre tout à fait en retard pour l'acide maléique ; alors que déjà la dissociation de l'acide fumarique a atteint environ 50 0/0, ce qui se voit clairement par l'augmentation des constantes. D'une manière analogue pour la dissociation du second H des sels acides ; on voit qu'elle s'élève pour $v=64$ à 0,39 0/0 pour le maléinate et à 0,85 0/0 pour le fumarate.

2 *a. Le deuxième atome d'hydrogène de tous les acides substitués est plus faible que celui de l'acide initial, seul l'hydroxyle peut amener une augmentation.*

Le second atome d'H des acides méthyl et éthyl succinique, a ainsi une dissociation plus faible que celui de l'acide succinique; au contraire celle-ci est plus élevée pour les acides tartrique et maléique.

2 *b. La constante de dissociation* (s) *du second atome d'H d'un acide substitué est d'autant plus petite que la constante de dissociation* (K) *du premier atome d'H est plus grande ; c'est-à-dire que l'influence des substituants sur la dissociation des deux atomes d'H se manifeste en sens inverse.*

Pendant que par exemple K croît de l'acide succinique aux acides méthyl et éthyl succinique, s sera, comme nous l'avons vu, plus petit. Cette proposition n'a d'ailleurs de valeur que pour les acides substitués d'une manière analogue. Il est évident que dans beaucoup de cas la connaissance des constantes de dissociation du second atome d'H sera d'une importance égale à celle du premier atome pour la résolution des problèmes de constitution.

Vitesses de migrations particulières des ions. — Dans ces derniers temps, la mesure de la conductibilité a servi à déterminer outre les constantes de dissociation principalement d'un grand nombre d'acides organiques, les vitesses de migration d'anions et de cations organiques. On a déjà vu que les sels alcalins des acides, les chlorures et aussi les nitrates des bases sont si fortement dissociés qu'on peut pour eux déterminer expérimentalement Λ_∞. En retranchant la vitesse de migrations connues des ions métal ou des ions halogènes et $AzO^{3\prime}$, on peut facilement obtenir la valeur désirée des autres ions correspondants (voyez aussi p. 100). Par la comparaison stöchiométrique des valeurs trouvées pour les vitesses de migration des ions en particulier, on a obtenu certaines lois dont nous citerons ici au moins quelques-unes qui sont extraites d'un travail de revision de Bredig (1).

La vitesse de migration d'ions élémentaires est une fonction évidemment périodique du poids atomique et croît avec lui dans chaque série d'éléments employés. En règle générale, il n'y a de différence sensible que pour les deux ou trois premiers termes; les éléments dont le poids atomique dépasse 35 ont la même vitesse. A l'appui de ce qui précède, nous citerons les données suivantes (à 18°) :

Fl′	46,6	Li˙	33,4
Cl′	65,4	Na˙	43,5
Br′	67,6	K˙	64,7
I′	66,4	Cs˙	68,2

Pour les ions complexes : des ions isomères ont même vitesse (2). Ex. :

Ion de l'acide butyrique . . .	30,7
— isobutyrique . .	30,9
Ion de l'acide cinnamique. . .	27,3
— atropique . . .	27,1

(1) *Zeitschr. physik. Chem.*, 13, p. 191, 1894.

(2) Les nombres suivants sont extraits sans changement de la communication de Bredig et représentent des unités Siemens réciproques, $t = 25°$.

Ion du propylammonium . . .	40,1
— du isopropylammonium . .	40,0
Ion de la méthylquinoléine . .	36,5
— de l'isométhylquinoléine . .	36,0

Le même changement dans la composition d'ions analogues provoque toujours pour des ions différents un changement dans le même sens, mais dont la valeur (*d*) ne reste pas constante quand la vitesse de migration décroît, et devient plus petite. Par suite la vitesse de migration tend vers une valeur limite commune, pour les ions très compliqués, quand le nombre des atomes croît. Cette valeur pour des anions et des cations est d'environ 17 à 20 unités Siemens réciproques, par exemple :

			Différence *d* pour CH^2
Ion de l'ammonium.	AzH^4	70,4	
— diméthylammonium .	C^2H^8Az	50,1	2.10,2
— diéthylammonium . .	$C^4H^{12}Az$	36.1	2. 7,0
— dipropylammonium .	$C^6H^{16}Az$	30,4	2. 2,9
— dibuthylammonium .	$C^8A^{20}Az$	26,9	2. 1,8
— diisoamylammonium .	$C^{10}H^{24}Az$	21,2	2. 1,4

Dans des séries analogues d'anions et de cations de même valence, il y a ralentissement par l'addition d'hydrogène, de carbone, d'azote, de chlore, de brome ou par le remplacement de l'hydrogène par le chlore, le brome, l'iode, etc.

En thèse générale, les ions complexes ont des vitesses plus faibles que les ions simples. Par suite les ions polymères sont plus lents que les ions simples. Des influences constitutives souvent très importantes masquent les propriétés additives ; très souvent des ions métamères ne se déplacent pas avec des vitesses égales par suite de différences constitutionnelles, et très souvent la symétrie croissante fait croître la vitesse de migration de cations organiques ayant cependant même composition, par ex. cette vitesse croît pour les cations métamères quand on passe d'un primaire à un secondaire, puis d'un tertiaire à un quaternaire.

Base primaire :	Ion de la	xylidine $C^8H^{11}Az$.	30.0
Base secondaire :	—	éthylaniline $C^8H^{11}Az$ . . .	30,5
Base tertiaire. . .	—	dyméthylaniline $C^8H^{11}Az$.	33,8
	—	collidine $C^8H^{11}Az$.	34,8
Base quaternaire . .	—	éthylpicoline $C^8H^{11}Az$ . .	35,1
	—	méthyllutidine $C^8H^{11}Az$.	35,2

Par suite l'additivité souvent et surtout pour les cations est gênée par l'influence opposée d'une telle différence de constitution, et même il peut y avoir par une compensation excessive un renversement du sens des propriétés additives, par exemple :

Ion du	triéthylammonium AzC^6H^{16}.	32,6
—	méthyltriéthylammonium AzC^7H^{18}.	34,4

Malgré la diminution due au CH^2, il n'y a pas eu ralentissement mais au contraire accélération.

Vitesses absolues des ions. — Nous sommes à même avec le procédé de Kohlrausch de calculer en $\frac{cm}{sec}$ les vitesses avec lesquelles les divers ions se meuvent en solution aqueuse sous l'influence d'une différence de potentiel déterminée. Imaginons-nous de nouveau pour plus de simplicité deux électrodes de platine éloignées de 1 cm. et entre elles une molécule gr. d'ions positifs et d'ions négatifs. Soit un volt comme chute de potentiel entre ces deux électrodes. Supposons que dans l'unité de temps il passe dans ces conditions 1/2 F il conviendrait d'attribuer 1/4 de cm. par unité de temps à l'ion positif et à l'ion négatif si leurs vitesses étaient égales, elles auraient d'ailleurs dans ce cas la valeur commune 1/4. Car le passage de 1/2 F signifie que à chaque électrode il s'est séparé 1/2 équivalent gramme d'ion. A travers chaque section il est passé aussi en tout un demi-équivalent gramme d'ions, soit 1/4 d'équivalent gramme d'ion positif et 1/4 d'ion négatif. Il y a eu par conséquent 1/4 d'équivalent gramme d'ion amené à chaque électrode, en d'autres termes l'ion qui était distant de l'électrode de 1/4 de cm. au début de l'électrolyse a pu parcourir justement cette distance et cela nous donne la vitesse cherchée (1). Ensemble les deux ions positifs et négatifs parcourent 1/2 cm. dans l'unité de temps.

La quantité d'électricité passée par unité de temps, c'est-à-dire l'intensité I en Ampère, donne divisée par F (= 96580), dans les conditions précédentes la vitesse en $\frac{cm}{sec}$ avec laquelle les ions se déplacent ; soit F la quantité passée par unité de temps les ions auraient ensemble évidemment parcouru 1 cm. Comme l'Intensité $= \frac{\text{Différence de Potentiel}}{\text{Résistance}}$, que $\frac{1}{\text{Résistance}}$ = la Conductibilité et que la chute de potentiel = 1 volt, I = la Conductibilité en inverses d'ohm. La conductibilité est dans ce cas la conductibilité équivalente Λ, de telle manière que $\frac{\Lambda}{96580}$ donne la vitesse. Si les deux ions ont des vitesses de migration différentes elles se partagent la vitesse totale proportionnellement à chacune. Le KCl a à 18° en solution aqueuse infiniment diluée la conductibilité équivalente 130,0 (en inverses d'ohm), par suite la vitesse globale des ions est $= \frac{130,0}{96580} = 0,001346$; ils y prennent part chacun dans le rapport 64,6 à 65,4. L'ion K par suite par une chute de potentiel de 1 volt par cm. parcourt dans une solution de KCl infiniment diluée 0,000669 cm. par seconde et l'ion chlore 0,000677 cm.

---

(1) Il paraît impossible au premier abord qu'il y ait de précipité à l'électrode 1/2 équivalent gramme d'ion quand il n'en est arrivé par migration que 1/4. Et cependant on peut se représenter que dans certaines conditions et même s'il n'y a aucun excès des ions correspondant à l'électrode, l'eau fournit des ions positifs et négatifs manquants. Une discussion plus serrée de ces faits sera réservée aux chapitres suivants.

D'après les dernières valeurs obtenues pour les vitesses de migrations en unités de conductibilité (voyez p. 86) on calcule les valeurs suivantes pour les vitesses absolues U_∞ et V_∞ en solution aqueuse infiniment diluée à 18° :

U_K . .	0,000669 cm.	V_{Cl} . . .	= 0,000677 cm.
U_{AzH^4} . .	0,000667 —	V_{AzO^3} . .	= 0,000640 —
U_{Na} . .	0,000450 —	V_{ClO^3} . .	= 0,000570 —
U_{Li} . .	0,000346 —	V_{OH} . . .	= 0,001801 —
U_{Ag} . .	0,000559 —		
U_H . .	0,003415 —		

En solution incomplètement dissociée ces vitesses sont plus faibles. La somme des vitesses d'après les considérations précédentes égale $\frac{\Lambda_\varphi}{96580}$. Λ_φ étant la conductibilité équivalente correspondante de la solution.

Il n'y a qu'une partie de l'électrolyte qui prend part au transport et par suite la vitesse rapportée à la molécule-gramme se trouve diminuée. Pour les ions à une dilution suffisante on peut appliquer les relations $U = a\, U_\infty$ et $V = a\, V_\infty$. U et V étant les vitesses des ions dans une solution dont le degré de dissociation est a. Ces calculs peuvent être soumis à la vérification expérimentale, celle-ci a été effectuée avec un plein succès par Whetham, Masson et plus tard Abegg-Steele au moyen de la méthode de Lodge (1). Celui-ci dans une recherche préliminaire avait déterminé, d'une manière d'ailleurs insuffisamment exacte, la vitesse de l'ion H ; il observait pour cela la vitesse avec laquelle se propageait la décoloration dans une solution de NaCl additionnée de phénolphtaléine salée dans la gélatine étendue, mise en contact avec une solution acide et traversée par un courant. Whetham perfectionna la méthode et détermina la vitesse de

(1) Zeitschr. f. physik. Chemie 11, p. 220, 1893; 29, p. 501, 1899; 40, p. 699 et 737, 1902, Zeitschr. f. Elektrochemie 7, p. 618, 1901.

l'ion complexe cuprique en solution ammoniacale, et celle des ions chlore et bichromate (Cr^2O^7). Il superposait dans un tube deux solutions de résistance spécifique égale soit une solution de bichromate de K étendue et une de CO^3K^2 (la plus lourde en dessus) et déterminait la vitesse absolue de l'ion coloré en observant le déplacement de la zone colorée et en tenant compte de la chute de potentiel par centimètre. Abegg-Steele montrèrent que la méthode pouvait être appliquée même aux solutions complètement incolores puisque la densité différente optiquement suffit déjà pour faire reconnaître les limites des solutions. Ils déterminèrent les vitesses de migration de différents ions pour différentes concentrations des électrolytes employés et d'accord avec la théorie ils trouvèrent que ces vitesses croissaient avec la dilution et tendaient vers les valeurs calculées pour une dilution infinie.

Résistance de frottement électrolytique. — D'après les vitesses de migration absolues nous pouvons maintenant calculer facilement les résistances de frottement ou les forces nécessaires pour donner aux ions en solution aqueuse la vitesse $1 \frac{cm}{sec}$ (1). Soit Kr cette force pour un équivalent gramme d'un ion déterminé ; la force qui déplace le gramme équivalent avec la vitesse U est Kr. U et le travail mécanique employé par seconde = force $\times$ espace = Kr $\times$ U $\times$ U, puisque U est l'espace parcouru en une seconde. Le travail électrique d'après le précédent chapitre = 1 volt $\times$ 96580 U ampères seconde = 985100 U Kg. cm.

Par suite Kr.U $\times$ U = 985100 U et :

$$Kr. = \frac{985.100}{U}$$

(1) Wied. Ann., 50 386, 1893.

et en rapportant au grammo d'ion si A est l'équivalent gramme.

$$Kr_1 = \frac{985.100}{UA}$$

Pour H en solution complètement dissociée nous obtenons par exemple $Kr = 288.10^6 Kg$, force énorme en accord avec les résultats des autres calculs, et qui s'explique par la grande division d'un ion gramme d'hydrogène. Planck a calculé que un atome gramme est composé de $0{,}617 \times 10^{24}$ atomes; par suite 1 atome d'hydrogène possède une masse de $1{,}62 \times 10^{-24}$ gr. et une charge de $15{,}63.10^{-20}$ coulomb, quantité qui peut être désignée comme la quantité élémentaire d'électricité.

Règles empiriques particulières. — La formule de dissociation d'Ostwald $\frac{\Lambda\varphi^2}{\Lambda_\infty(\Lambda_\infty - \Lambda\varphi)\varphi} = c$ n'est naturellement applicable qu'aux électrolytes binaires. — Comme les faits cités précédemment montrent que même des acides faibles bi et polyvalents la suivent, il en résulte que ces corps perdent d'abord un ion d'hydrogène, pendant que l'atome d'hydrogène restant reste lié à un ion négatif monovalent. L'ionisation de cet hydrogène n'a lieu que plus tard, en même temps que le radical négatif augmente sa valence. Les recherches pour déterminer une constante de dissociation des électrolytes ternaires, n'ont pas été encore faites; celles-ci, comme le montre ce qui suit, n'auront vraisemblablement pas grand succès.

Pour les électrolytes binaires forts, les sels neutres, les acides minéraux et les bases inorganiques, la formule de dissociation s'est montrée inapplicable même aux solutions étendues.

On doit admettre que les lois simples applicables d'après Van't Hoff aux solutions étendues et qui supposent l'exactitude de la formule précédente, cessent de s'appliquer en présence d'un nombre relativement grand d'ions pour des dilutions auxquelles elles sont encore applicables dans d'autres cas (1). Les relations déduites précédemment de la formule de dissociation pour les électrolytes forts doivent en tout cas n'être considérées que comme une première orientation.

Rudolphi et Van't Hoff ont établi les formules d'après lesquelles les constantes peuvent se calculer dans beaucoup de cas.

La formule de Van't Hoff est la suivante :

$$\frac{\left(\frac{\Lambda_\varphi}{\Lambda_\infty}\right)^3_\varphi}{\left(1-\frac{\Lambda_\varphi}{\Lambda_\infty}\right)^2_\varphi} = \text{Constante.}$$

En ce qui concerne le changement de la conductibilité équivalente des sels neutres avec la dilution, Ostwald a trouvé une règle empirique qui permet de calculer la basicité d'un acide, et aussi la valeur limite Λ_∞, ce qui est précieux pour les sels qui subissent l'hydrolyse (2) par une dilution trop grande. Il s'est trouvé que la conductibilité équivalente des sels de sodium de tous les acides monobasiques croit d'environ 10 unités (3) de φ (en cm³) $= 32000$ jusque $\varphi = 1024000$, pour les acides bibasiques l'augmentation en chiffres ronds est 20, pour les tribasiques 30 environ, etc. Si on désigne cette augmentation par Δ et par n la valeur de l'acide on a $n = \frac{\Delta}{10}$. Les valeurs suivantes ont été trouvées pour Δ.

---

(1) Voyez par exemple Jahrbuch d. Elecktrochemie 8, p. 102 et suiv. 1902.
(2) Zeitschr. physik. Chem., 1, p. 100 et 520, 1887 ; 2, p. 901, 1888.
(3) Les nombres des pages 117 et 118 représentent des inverses d'unités Siemens.

			Δ	
Sel de sodium de l'acide		nicotinique	$10,4 = 1.$	$10,4$
—	—	chinolénique	$10,8 = 2.$	$9,0$
—	—	pyridinetricarbonique	$31,0 = 3.$	$10,3$
—	—	— tétracarbonique	$40,4 = 4.$	$10,1$
—	—	— pentacarbonique	$50,1 = 5.$	$10,0$

D'un autre côté pour une basicité connue on peut conclure de la différence précédente si l'*hydrolyse* intervient déjà dans les limites étudiées. Si nous avons par exemple le sel d'un acide faible, comme CAzK, les ions CAz' à dilution croissante se combinent de plus en plus avec les ions H' de l'eau (voyez chapitre précédent) en donnant CAzH non dissocié, et au lieu des ions CAz' disparus apparaissent les ions OH' de l'eau. Le résultat final de la dilution est une augmentation non des ions CAz', mais des ions OH' et la grande vitesse de migration de ces ions a pour conséquence une augmentation de la conductibilité plus rapide que la normale. Le sel d'une base faible et d'un acide fort nous donne un phénomène analogue, mais à la place des ions métalliques positifs apparaissent les ions H', en même temps qu'il se forme une certaine quantité de base non dissociée.

La relation suivante s'est en outre montrée applicable dans de larges limites pour les sels neutres fortement dissociés, lorsque $\Lambda\varphi$ n'est pas très éloigné de Λ_∞ :

$$\Lambda_\infty - \Lambda\varphi = n_1 n_2 C\varphi$$
$$\Lambda_\infty = n_1 n_2 C\varphi + \Lambda\varphi$$

n_1 et n_2 représentent la valence des anions et des cations, c une constante commune à tous les électrolytes et dépendant de la dilution. Une fois c déterminé à diverses dilution pour un électrolyte dont $\Lambda\varphi$ est connu, on peut à l'aide de n_1, de n_2 et de la conductibilité équivalente, correspondant à une dilution pour laquelle c est connu, calculer facilement φ pour un autre électrolyte. Si on pose $n_1 n_2 C\varphi = d\varphi$ on a

$$\Lambda_{\infty} = d\varphi + \Lambda\varphi$$

La table suivante due à Bredig (*lc*) réunit les valeurs de $d\varphi$ (φ en cm^3) pour les produits des valences et les dilutions à 25°.

VALENCES $n_1 \times n_2$	d_{64000}	d_{128000}	d_{256000}	d_{512000}	$d_{1024000}$
1	11	8	6	4	3
2	21	16	12	8	6
3	30	23	17	12	8
4	42	31	23	16	10
5	53	39	29	21	13
6	(60)	48	36	25	16

Nous dirons encore à ce propos qu'on peut faire usage, pour calculer Λ_{∞} pour les électrolytes dont les anions et cations sont constitués par beaucoup d'atomes, des faits indiqués précédemment, et aussi de ce que leur vitesse de migration dépend principalement du nombre des atomes du complexe. Si on sait par exemple d'un acide que son anion contient 18 atomes, on peut sans grande erreur égaler son Λ_{∞} à celui d'un autre acide à 18 atomes (de même d'ailleurs pour les coefficients de température).

Conductibilité et degré de dissociation de l'eau. — Nous avons jusqu'à présent admis que la conductibilité observée en solution aqueuse résultait exclusivement du corps dissous et que l'eau avait une conductibilité nulle. Au sens exact il n'en va pas ainsi ; en réalité, l'eau est également, il est vrai, pour une très faible partie, dissociée en ses deux ions $H^{\cdot}$ et OH' et prend par suite un peu part à la conductibilité. Cette conductibilité de l'eau n'intervient en aucune manière dans les mesures ordinaires de conductibilité. Au contraire les impuretés de l'eau, traces de sels, acides ou bases, qui ne sont éliminables que très difficilement, peuvent causer des erreurs notables, notamment quand il s'agit de solutions très étendues et il est nécessaire dans de tels cas d'essayer la conductibilité de l'eau employée et éventuellement d'effectuer des corrections. Depuis quelques années des recherches ont été établies par Kohlrausch pour répondre à cette question de la conductibilité de l'eau réellement pure.

Il a finalement trouvé comme conductibilité spécifique (en ohms réciproques) (1) de l'eau purifiée avec les soins les plus méticuleux.

$$\varkappa \begin{cases} = 0{,}01 . \ 10^{-6} \text{ à } 0^\circ \\ = 0{,}038 . \ 10^{-6} \text{ à } 18^\circ \\ = 0{,}17 . \ 10^{-6} \text{ à } 50^\circ \end{cases}$$

« 1 mm. de cette eau a à 0° la même résistance que un fil de cuivre ayant 40 millions de kilomètres, et même section ; fil qui pourrait faire mille fois le tour de la terre. »

Pour des raisons particulières qui ne peuvent ici être discutées de plus près, il est vraisemblable que cette valeur trouvée expérimentalement est voisine de la conductibilité réelle de l'eau.

D'après cette donnée nous pouvons facilement calculer le degré de dissociation de l'eau La conductibilité d'un cube d'eau de 1 cm. d'arête est d'après le tableau précédent de $0{,}038 \times 10^{-6}$ inverses d'ohm à 18°. La conductibilité de 1 litre de cette eau, placée entre des électrodes distantes de 1 cm. serait 10^3 fois plus grande c'est-à-dire $0{,}038 . \ 10^{-3}$. Si dans cette eau il y avait un équivalent gramme d'hydrogène ou d'hydroxyle, sa conductibilité serait égale à 504 en inverses d'ohm. D'après nos explications précédentes à un équivalent gramme d'hydrogène correspond entre deux électrodes dis-

---

(1) Kohlrausch et Heydweiller, Zeitschr. physik. Chem., 14, p 317, 1894.

tantes de 1 cm. une conductibilité 330, et pour un équivalent gramme d'hydroxyle 174. Si l'on avait trouvé pour la conductibilité 501 l'eau aurait eu la concentration 1 par rapport aux ions hydrogène et hydroxyle ; comme on a trouvé $0{,}038 \times 10^{-3}$ il en résulte que la concentration des ions en question est $\frac{0{,}038 \times 10^{-3}}{501} = 0{,}75 \times 10^{-7}$ normale, c'est-à-dire que 1 gr. d'ions hydrogène et 17 grammes d'ions hydroxyle sont contenus dans environ 13 millions de litres d'eau.

Solutions sursaturées. — Depuis longtemps on avait l'opinion, non encore totalement disparue pour certains, que ces solutions devaient se comporter d'une manière spéciale, totalement différente des solutions saturées ou non saturées. En fait il n'y a rien de particulier pour ces solutions ainsi que les déterminations de conductibilité nous l'apprennent. Si par exemple on détermine la conductibilité d'une solution non saturée d'un sel qui se dissout plus facilement à haute température, si maintenant on laisse la température s'abaisser, en continuant les déterminations de conductibilité à des moments déterminés et cela jusqu'au-dessous de la température de saturation, on trouve en rapportant les résultats à un système de coordonnées que le changement de conductibilité suit régulièrement la température et qu'il n'y a aucune brisure à la température de saturation. Ceci devrait avoir lieu, si une solution sursaturée se distinguait qualitativement d'une solution ordinaire.

Coefficient de température. — D'après Kohlrausch le pouvoir conducteur est à peu près une fonction linéaire de la température et se laisse représenter souvent entre de larges limites par l'expression : $c = \frac{1}{x_0} \cdot \frac{x_2 - x_1}{t_2 - t_1}$. x_2 et x_1 sont les conductibilités pour les températures t_2 et t_1 ; c est le coefficient de température ; c'est, comme on voit, la différence de pouvoir conducteur par degré de différence de température, exprimé en fractions du pouvoir conducteur x, à une température déterminée. Fréquemment on choisit 18° pour cette température de telle manière que la formule serait alors

$$c = \frac{1}{x_{18}} \cdot \frac{x_2 - x_1}{t_2 - t_1}.$$

Pour les corps fortement dissociés soigneusement étudiés jusqu'ici et composés d'ions monovalents, on a constaté que ceux qui ont la plus faible conductibilité équivalente ont les coefficients de température les plus élevés, et inversement que ceux qui ont les conductibilités équivalentes les plus fortes ont les coefficients les plus faibles et Kohlrausch (1) en a déduit que le coefficient de température des ions monovalents est une fonction de leurs mobilités (c'est-à-dire que les plus rapides ont un coefficient de température plus petit et les plus lents un coefficient plus grand). Il résulte de ceci que le rapport des vitesses d'ions tend vers l'unité quand la température s'élève ; ceci correspond avec l'indication faite p. 74, que le nombre de transport tend vers 0,5 quand la température croît.

Quant à ce qui concerne la valeur des coefficients de température elle varie pour les solutions salines étendues à température moyenne entre 0,020 et 0,023, pour les acides entre 0,009 et 0,016, pour les bases alcalines entre 0,019 et 0,020. Par suite la conductibilité pour 1° varie de 1 à 2,5 0/0, ce qui montre l'importance d'une température constante dans les mesures de conductibilité.

Quand la concentration croît, le coefficient de température commence par décroître un peu pour croître ensuite de nouveau.

Si on se représente que les ions dans leur mouvement ont à vaincre une certaine résistance due au frottement, on com-

(1) Sitzungsbericht der Königl. Preuss. Akademie der Wissenschaften. Physik-Mathem. Kl. 26, 572, 1902.

prendra que entre la variation du frottement interne et celle de la conductibilité de beaucoup de solution avec la température il y ait un certain parallélisme; il n'y a cependant pas proportionnalité.

Quant à ce qui concerne le signe du coefficient de température, il est remarquable que à l'encontre des conducteurs de la première classe, il y a peu de coefficients négatifs, c'est-à-dire que la conductibilité ne diminue que rarement avec la température. La conductibilité d'une solution dépend du nombre des ions et de leurs vitesses. Celles-ci de leur côté dépendent de la valeur de la résistance de frottement subie par les ions du fait de l'eau. Comme le frottement interne de l'eau diminue quand la température s'élève, on peut admettre que le frottement des ions diminue aussi et particulièrement pour les solutions salines qui par suite de leur degré élevé de dissociation ne peuvent plus voir celle-ci varier d'une façon sensible, il résulte aussi, comme il a été indiqué plus haut, une augmentation parallèle dans la conductibilité. Une diminution de conductibilité n'est par suite possible que si le nombre des ions diminue, ou en d'autres termes si la dissociation recule de telle manière que l'influence de la diminution de frottement soit compensée et au delà. Pour beaucoup cette conclusion aurait au premier abord quelque chose d'étrange; en gros les conclusions tirées de la théorie cinétique des gaz amènent à croire que la dissociation augmente toujours avec la température. D'après l'Energétique ce n'est nullement le cas, on peut bien plutôt prédire que, dans certains cas, lorsque la température s'élève il doit y avoir recul dans la dissociation.

Une loi de l'Energétique nous dit que si nous modifions l'état d'un corps qui se trouve en équilibre, il en résulte un nouvel équilibre qui s'oppose à cette modification. Si pour une température déterminée nous avons une solution saturée d'un corps en présence d'un excès de ce corps à l'état solide, et si nous chauffons, le phénomène de dissolution qui se produit provoque un refroidissement. Si le corps se dissout (dans sa solution saturée) avec absorption de chaleur, la quantité dissoute augmente s'il se dissout avec échauffement il y a précipitation. D'après ceci tous les électrolytes qui présentent, quand la température s'élève, une diminution dans le nombre de leurs ions, et tous ceux qui ont un coefficient de température négatif appartenant à cette catégorie, montrent des chaleurs de dissociation négatives, si on appelle de ce nom l'effet thermique qui résulte de la combinaison de deux ions en une molécule non dissociée et si on attribue le signe + à la chaleur dégagée, et le signe — à celle absorbée.

Nous avons dans la détermination de la chaleur de dissociation une possibilité de vérifier l'exactitude de cette conclusion.

Chaleur de dissociation. — D'après la théorie de la dissociation le phénomène de la neutralisation par combinaison d'une base et d'un acide se résume à la formation d'eau non dissociée au dépens des ions $H^{\cdot}$ de l'acide et OH' de la base. Nous avons déjà vu que le degré de dissociation de l'eau est très faible, c'est-à-dire que le produit des ions $H^{\cdot}$ et OH' a une valeur très petite.

Dès que OH' et $H^{\cdot}$ sont en présence, d'après la loi de l'action des masses l'équilibre doit s'établir entre le produit de leurs concentrations d'une part et le produit de la concentration de l'eau non dissociée par la constante de dissociation de l'eau pure. Comme dans une solution aqueuse, la quantité d'eau non dissociée peut être considérée comme constante, il résulte que pratiquement tous les ions $H^{\cdot}$ et OH' ajoutés à l'eau doivent disparaître, car le produit des ions déjà présents dans l'eau ne peut être changé. Avant le mélange des solutions de base et d'acide nous avons des ions, métal, $OH^{\cdot}$, acide et H', après le mélange, nous avons encore les ions métal et acide qui forment le sel fortement dissocié ; ces ions n'ont pris aucune part à la neutralisation. Par suite, le radical de la base et celui de l'acide ne jouent aucun rôle, et il en résulte que la chaleur de neutralisation est la même pour les bases et les acides fortement dissociés, et sa valeur 13700 cal. (à la température ordinaire), nous représente la chaleur de dissociation de l'eau : c'est-à-dire la chaleur mise en liberté par la combinaison d'un équivalent grammes d'ions H' et d'un équivalent gramme d'ions OH'. Cette chaleur de dissociation ne doit cependant pas être confondue avec celle qui se produit dans la formation de la vapeur d'eau à partir de l'hydrogène et de l'oxygène gazeux.

Neutralisons un acide partiellement dissocié par une base fortement dissociée, l'effet thermique dépendra de la chaleur de dissociation de l'ion, et en outre de celle de l'acide. On aura : $N = 137000 - (1 - x)\, d$ cal.

N signifie la chaleur de neutralisation, x le degré de dissociation de l'acide libre, et d la chaleur de dissociation par équivalent gramme. D'où résulte

$$d = \frac{13700 - N}{1 - x} \text{ cal.}$$

Tous les acides dissociés, qui ont une chaleur de neutralisation plus grande que 13700 cal. ont une chaleur de dissociation négative ; des recherches de Arrhénius et des recherches postérieures de Euler (1), il est résulté que, en fait, tous les acides ayant un coefficient de température négatif pour leur conductibilité ont des chaleurs de dissociations négatives ; pour eux, par suite, la dissociation diminue quand la température s'élève.

Influence de la pression. — Les raisons qui font comprendre l'influence de la température sur le pouvoir conducteur font prévoir aussi l'influence de la pression. L'aug-

(1) *Zeitschr. physik. Chem.*, 4, 96, 1889; 9, 339, 1892.

mentation de pression peut provoquer un changement dans la concentration, dans le frottement interne et dans la dissociation. Faisons abstraction de la première variation que nous pouvons éliminer par le calcul; l'expérience montre en général que la conductibilité de solutions étendues d'électrolytes fortement dissociés croît avec la pression, ce qui, en première ligne, doit être attribué au frottement interne moindre. La diminution de frottement interne de l'eau à pression croissante cadre avec ce fait; nous avons donc encore ici parallélisme entre la variation de frottement interne et celle de conductibilité. Pour les électrolytes peu dissociés le degré de dissociation peut être aussi influencé; nous pouvons le prévoir de la même manière que pour l'influence de la température au moyen de la chaleur de dissociation et du changement de volume qui accompagne la dissociation. Si l'ionisation entraîne une diminution de volume, on devra s'attendre à une dissociation plus grande quand la pression augmentera car d'après les explications précédentes, tous les corps pour une augmentation de pression doivent changer leur état de manière à s'opposer à l'augmentation de pression, c'est-à-dire qu'ils doivent diminuer leur volume.

Pour beaucoup d'acides moyennement dissociés il se produit par la dissociation une diminution de volume et l'observation montre que leur augmentation de volume par la neutralisation au moyen d'une base forte est plus faible que celle des acides forts; des considérations analogues à celles vues pour la chaleur de dissociation permettent de déduire de ce fait la même remarque que plus haut.

Des recherches expérimentales de Fanjung (1) il ressort que la conductibilité de ces acides, et plus spécialement celle de leurs sels de sodium s'accroît avec la pression plus fortement que pour les corps fortement dissociés; ce résultat est

---

(1) *Zeitschr. physik. Chem.*, **14**, 673, 1894.

complètement d'accord avec les considérations précédentes.

Mélanges de solutions ; solutions isohydriques. — Application de la conductibilité à l'analyse chimique. — Si après avoir déterminé les conductibilités de deux solutions, on les mélange par volumes égaux et si on étudie la conductibilité du mélange dans des conditions semblables, la valeur obtenue n'est en général pas la moyenne arithmétique des valeurs particulières, si nous n'avons pas affaire à des corps complètement dissociés.

Par le mélange de solutions de NaCl et AzO^3K il se formera un peu de KCl et d'AzO^3Na non dissociés qui viendront en effet compliquer les conditions expérimentales.

Des solutions dont les conductibilités sont sans influence réciproque furent nommées *solutions correspondantes* par Bender, et *solutions isohydriques* par Arrhénius, qui étudia ces propriétés surtout pour les acides. Nous nous occuperons ici rapidement de l'isohydrie des solutions acides ou aussi plus généralement des solutions contenant un ion commun.

Dans ce cas ces solutions sont isohydriques si elles contiennent cet ion commun à la même concentration, parce que, ainsi que le montre le raisonnement suivant, elles ne subissent par leur mélange aucun changement dans leur degré de dissociation. Soit une solution d'acide acétique et une d'acide salicylique. Pour l'acide acétique, d'après la loi de l'action des masses, l'équation est $\frac{C_2}{C_1} = k$, pour l'acide salicylique $\frac{C'_2}{C'_1} = k'$. En outre, puisque la concentration des deux solutions dans l'ion commun H' est la même $c = c'$

Si nous mélangeons maintenant 1 litre de la première solution avec 4 litres de la seconde la concentration des ions H' ne changera bien entendu pas (le changement de volume résultant du mélange est négligeable pour les solutions étendues), la concentration des ions CH^3COO' et des molécules CH^3

COOH tombe à 1/5, celle des ions C^6H^5OCOO' et des molécules, C^6H^5OCOOH au 4/5 et nous obtenons en remplaçant par ces nouvelles concentrations :

$$\frac{c \cdot \frac{c}{5}}{\frac{c_1}{5}} = \frac{c^2}{c_1} = k \qquad \frac{c' \cdot \frac{4c'}{5}}{\frac{4c'_1}{5}} = \frac{c'^2}{c'_1} = k'$$

c'est-à-dire qu'il n'y a pas de changement dans le degré de dissociation, puisque les conditions d'équilibre restent remplies. En outre on voit aussitôt que les volumes initiaux des deux solutions mélangées sont sans importance et que si deux solutions sont isohydriques vis-à-vis d'une troisième, elles le sont aussi entre elles. Nous pouvons conclure de ce qui précède que des solutions également concentrées des chlorures, bromures, etc., des mêmes métaux ou par exemple de nitrates de métaux très voisins, qui sont à peu près également dissociées, doivent être aussi à peu près isohydriques. La conductibilité d'un mélange de deux sels de cette sorte sera alors voisine de la moyenne arithmétique de leurs conductibilités personnelles, et on peut utiliser cette propriété dans l'analyse chimique. La conductibilité de deux solutions à même pourcentage de KCl et KBr étant x_1 et x_2 une solution de même concentration d'un mélange des deux aura alors le pouvoir conducteur

$$x = p_1 x_1 + (1 - p_1) x_2,$$

si p_1 est la quantité de KCl dans l'unité de quantité du mélange, et $1 - p_1$ celle de KBr. De la détermination de x p_1 peut facilement se déduire : $p_1 = \frac{x_2 - x}{x^2 - x_1}$ c. Comme ici il ne s'agit que des rapports de conductibilités, la mesure peut être faite avec des unités quelconques, ou le mieux avec une des solutions pures comme résistance de comparaison. Les résultats seront d'autant plus exacts que les valeurs x_1 et x_2 seront plus différentes.

En général on fera bien de s'assurer de l'existence de ces propriétés additives, en préparant des mélanges de composition connue, car deux autres facteurs peuvent ici intervenir d'une manière gênante : d'une part la formation de combinaisons complexes et dans ce cas la formule précédente perd toute valeur et le fait même de la non-additivité peut servir à caractériser de semblables composés; de l'autre le changement du degré de dissociation et de la résistance de frottement par le changement de milieu. Une solution de KCl est par exemple plus dissociée dans l'eau pure que dans un mélange d'eau et d'acide acétique (voyez plus loin) à moins que la quantité d'acide acétique ne soit négligeable devant celle de l'eau. D'après ceci l'adjonction de quantités notables d'acide acétique ou de quelque autre corps pourra changer la conductibilité d'un électrolyte (1).

En appendice à ce qui précède nous dirons encore que les conductibilités peuvent être utilisées dans un autre cas pour l'analyse chimique, notamment d'après les recherches de Hollemann (2), F. Kohlrausch et F. Rose (3) pour la détermination de la solubilité de sels peu solubles dans l'eau : déterminations qui par les méthodes ordinaires ne peuvent être qu'approchées.

Dans une solution aussi étendue, on peut admettre une complète dissociation, alors $\Lambda_\varphi = \Lambda_\infty$. La formule

$$\Lambda_\varphi = \Lambda_\infty = C . \frac{\varphi}{w}$$

où les lettres ont la signification donnée pages 97-98 nous four-

(1) Voyez par exemple Zeitschrift, f. physik. Chem. **40**, p. 222, 1902.
(2) Zeitschr. physik. Chem. **12**, p. 125, 1893.
(3) Zeitschr. physik. Chem. **12**, p. 234, 1893. Voyez aussi Sitzungsber. der Kgl. P. Akad. d. Wiss. Physik. Mathem. Kl. **41**, p. 1018, 1901.

nit alors la possibilité de déterminer φ le volume en cm³ de la solution saturée dans lequel un équivalent gramme du corps est contenu et par suite aussi la solubilité :

$$\varphi = \frac{\Lambda_\infty . w}{C}$$

C et w sont faciles à obtenir expérimentalement, Λ_∞ pourra fréquemment être trouvé par le calcul.

Pour AgBr on a trouvé de cette manière à 21°,1

$$0,57 \times 10^{-9} \frac{\text{Equiv. gr.}}{\text{cm}^3} = 0,107 \frac{\text{mg}}{\text{litre}}$$

En permettant de conclure à la quantité de sels dissous les déterminations de conductibilité peuvent être utiles aussi dans l'analyse de l'eau.

Solvants autres que l'eau. Constantes diélectriques et pouvoir dissociant. — Il y a déjà un grand nombre de recherches sur la conductibilité dans les autres solvants que l'eau ou dans les mélanges de divers électrolytes. De prime abord on incline à appliquer aux solutions non-aqueuses ce que nous avons vu pour les solutions aqueuses, seulement l'influence individuelle du solvant considéré se manifestera par un changement dans les valeurs des vitesses de migration des ions, dans les degrés de dissociations et par suite dans la conductibilité pour une concentration déterminée. Il est à remarquer que les phénomènes sont notamment plus compliqués que dans les solutions aqueuses. Ceci ressort particulièrement d'une recherche de Walden et Centnerszwer (1) sur la conductibilité d'un grand nombre

(1) Zeitschr. f. physik. Chem. 39, p. 513, 1902. Voyez aussi Walden, Zeitsch. f. physik. Chem. 40, p. 183, 1902.

de corps dans SO^2 liquéfié dont les résultats paraissent être typiques pour les propriétés générales des solutions non aqueuses d'électrolytes.

Ces solutions ne paraissent suivre ni la loi de la migration indépendante des ions, ni celle d'après laquelle la conductibilité croît nettement vers une limite à dilution croissante, ni enfin la loi de dilution d'Ostwald. Les déterminations de poids moléculaire par ébullioscopie effectuées en même temps ont donné des valeurs normales pour les non-électrolytes et, résultat remarquable, des poids moléculaires trop grands pour les électrolytes quand on devait s'attendre à des valeurs trop faibles. Ce fait indique une association considérable qui s'étend sans doute non seulement aux molécules du corps dissous mais intéresse en même temps celles du solvant. Ces faits nous amènent à considérer comme une circonstance heureuse (1) que ces complications (pas toujours cependant) manquent en solution aqueuse, ce qui nous a permis par leur étude de découvrir toute une série de lois simples. Quant à la grandeur de la conductibilité dans les autres solvants elle est presque toujours plus faible que dans l'eau. Ceci peut tout aussi bien provenir de l'augmentation de frottement des ions que de leur plus faible dissociation ; la conductibilité ne dépasse celle d'une solution aqueuse que très rarement, par exemple dans l'acétonitrile.

D'après Nernst (2) il existe une relation entre la constante diélectrique et le pouvoir dissociant des liquides.

Pour comprendre cette relation nous donnerons quelques explications concernant la constante diélectrique D et sa détermination.

De même que la conductibilité galvanique cette seconde constante caractérise encore un corps au point de vue électri-

---

(1) W. Biltz, Zeitsch. f. physik Chem. **40**, p. 185, 1902.
(2) Zeitschr. f. physik. Chem. **13**, p. 131, 1894.

que, et elle joue un grand rôle pour les corps dits isolants ou diélectriques, qui conduisent peu ou pas le courant. La constante diélectrique d'un corps est proportionnelle à la capacité d'un condensateur dont le corps étudié constituerait la couche isolante, le diélectrique.

Si c est la capacité d'un condensateur dans l'air (pour lequel on pose en général la constante diélectrique égale à 1), et c_1 la capacité dans le milieu étudié, la grandeur cherchée est

$$D = \frac{c_1}{c}$$

On peut également définir la constante diélectrique comme le facteur qui indique la diminution d'attraction électrostatique de deux sphères chargées si celles-ci à distance constante et avec la même charge sont transportées de l'air dans le milieu (non conducteur) à étudier.

Une méthode très usitée pour la détermination de cette constante est celle de Nernst (1) sur laquelle nous ferons quelques remarques.

Si nous partons de la méthode de Kohlrausch pour déterminer les conductibilités et si dans le pont nous remplaçons deux résistances par des condensateurs nous pourrons, comme déjà Palaz l'avait montré, au moyen de cette combinaison, déterminer très facilement des capacités quand les diélectriques sont de bons isolants. Le téléphone ne sera silencieux que si on a (voyez aussi p. 99) :

$$w_1 : w_2 = c_2 : c_1$$

Faisons $w_1 = w_2$ garnissons les deux condensateurs, dont l'un est de capacité c_1 variable à volonté d'une manière con-

(1) Zeitschr. physik. Chem. 14, p. 626, 1894.

nue, par exemple avec de l'air, et amenons le téléphone au silence, les deux capacités sont alors égales.

Garnissons maintenant le condensateur c_2 avec le diélectrique à étudier, et changeons la capacité c_1 aussi longtemps que le téléphone ne se tait pas, le rapport obtenu pour les deux valeurs de la capacité de c_1 est égal à la constante diélectrique cherchée.

Si l'isolement d'un condensateur est mauvais, on ne peut plus amener le téléphone au silence et une mesure n'est plus possible. Cette difficulté est facilement évitable d'après Nernst en donnant à l'autre condensateur également une certaine conductibilité au moyen d'une dérivation. On obtient maintenant le silence quand les capacités des deux condensateurs et en même temps les deux conductibilités sont égales. Par cette notion nous sommes ainsi, comme on le voit sans plus, en position de déterminer non seulement les constantes diélectriques ayant une conductibilité galvanique mais encore en même temps d'établir la grandeur de la conductibilité galvanique.

Les valeurs obtenues pour les constantes diélectriques de quelques corps sont indiquées ci-dessous :

Benzène	2,29	Alcool amylique .	16
Sulfure de carbone.	2,58	Alcool éthylique .	26,1
Ether	4,35	Alcool méthylique.	42
Chloroforme . . .	5,6	Nitrobenzène . .	36
Aniline.	7,28	Eau . . .	83 (t. = 18°)

Nernst a, comme il a déjà été indiqué, établi la loi suivante : *Plus la valeur de la constante diélectrique est grande pour un milieu, plus est élevée, toutes choses égales d'ailleurs, la dissociation électrique des corps qu'il contient en dissolution.*

Les considérations suivantes éclaireront cette loi. Les ions chargés positivement et négativement se réuniraient par suite de l'attraction électrostatique si d'autres forces, sur la nature desquelles nous ne savons rien de plus, ne s'y opposaient. L'équilibre de dissociation résulte de la concurrence de ces deux sortes de forces. Une augmentation de la constante diélectrique affaiblit seulement la force électrique et par suite la dissociation.

Les mesures obtenues jusqu'ici vérifient bien la loi de Nernst, quoiqu'il paraisse y avoir des exceptions. Dans la benzine, le sulfure de carbone, etc., la dissociation est toujours très faible, pendant que d'un autre côté la constante diélectrique élevée de l'eau cadre parfaitement avec la dissociation avancée de beaucoup des corps qui y sont dissous. Les alcools occupent une place intermédiaire.

Une observation remarquable de Euler (1) montre que la constante diélectrique de solutions croît quand la teneur en ions augmente : on a ainsi prouvé que celle de l'ion est augmentée par l'adjonction de sels. Cette circonstance joue sans doute un rôle partiel dans les écarts des électrolytes forts à la loi de dilution d'Ostwald (voyez page 115), car celle-ci ne peut naturellement être valable que si la nature du solvant reste invariable. La même explication paraît applicable au fait établi avec certitude que, dans les limites d'une dissociation modérée, la conductibilité équivalente d'un sel dissous dans le benzonitrile croît en même temps que la concentration : l'action dissociante du solvant s'élève avec l'augmentation absolue de concentration des ions de telle manière qu'elle l'emporte sur la diminution de dissociation résultant de la loi de l'action des masses.

Le pouvoir dissociant du solvant paraît dépendre non seulement de la constante diélectrique du solvant, mais encore dans une certaine mesure de sa composition élémentaire et de sa faculté d'association.

---

(1) Zeitschr. physik Chem., 28, p. 619, 1899.

Lois de l'ionisation ; aptitude réactionnelle des électrolytes. — Ainsi qu'il résulte de ce qui a été dit jusqu'ici de la conductibilité électrique, les différents corps dissous dans l'eau ou dans un autre solvant offrent fréquemment des degrés de dissociation très inégaux. La question se pose maintenant de savoir si l'ionisation s'accomplit d'une manière régulière. Puis il convient de voir s'il s'agit ici d'une propriété additive, c'est-à-dire si l'atome ou le groupe d'atomes passant à l'état d'ions le fait toujours avec la même tendance, si la même force l'y pousse.

Si cela était réellement le cas et si cette tendance se manifestait toujours de la même manière, tous les électrolytes ayant par exemple le même ion positif et des ions négatifs différents devraient conserver, quand l'ion positif change, la même place relative dans une série ordonnée d'après le degré de dissociation.

Un examen plus approfondi montre que cette hypothèse n'est pas complètement vérifiée ; c'est ainsi que HCl à normalité égale est toujours plus dissocié qu'un chlorure, et l'acide acétique moins dissocié qu'un acétate quelconque. Quelques sels de zinc, cadmium et mercure constituent en outre des exceptions connues. Ces métaux forment avec les halogènes des électrolytes peu dissociés et avec beaucoup d'anions organiques des sels fortement dissociés, alors que les acides correspondants se rangent dans un ordre inverse. D'autres rapports simples n'ont pu d'ailleurs jusqu'ici être établis. Les sels en général sont en solution aqueuse fortement dissociés, alors que les bases et les acides montrent une grande variété dans leur manière d'être; les solutions des corps qui n'appartiennent pas à ces classes ont pratiquement une conductibilité nulle.

Les corps purs à la température ordinaire n'ont qu'une conductibilité très faible ou même nulle. L'acide azotique pur, l'acide chlorhydrique liquéfié sont pour ainsi dire des isolants.

Le fait que ces corps, à l'état pur, ne réagissent que lentement montre combien la tendance réactionnelle et l'ionisation sont liées étroitement. On peut dire que, dans le cas où il peut y avoir réaction chimique entre deux corps en solution, cette réaction peut être presque instantanée dès qu'il existe une dissociation moyenne (se rappeler les réactions de chimie analytique), pendant que dans les cas où les quantités d'ions sont très faibles ou nulles, les réactions le plus souvent (pas toujours) à la température ordinaire s'effectuent lentement. Aussi doit-on pour la préparation des corps organiques en général chauffer à une température plus élevée, pour ne pas mettre trop de temps à parvenir au résultat cherché.

Conductibilité des sels à l'état solide et fondu. — A l'état fondu principalement les sels et les bases comme la soude caustique, etc., se montrent de bons électrolytes. On peut obtenir leur conductibilité, d'après Poincarré, en prenant des électrodes argentées et en ajoutant à l'électrolyte étudié une quantité extrêmement faible du sel d'argent ayant même anion.

Cette quantité n'intervient dans la conductibilité que d'une manière négligeable, et peut au contraire, comme nous le verrons dans les chapitres suivants, empêcher la polarisation de telle manière que les méthodes ordinaires de mesure de conductibilité applicables aux conducteurs de la première classe le sont encore dans ce cas. Nous donnons dans le tableau suivant une idée de la conductibilité équivalente des sels fondus (en ohms réciproques) à des températures déterminées :

	T	Λ
AzO^3K	350°	41,0
AzO^3Na	350°	68,0
AzO^3Ag	350°	60,0
KCl	750°	90,6
NaCl	750°	130,3

Nous rappellerons encore que la conductibilité équivalente d'une solution KCl 1/50 N à 18° s'élève à 119,9.

Les mélanges de sels fondus ont, aussi loin que les recherches s'étendent, une conductibilité à peu près égale à la somme des conductibilités propres à leurs composants. Cependant non seulement au-dessus, mais encore même au-dessous de leur point de fusion beaucoup de sels montrent une conductibilité non négligeable. Des recherches dans cette direction ont été entreprises par Graetz et il a trouvé en particulier qu'il n'y a pour ainsi dire pas de saut brusque dans la conductibilité au point de fusion. Au contraire, le coefficient de température de la conductibilité c'est-à-dire son changement dans le voisinage du point de fusion passe par un maximum. Il est remarquable que pour de basses températures (10° – 180°) d'après les recherches de Fritsch (1), l'addition de faibles quantités d'un sel à une grande quantité d'un autre, produise pour ce dernier dans beaucoup de cas une forte élévation du pouvoir conducteur; c'est là une analogie surprenante avec les solutions aqueuses.

Pour les oxydes incandescents mais néanmoins solides encore, comme l'oxyde de magnésium, se manifeste d'après Nernst (2) le même phénomène, qui a permis l'obtention de la lumière Nernst par incandescence. La conductibilité des oxydes purs croît seulement lentement avec la température et reste régulièrement faible, alors que les mélanges peuvent atteindre une conductibilité énorme ; on a ainsi observé des valeurs qui sont sept fois aussi grandes que celle du meilleur conducteur, l'acide sulfurique.

Les belles recherches de Warburg ont en 1884 rendu très vraisemblable que la conductibilité dans les verres est aussi électrolytique, c'est-à-dire liée à un transport d'ions. Il utili-

---

(1) Wied. Ann., **60**, p. 300, 1897.
(2) Zeitschr. f. Elektroch, **6**, p. 41, 1899.

sait comme électrolyte un morceau de verre dont une extrémité plongeait dans un amalgame de sodium et l'autre dans du mercure. Il faisait passer le courant dans un sens tel que l'amalgame était l'anode, le mercure la cathode ; après quelque temps il trouvait dans le mercure une quantité de sodium proportionnelle à la quantité d'électricité passée. Comme le verre restait cependant tout à fait clair et comme son poids ne variait pas il fallait admettre dans ce cas que la conductibilité résultait presque exclusivement du Na', ou en d'autres termes que la vitesse de migration de l'ion négatif, peut être $SiO^{3''}$ est extraordinairement faible.

Conducteur unipolaire. — Il y a déjà près de un siècle que Ermann observa que en introduisant les deux pôles d'un élément galvanique dans un morceau de savon bien sec il ne s'établissait aucun courant sensible durable. Si l'on touche le pôle positif avec une main et de l'autre main humide le savon, on reçoit une secousse, qui manque quand on touche le pôle négatif. De ce fait ainsi que des recherches électroscopiques on conclut que le courant électrique peut pénétrer du pôle négatif dans le savon sans difficulté, mais rencontre un obstacle pour le pôle positif ; par suite en ajoutant un conducteur accessoire le courant ne peut utiliser que celui-ci. Ermann nomma le savon un conducteur unipolaire négatif. Comme explication de ce phénomène Ohm indiqua qu'il se produit d'abord une électrolyse par laquelle à l'électrode négative se précipite de l'alcali, et au pôle positif de l'acide gras. Ce dernier non conducteur s'oppose au passage du courant plus ou moins complètement suivant la teneur en eau du savon.

On peut faire de semblables observations fréquemment dans l'électrolyse de solutions, qui toujours conduisent mal quand un précipité se forme à une électrode et y adhère fortement ; dans ces derniers temps on a appliqué cette remarque d'une manière intéressante à la transformation de courant alternatif en courant continu. Si on emploie une anode d'aluminium, le mieux dans une solution neutre d'un phosphate alcalin ou d'un sel alcalin des acides gras, et comme cathode un métal quelconque, le passage d'un courant même d'une tension de 200 volts est empêché par la formation d'un composé d'aluminium mauvais conducteur. Avec le courant alternatif le courant ne passe sans difficulté dans l'électrolyte que dans une direction seulement, et on a utilisé cette circonstance pour obtenir par une disposition judicieuse une transformation du courant alternatif en courant continu ; transformation cependant sans importance pratique réelle. Il paraît douteux au reste qu'il s'agisse pour l'anode d'aluminium seulement d'une couche relativement épaisse de grande résistance ; il semble bien plutôt qu'il s'agisse d'actions puissantes de condensation dues à une couche mince d'un diélectrique de conductibilité galvanique faible intercalé dans le circuit à l'électrode.

Applications techniques. — Pour la conduite rationnelle d'une installation électrique il est indispensable de connaître la conductibilité des diverses solutions (ou des sels fondus) dans les conditions les plus variées. Il faut en effet toujours veiller à travailler avec des solutions bonnes conductrices. On doit ainsi, si rien ne s'y oppose, toujours préférer une solution KCl à une solution équimoléculaire de NaCl ; de même il convient d'opérer à chaud si l'économie d'énergie électrique provoquée par la meilleure conductibilité n'est pas détruite bien entendu par les frais occasionnés pour le chauffage. Comme souvent les concentrations avec lesquelles on opère peuvent sans inconvénient pour un procédé varier entre des limites suffisamment larges il convient de choisir toujours dans ce cas des solutions de conductibilité spécifique maxima. Il faut considérer ici que, pour les électrolytes très solubles dans l'eau, la conductibilité spécifique (à l'inverse de l'équivalente) croît avec la concentration puis diminue ensuite. Pour l'acide sulfurique par exemple à 18° :

Conductibilité spécifique d'une solution	à	20 0/0 = 0,6527
—	—	25 0/0 = 0,7171
—	—	30 0/0 = 0,7388
—	—	35 0/0 = 0,7243
—	—	40 0/0 = 0,6800
—	—	70 0/0 = 0,2157

Si rien ne s'y oppose on doit donc choisir comme électrolyte l'acide sulfurique de 25 à 35 0/0.

Quand on se sert d'un électrolyte relativement mauvais comme par exemple dans la régénération électrolytique du chrome où l'on oxyde une solution qui ne contient par litre que 100 gr. d'oxyde de chrome à l'état de sulfate on cherche à relever la conductibilité en ajoutant un électrolyte bon conducteur sans action nuisible sur le procédé ; on emploiera dans le cas considéré de l'acide sulfurique qu'on ajoutera jusqu'à ce que la conductibilité spécifique de l'életrolyte mixte obtenu soit maxima. Il faut souvent effectuer des mesures spéciales pour découvrir les meilleures conditions expérimentales.

VI

ENDOSMOSE ÉLECTROLYTIQUE — MIGRATION DE PARTICULES EN SUSPENSION ET DE COLLOIDES ÉLECTROSTÉNOLYSE

Déjà en 1807, Reuss avait fait l'observation que dans l'électrolyse de l'eau divisée en deux parties par un capillaire ou un système de capillaires (diaphragme), il y a transport de l'eau de l'anode à la cathode. Pour les solutions meilleures conductrices ce phénomène que l'on nomme *endosmose électrique* n'est pas très apparent. Quincke et G. Wiedemann notamment ont depuis fait des recherches dans cette direction et ont été amenés à la conclusion suivante pour un liquide déterminé : *La quantité de liquide transportée dans des temps égaux à travers la paroi d'argile est directement proportionnelle à l'intensité du courant et toutes choses égales d'ailleurs indépendante de l'épaisseur de la paroi et de sa surface.*

En 1809 Reuss remarqua que des particules solides, argile par exemple, se déplaçaient aussi dans l'eau avec le courant négatif, et dans ces derniers temps Coehn montra qu'il en était de même pour des corps colloïdes tels que la dextrine, l'amidon incapables de s'ioniser, alors que les oxydes métalliques se comportaient d'une manière plus compliquée.

L'adjonction de faibles quantités de certains corps par exemple de traces d'alcalis ou d'acides peuvent dans de nombreux cas changer le sens du mouvement (1).

---

(1) Voir à ce sujet les travaux récents de J. Perrin. Comptes rendus, 1903 (N. d. T.).

Comme nous le verrons par les recherches qui suivent le courant électrique exerce une force directrice non seulement sur les ions, mais aussi sur les autres corps déplaçables. Pour expliquer ces faits il suffit d'attribuer une charge électrique à ces corps et cela nous paraît plausible d'après les déductions de Helmholtz. A la surface limite de l'eau et du verre, par le contact de deux milieux hétérogènes doit naître une charge électrique, une couche double, dont l'existence nous paraît compréhensible d'après les recherches sur l'électricité de contact et de frottement. Si nous provoquons par le passage d'un courant une chute de potentiel dans le liquide la partie positive de la couche double sera attirée par le pôle négatif et la partie négative par le pôle positif. Ainsi se produit un déplacement des deux autres couches qui pour une force suffisante du courant peut conduire à de véritables mouvements; la couche liquide mobile suivant sa charge positive ou négative se dirige vers la cathode ou l'anode par frottement, entraîne les parties les plus voisines ou même le liquide total s'il s'agit de tubes étroits. Inversement par une énergique pression du liquide à travers un capillaire on peut faire que la couche d'eau chassée électriquement qui adhère à la paroi soit entraînée par la veine médiane du liquide, ce qui produit un courant électrique. Ce dispositif est tout à fait semblable à une machine électrique ordinaire avec cette seule différence que pour cette dernière les corps en frottement sont des solides.

La même explication est naturellement applicable immédiatement à l'entraînement de particules suspendues; elles jouent le rôle du verre chargé négativement, mais sont mobiles librement et par suite émigrent à l'anode.

Il reste encore à répondre à une question : à quelle autre propriété pouvons-nous rattacher ce fait que l'eau se charge toujours positivement et se déplace vers la cathode tandis que les particules qui y sont suspendues émigrent à l'anode? Prenons d'autres liquides, par exemple la térébenthine, le phénomène s'inverse, les particules vont à la cathode et la térébenthine à l'anode. La réponse a été donnée par Coehn (1) depuis peu; il a établi et vérifié par de nombreuses recherches que : *les corps ayant une constante diélectrique élevée se chargent positivement par le contact avec des corps de plus faible constante diélectrique qu'eux.*

L'eau a une constante diélectrique énorme, nous l'avons déjà vu et nous trouvons là une explication de sa migration constante à la catode.

Nous ajouterons encore à ces observations une remarque qui est en relation étroite avec elles et qui a été faite par Braun ; il trouva que dans l'électrolyse de certaines solutions salines, séparées en deux parties par des capillaires, il se produisait une précipitation de métal dans ces capillaires. Les capillaires préparés en plongeant chaud dans l'eau froide un tube de verre ramolli qui se trouve ainsi traversé d'innombrables félures très fines sont particulièrement propres à la démonstration; ce tube de verre est rempli alors avec le liquide dans lequel on place une des électrodes et l'autre plonge dans un bécherglas plein qui contient l'autre électrode. L'explication de telles *électrosténolyses* a été fournie de nouveau par Coehn (2).

Nous avons vu que pour une différence de potentiel suffisamment grande il se produit un déplacement dans le capillaire de la couche d'eau chargée positivement, et que la paroi de verre reste chargée négativement. S'il y a maintenant des ions métal chargés positivement dans le liquide, ils sont attirés par la paroi de verre et s'y déchargent mais seulement à l'état de traces car aux ions adhèrent de grandes quantités d'électricité. La couche de métal qui sert comme conducteur intermédiaire ne pourra pas augmenter car à une de ses extrémités

---

(1) Wied. Ann. 64, p. 217, 1898.
(2) Zeitschr. f. Electroch. 4, p. 501, 1898. Zeitschr. f. physik. Chemie 25, p. 651, 1898.

elle deviendrait une cathode et du métal viendrait s'y déposer, pendant qu'à l'autre à l'anode elle en perdrait une quantité égale ; il ne peut dans ces circonstances y avoir qu'un déplacement de la couche. Dans tous les cas, au contraire, dans lesquels le poids du conducteur métallique peut croître, la trace de métal augmentera et devra devenir visible ; ces cas sont les suivants :

1° Quand le métal déposé ne s'oxyde pas à l'anode, par exemple les sels de platine ;

2° Quand à l'anode se forment des composés insolubles ; particulièrement des peroxydes ;

3° Quand pour les sels d'oxydules l'ion négatif peut agir sur la solution en produisant un degré d'oxydation plus élevé ; exemple une solution de chlorure cuivreux qui est transformée en chlorure cuivrique à l'anode.

Un résultat intéressant des recherches qui vérifient les lois précédentes est donné par les sels de cobalt (faiblement acides par hydrolyse) qui montrent régulièrement la sténolyse, pendant que pour les sels de nickel il n'y a aucune précipitation visible ; on pourrait en conclure que seuls les sels de cobalt peuvent former un superoxyde électrolytique et d'après ce principe pourrait être élaborée une méthode simple et sûre de recherche qualitative du cobalt dans les solutions de sels de nickel ; peut-être même pourrait-on en déduire une séparation quantitative des deux métaux (1).

---

(1) Zeitschr. f. anorg. Chem. 33, p. 9, 1903.

VII

FORCES ELECTROMOTRICES

Après nous être occupés plus particulièrement de l'un des facteurs de l'énergie électrique la quantité d'électricité, nous traiterons dans le chapitre suivant d'un autre facteur, la force électromotrice.

Détermination des forces électromotrices. — Comme nous l'avons vu dans l'introduction on peut déterminer la force électromotrice d'un élément d'après la loi de Ohm $I = \frac{\pi}{W_1 + W_2}$ au moyen d'un galvanomètre sensible, en prenant la résistance extérieure W_2 assez grande pour que la résistance intérieure disparaisse devant elle. Les élongations provoquées dans le galvanomètre par deux éléments introduits successivement l'un après l'autre dans le même circuit sont proportionnelles aux forces électromotrices. Si on prend comme élément de comparaison un élément normal on obtient facilement la force électromotrice de l'autre en volts. Si on craint que la résistance intérieure ne disparaisse pas devant l'extérieure on peut se tirer d'affaire en plaçant d'abord les deux éléments en série puis en opposition et en lisant les élongations correspondantes. On a alors $\frac{I_1}{I_2} = \frac{\pi_1 + \pi_2}{\pi_1 - \pi_2}$ et π_1 la force électromotrice cherchée, est

$$\pi_1 = \frac{I_1 + I_2}{I_1 - I^2} \pi_2$$

La méthode de Poggendorf par compensation est plus employée encore que la méthode précédente. Elle consiste à compenser exactement la force électromotrice à mesurer par une autre connue. Il convient pour cela d'employer le dispositif suivant (1) (Fig. 21).

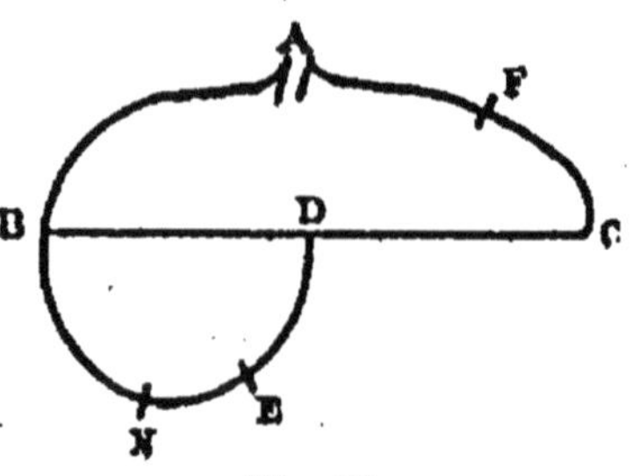

Fig. 21.

BD représente le fil de mesure d'un pont de Wheatstone tendu sur un mètre, en A un accumulateur en F un interrupteur. Celui-ci étant fermé, le courant passe par BC et entre B et C il y a une certaine chute de potentiel. Pour la connaître on intercale dans le circuit secondaire BD un élément normal N étalonné avec soin et un électromètre, un galvanomètre sensible ou tout instrument de mise au zéro. On déplace maintenant le contact D sur le fil BC (dont toutes les parties doivent être d'égale résistance) jusqu'à ce que l'électromètre E indique l'absence de courant. A ce moment la chute de potentiel entre B et D est égale à la *f. e. m.* de l'élément normal et du rapport des longueurs BD : BC on peut déduire la chute de potentiel entre B et C et la rapporter au m/m de fil.

La mesure d'une *f. e.m.* inconnue se fait maintenant d'une manière simple en remplaçant par elle l'élément normal N puis déplaçant le contact D jusqu'à ce que le courant cesse de passer en E. La *f. e. m.* cherchée est alors égale à la chute de potentiel déterminée par la mesure précédente entre B et le point sur lequel le contact repose actuellement.

Quand nous mesurons la force électromotrice d'un élément,

---

(1) Pour plus de détails voyez : Ostwald-Luther, Physiko-Chemische Messungen, p. 307, et pour un potentiomètre plus précis du même principe voyez : Jäger, Die Normal elemente, Wilh. Knapp. Halle a. S. 1902.

nous voulons en général obtenir sa valeur en circuit ouvert, car une mesure faite pendant le fonctionnement d'un élément nous fournira le plus souvent des valeurs complètement indéterminées qui varient d'après l'état des électrodes ou des électrolytes. La condition d'absence de courant n'est jamais strictement observée en fait ni dans les mesures galvanométriques, ni dans les mesures électrométriques, car chaque instrument exige pour ses indications une certaine quantité d'électricité que doit fournir la combinaison étudiée. Nous devons donc soigneusement faire attention si la quantité d'électricité nécessaire n'est pas trop grande et si l'état d'équilibre que nous mesurons ne diffère pas essentiellement de celui que nous croyons mesurer. En fait des erreurs grossières, fréquentes dans les mesures de piles à gaz ou de couples semblables résultent d'un manque d'attention apportée à la sensibilité du galvanomètre ou à la capacité de l'électromètre.

Finalement pour ce qui concerne les éléments normaux (1) les principaux en usage sont les suivants :

1° L'élément Helmholtz au calomel, constitué par du zinc, une solution de chlorure de zinc de densité 1,409 à 15°, du calomel, et du mercure. A 15° ainsi préparé l'élément a une force électromotrice de 1 volt ; sa variation avec la température est très faible, 0,00007 volt par 1° ;

2° L'élément Clark, constitué par du zinc (ou mieux un amalgame à 10 ou 15 0/0) une pâte de sulfate de zinc, une pâte de sulfate mercureux, et du mercure. Préparé suivant les indications du Physikalisch technische Reichsanstalt il possède une force électromotrice de $1,4338 - 0,00119\,(t-15) - 0,000007\,(t-15)^2$ volt, où t représente la température de l'expérience (2) ;

---

(1) Voir : Ostwald Luther. Physiko-Chemische Messungen, p. 361 ; Jäger, Zeitschr. f. Elecktrochimie, 8, p. 485, 1902 et Jäger, Die Normal elemente, Wilh. Knapp, Halle a. S., 1902.

(2) Wied. Ann., 65, p. 926, 1898.

3° L'élément Weston, ou élément au cadmium, constitué par du cadmium (ou mieux amalgame à 10 à 13 0/0), une pâte de sulfate de cadmium, une pâte de sulfate mercureux et de mercure; préparé comme il convient sa force électromotrice est 1,0186 — 0,000038 (t—20) volt. Il a sur l'élément Clark l'avantage d'un coefficient de température pour ainsi dire nul.

Il est bon, pour des mesures exactes, d'employer un élément Clark soigneusement étalonné comme c'est le cas, par exemple, de ceux du Physikalisch technische Reichsanstalt dont la *f. e. m.* est obtenue par une double détermination de résistance et d'intensité.

Piles réversibles et non réversibles. — Tout dispositif qui par suite d'une réaction chimique, ou d'un phénomène physique, comme la diffusion, etc., peut fournir de l'énergie électrique est désigné sous le nom de couple galvanique. Il n'y a pas lieu de considérer si la réaction a lieu entre un solide et un liquide, ou entre deux liquides. On peut maintenant diviser ces couples ou ces éléments comme on les nomme aussi en deux classes : ceux qui sont réversibles et ceux qui ne le sont pas. A la première catégorie appartient par exemple l'élément Daniell : zinc, solution de sulfate de zinc, solution de sulfate de cuivre, cuivre. Imaginons la force électromotrice de cet élément compensée exactement par une autre opposée. Diminuons un peu celle-ci, l'élément Daniell fonctionnera, du zinc se dissoudra et du cuivre se précipitera. Elevons la force électromotrice opposée un peu au-dessus de celle de l'élément Daniell, du cuivre se dissoudra et du zinc se précipitera, et l'état primitif se réalisera de nouveau. Théoriquement parlant on peut dire d'un élément réversible que (à température constante) l'énergie électrique maxima disponible par son fonctionnement suffit exactement pour le ramener à son état initial. Ceci est en même temps sa définition.

Un type d'élément non réversible est celui indiqué le premier par Volta : zinc, acide sulfurique étendu, argent. En fonctionnement dans cet élément il se dissout du zinc et à l'électrode d'argent il se précipite de l'hydrogène qui se dégage. Cette dernière circonstance montre déjà que l'état initial n'est plus accessible si dans une direction inverse on lance un courant. Bien plus il se dissout alors de l'argent et de l'hydrogène se sépare au zinc.

Une propriété des éléments réversibles est de conserver à peu près la force électromotrice initiale, qu'ils ont immédiatement après leur préparation, si on ne les fait pas débiter des courants trop intenses ; et cela aussi longtemps que les corps nécessaires aux réactions chimiques sont présents. Au contraire pour les éléments non réversibles la force électromotrice élevée au début baisse ensuite ; c'est pour cela aussi qu'on parle d'éléments polarisables et d'éléments impolarisables. Ces phénomènes particuliers seront vus plus en détail au chapitre sur la polarisation. Ici nous dirons seulement qu'un métal pas trop éloigné des métaux dits nobles, plongé dans une solution contenant un nombre suffisant des ions métalliques correspondants (le mieux une solution saturée avec excès de sel solide), pour une densité de courant (1) moyenne constitue une électrode impolarisable. Les deux électrodes de l'élément Daniell sont de cette nature aussi l'élément lui-même est-il impolarisable.

Nous nous occuperons surtout par la suite des éléments réversibles, parce que leurs propriétés dans l'état actuel de la science sont faciles à étudier et aussi à suivre numériquement.

***Relation entre l'énergie chimique et l'énergie électrique* II.** — Nous répondrons maintenant à cette ques-

---

(1) On nomme densité de courant l'intensité par cm^2 de surface d'électrode. Alors que la valeur totale de l'intensité est la même naturellement à l'anode et à la cathode, les densités de courant à ces deux électrodes peuvent être différentes suivant leur surface ; aussi distingue-t-on la densité de courant anodique et catodique.

tion : comment calcule-t-on à partir de l'énergie chimique, ou ce qui est mieux, à partir de l'effet thermique des réactions qui s'effectuent, effet qui, aujourd'hui, nous sert de mesure pour l'énergie électrique, l'énergie électrique disponible pour un élément ? Déjà dans l'introduction (p. 50) nous avons vu que l'hypothèse faite à l'origine par Helmholtz et William Thomson que l'énergie chimique se transformait entièrement en énergie électrique, ne s'était pas montrée par la suite justifiée. Ce rapport simple ne se vérifie que dans un petit nombre de cas tout à fait particuliers. Depuis environ vingt ans, grâce aux efforts de Gibbs, Braun et Helmholtz, on est parvenu à saisir par le calcul les relations existantes.

Le premier principe de l'Energétique exprime que l'énergie ne peut naître de rien ni s'annihiler, mais que la somme totale de l'énergie reste constante.

Ceci ne nous dit rien sur la *possibilité de la transformation* de l'une des sortes d'énergie dans l'autre et d'après le premier principe seul il paraît bien possible de transformer à température constante la chaleur en travail. Nous pourrions nous passer alors du charbon coûteux et mettre par exemple en mouvement un train en utilisant la chaleur ambiante comme source d'énergie. En fait on a trouvé qu'un tel mouvement perpétuel de deuxième espèce n'existe pas et de cette constatation on a déduit le deuxième principe qui conclut à la transformabilité restreinte de l'énergie.

Clausius l'a exprimé en disant que la chaleur ne peut d'elle-même passer d'une température à une autre plus élevée. D'après Nernst l'énoncé suivant est préférable : « tout processus qui a lieu dans un système quelconque spontanément, c'est-à-dire sans adjonction d'énergie sous une forme quelconque est en état de fournir, par une utilisation convenable, une quantité finie de travail extérieur. » Inversement il faut fournir du travail pour qu'un processus de cette nature puisse avoir lieu dans le sens inverse ; en l'absence d'un processus à évolution spontanée il n'y a généralement pas production de travail ; à température constante, par exemple (à l'exclusion de tout autre changement d'état) il n'y a pas transformation de chaleur en travail. Nous insisterons sur ce fait que les deux lois principales de l'Energétique sont des lois expérimentales.

Il est d'un grand intérêt de savoir quel travail extérieur maxima peut fournir un processus évoluant librement car ce travail est important pour le caractériser. Il n'y a pas évidemment d'intérêt à chercher d'autres valeurs de ce travail que la valeur maxima, puisque ces valeurs sont indéterminées et peuvent venir jusqu'à zéro.

Une discussion plus approfondie enseigne que ce travail maximum s'obtient quand le processus a une évolution réversible, c'est-à-dire telle qu'à chaque instant, théoriquement parlant, il y ait équilibre.

Si nous connaissons le travail maximum à obtenir par une voie déterminée, osmotique par exemple, la quantité d'énergie électrique que pourra fournir le changement d'état nous est aussi connue, et pour une quantité de substance donnée la loi de Faraday nous indique immédiatement la force électromotrique correspondante puisque $\pi = \frac{\text{Energie}}{\text{Quantité d'électricité}}$.

Il résulte de ceci combien il importe de connaître, spécialement pour le calcul des forces électromotrices, le travail maximum extérieur disponible dans une transformation isothermique déterminée et nous ferons plus tard usage de cette connaissance.

Nous pouvons dire aussi sous une autre forme que dans une transformation cyclique reversible accomplie isothermiquement la somme des travaux disponibles est nulle.

Il est d'autre part d'un intérêt considérable pour l'électrochimie, de connaître le travail maximum que peut fournir une quantité déterminée de chaleur passant d'une température à une autre plus basse ; l'expérience enseigne en effet que ce passage est un processus à évolution libre. Pour obtenir ce travail il nous faut imaginer un procédé qui nous permet d'amener reversiblement de la chaleur d'une température plus élevée à une autre plus basse. Le procédé est en fait facile à trouver. Comme support à la chaleur, c'est-à-dire comme intermédiaire pour sa transformation en travail, il suffit d'un gaz idéal pour lequel les calculs nécessaires s'établissent d'une manière particulièrement simple. Il nous faut notamment calculer les quantités de travail obtenues quand un gaz passe isothermiquement du volume v et de la pression p au volume v_1 et à la pression p_1. Cette quantité est égale à celle que fournirait une solution « idéale » passant par une transformation isothermique de la dilution v et de la pression osmotique p à la dilution v_1 et à la pression osmotique p_1. Le calcul (que nous utiliserons souvent par la suite) est donc d'un double intérêt et nous le donnerons en détail.

Nous avons en contact avec le liquide une molécule gramme d'une vapeur saturée de volume v à la pression p, et le volume se dilate isothermiquement sous la pression constante p jusqu'au volume v_1, la quantité de travail maxima à obtenir est facile à calculer d'une façon élémentaire. Imaginons-nous l'augmentation subie par le volume initial divisée en parties infiniment petites, et nommons chaque partie dv, le travail qui sera obtenu par la dilatation pour dv égale pdv, et le travail total est $p\int_v^{v_1} dv$, c'est-à-dire qu'il égale p fois la somme de ces petites parties dv et ainsi la somme comptée d'après la différence de v_1 à v ; il égale donc $p\,(v_1 - v)$. Je renvoie ici à l'introduction (p. 3) où il est montré que le produit pv, par suite aussi $p\,(v_1 - v) = pv_2$ représente un travail.

Dans le cas que nous considérons la chose n'est pas tout à fait aussi simple, puisque la pression ne reste pas constante mais varie continuellement avec le changement progressif de volume et cela jusqu'à la pression p_1. Nous avons maintenant à sommer non seulement les dv, mais un nombre infini de travaux infiniment petits pdv, où p ne reste pas constant mais est fonction de v, c'est-à-dire possède toujours une valeur correspondante au v considéré.

Nous écrivons $A = \int_{v}^{v_1} p\,dv$. p et v sont dépendants l'un de l'autre d'une manière déterminée qui nous est connue.

Pour une molécule gramme d'un gaz on a (voy. p. 55)

$$pv = RT \qquad p = \frac{RT}{v}$$

Substituons cette expression pour p et faisons sortir du signe d'intégration les valeurs constantes on a :

$$A = RT \int_{v}^{v_1} \frac{dv}{v}$$

Nous n'avons plus maintenant à faire qu'à une variable. Cette intégrale est connue c'est

$$A = RT \ln \frac{v_1}{v} = \frac{RT}{0,4343} \log \frac{v_1}{v}$$

On peut aussi écrire puisque $\frac{v_1}{v} = \frac{p_1}{p}$ d'après la loi de Boyle-Mariotte

$$A = RT \ln \frac{p}{p_1} = \frac{RT}{0,4343} \log \frac{p}{p_1},$$

ln représente des logarithmes naturels et log des logarithmes décimaux.

La formule nous montre que le travail disponible est proportionnel à la température absolue, et ensuite qu'il ne dépend que du rapport des pressions ou des volumes mais non des valeurs absolues de ces données. Par suite la quantité de travail est la même si une molécule d'un gaz passe par exemple d'une pression de 10 atmosphères à 1 ou de 1 à $\frac{1}{10}$ d'atmosphère.

Nous rappellerons encore que si nous voulons avoir A immédiatement en calories gramme $R=1,99$, si nous voulons l'avoir en gr. centimètre il faut poser $R=84800$.

Si donc un gaz se dilate de telle manière que sa pression tombe au $\frac{1}{100}$ ou que son volume augmente au centuple, on peut obtenir le travail maximum suivant pour $T=290°$ (17°C).

$$A=\frac{1,99\times 290}{0,4343}\log\frac{100}{1}\text{ g. cal}=2658\text{ calories gramme,}$$

$$\text{ou } A=\frac{84800\times 290}{0,4343}\log\frac{100}{1}\text{ gr. cm.}=113252\times 10^{3}\text{ g. cm.}$$

Pour n molécules gramme le travail est n fois plus grand. Nous ajouterons encore que le travail que nous obtenons par la dilatation isothermique d'un gaz n'est pas dû à son énergie interne mais est extrait de l'espace environnant sous forme de chaleur. Le gaz joue seulement le rôle d'intermédiaire pour la transformation de la chaleur en travail (p. 3). Nous sommes maintenant en état d'effectuer la transformation indiquée précédemment (transport reversible de chaleur), et de calculer les quantités de travail, ou les quantités de chaleur qui y sont en jeu.

D'abord nous comprimons réversiblement une molécule gramme d'un gaz du volume v_1 à la température T au volume v. Le travail représenté est :

$$A=RT\ln\frac{v_1}{v}.$$

Ce travail se transforme en chaleur qui se communique au milieu environnant, et la quantité de chaleur produite suivant le premier principe a la même valeur que le travail fourni :

$$W = RT \ln \frac{v_1}{v}$$

Imaginons maintenant le gaz transporté dans un milieu à la température $T + dT$; la quantité m de chaleur prise là par le gaz qui plus tard sera cédée de nouveau à la température T est par rapport à W si faible que nous pouvons la négliger. Comme pendant l'élévation de température le volume v doit rester constant il n'y a pas de travail extérieur produit. Laissons maintenant le gaz se dilater du volume v au volume v_1 nous obtenons ainsi le travail.

$$A_1 = R(T + dT) \ln \frac{v_1}{v} = RT \ln \frac{v_1}{v} + RdT \ln \frac{v_1}{v}.$$

La même quantité de chaleur (mesurée avec la même unité) a été prise au milieu environnant.

$$W_1 = RT \ln \frac{v_1}{v} + RdT \ln \frac{v_1}{v}.$$

Portons de nouveau le gaz dans un milieu à la température T nous revenons à l'état initial après cession de la quantité de chaleur m que nous avons citée précédemment comme négligeable.

Considérons le résultat total, nous trouvons que nous avons produit le travail :

$$A_1 - A = RdT \ln \frac{v_1}{v} = W. \frac{dT}{T}.$$

La quantité de chaleur équivalente :

$$W_1 - W = RdT \ln \frac{v_1}{v} = W \frac{dT}{T}$$

est par suite transformée en travail, et en même temps en dehors de la quantité de chaleur négligée m la quantité de chaleur $\mathrm{RTln}\,\frac{v_1}{v}$ est disparue à la température $\mathrm{T}+d\mathrm{T}$ et a été récupérée à la température T. Nous avons ici en même temps deux sortes de transformation dépendantes l'une de l'autre; nous ne pouvons transformer en travail par une transformation cyclique une certaine quantité de chaleur (x) prise à $\mathrm{T}+d\mathrm{T}$ que si une autre quantité de chaleur déterminée (w) prise à cette même température se transforme en une quantité prise à T telle que le rapport de ces quantités soit :

$$x = w\,\frac{d\mathrm{T}}{\mathrm{T}}$$

Ce résultat ainsi obtenu pour un gaz parfait est tout à fait général; on ne peut toujours au moyen de chaleur passan d'une température donnée à une plus basse transformer en travail extérieur qu'une fraction de cette chaleur. Cette fraction dans le cas le plus favorable est avec le reste dans le rapport exprimé par la formule précédente. La remarque suivante sera peut-être utile pour mieux comprendre encore. Le passage de chaleur d'une température à une plus basse est à mettre en parallèle avec la transformation d'énergie électrique de haute tension en une plus basse. Nous pouvons transformer le produit $q\,\pi$ en $2\,q\,\frac{\pi}{2}$. La quantité d'énergie reste inaltérée dans la transformation, ses deux facteurs varient simplement en raison inverse l'un de l'autre. La température T est le facteur d'intensité de la quantité de chaleur (Q) par suite $\mathrm{Q} = y\mathrm{T}$, où y exprime le facteur inconnu de capacité : comme $y = \frac{\mathrm{Q}}{\mathrm{T}}$ on obtient pour $\mathrm{Q} = \frac{\mathrm{Q}}{\mathrm{T}}\,\mathrm{T}$. Nous pouvons écrire de la chaleur à 100° sous la forme $\frac{\mathrm{Q}}{100} \times 100$, et à 50° $\frac{\mathrm{Q}}{50} \times 50$. Le facteur de capacité a ainsi pris la valeur double pendant que le facteur d'intensité diminuait de moitié. $\frac{Q}{T}$ est l'Entropie et nous verrons que plus sa valeur croît plus T diminue.

La différence entre la chaleur et l'énergie librement transformable consiste en ce que, pour cette dernière une transformation dans l'un ou l'autre sens, théoriquement parlant, est possible sans absorption de travail, alors que pour la première la transformation d'une température en une plus élevée, en dehors de tout autre changement d'état, n'est possible qu'avec absorption de travail.

Nous voulons maintenant appliquer les enseignements acquis aux éléments galvaniques réversibles. Si l'effet thermique dû aux réactions qui s'effectuent dans l'élément se transformait intégralement en énergie électrique, nous devrions, en plaçant dans un calorimètre l'élément (à résistance intérieure nulle), n'y observer aucun dégagement de chaleur parce que exactement toute l'énergie fournie serait utilisée dans le courant extérieur sous la forme d'énergie électrique transformable en travail. En fait cette relation simple n'existe pas, et par suite nous observons un effet thermique dans le calorimètre.

Imaginons à la température T un élément réversible de force électromotrice π et faisons-le traverser par la quantité F d'électricité, l'énergie électrique maxima fournie par l'élément s'élève à $F\pi$. Soit Q la somme des chaleurs des réactions correspondantes. L'élément travaille avec absorption de chaleur ; la quantité de chaleur absorbée doit, d'après le premier principe, être égale à $F\pi - Q$. Soit maintenant la température élevée de dT et envoyons dans le sens inverse la quantité Q d'électricité sous la force électromotrice devenue $\pi + d\pi$. Le travail absorbé devra là être $F(\pi + d\pi)$. La somme des chaleurs de réaction a aussi un peu changé avec la température et est maintenant $Q + dQ$. Le dégagement de chaleur dans l'élément est maintenant égal à la différence entre l'énergie électrique employée et la quantité de chaleur utilisée par les réactions chimiques, c'est donc $F\pi + Fd\pi - (Q + dQ)$.

Ramenons l'élément à la température T, nous revenons ainsi à l'état initial. En somme le travail fourni dans ce cycle est $Fd\pi$; nous avons ensuite perdu à la température T la quantité de chaleur $F\pi - Q$, et gagné à la température $T + dT$ la quantité $F\pi + Fd\pi - (Q + dQ)$, que sans erreur sensible, nous pouvons égaler à la première; par suite, en tout, la quantité de chaleur $F\pi - Q$ a été élevée de T° à $T + dT$. Inversement il faut naturellement pour transformer la quantité de chaleur $Fd\pi$ en travail que la quantité de chaleur $F\pi - Q$ tombe de $T + dT$ à T°. Par suite, d'après ce que nous avons vu page 154, on a :

$$Fd\pi = (F\pi - Q)\frac{dT}{T} \quad (1)$$

$$F\pi - Q = FT\frac{d\pi}{dT} \quad (2)$$

$$\pi = \frac{Q}{F} + T\frac{d\pi}{dT} \quad (3)$$

Comme nous connaissons Q d'après les données thermochimiques (les nombres s'appliquent toujours à l'équivalent ou à la molécule gramme; les quantités de chaleur dégagées sont calculées positivement), ou que nous pouvons les déterminer, nous sommes en état, à l'aide du coefficient de température déterminé expérimentalement, c'est-à-dire du changement de force électromotrice divisé par l'intervalle de température correspondant, de calculer l'énergie électrique maxima disponible ou la force électromotrice.

Si le coefficient de température est positif, c'est-à-dire si la force électromotrice croît avec la température, d'après (2) $F\pi$ est plus grand que Q. L'élément se refroidit par son fonctionnement et emprunte la chaleur au milieu environnant. Si au contraire ce coefficient est négatif, $F\pi$ est plus petit que Q et l'élément s'échauffe. Si enfin le coefficient de température est nul, la chaleur de réaction se transforme intégralement en énergie électrique et l'élément de lui-même n'offre aucune variation de température. Nous trouvons ce dernier cas réalisé dans l'élément Daniell.

Il convient encore une fois de faire ressortir que les effets thermiques des réactions chimiques ne peuvent nous fournir une mesure exacte pour l'énergie électrique disponible dans un élément réversible, mais nous en donnent seulement dans relativement beaucoup de cas une évaluation approchée; l'expérience d'ailleurs nous a montré que fréquemment $\frac{d\pi}{dT}$ est très petit par rapport à Q et par suite négligeable dans l'équation (3).

La formule précédente de Helmholtz a été soumise par Czapski et Gockel à une vérification qualitative, et par Jahn et d'autres encore à une vérification quantitative, et s'est trou-

	F.e.m à 0 en volt	Changement de f.e.m. par 1° $= \frac{d\pi}{dT}$	Énergie électrique en calories $2\pi F$	Chaleurs de réaction en calories Q	Effet thermique dans l'élément	
					calculé à l'aide de $\frac{d\pi}{dT}$	$Q - 2\pi F$
$Cu, CuSO^4 + 100 H^2O$ / $ZnSO^4 + 100 H^2O, Zn$	1,0962	+0,000034	50326	50110	−428	−416
$Ag, AgCl$ / $ZnCl^2 + 100 H^2O, Zn$	1,015	−0,000409	46907	52016	+5082	+5189
$Ag, AgBr$ / $ZnBr^2 + 25 H^2O, Zn$	0,828	−0,000105	3	30761	+1320	+1188
$Hg, HgCl + 0,01 nKCl, 1 nAzO^3K$ / $0,01 nKOH + Hg^2O, Hg$	0,1483 t = 18°5	+0,000837	7500	−3280	−11270	−10856

vée vérifiée. Les exceptions particulières trouvées reposaient, ainsi que Nernst le montra, sur des valeurs fausses attribuées aux chaleurs de formation des composés mercuriels.

A titre d'éclaircissement nous donnons ci-dessus quelques valeurs trouvées par Jahn (1) et Bugarzky (2).

Les nombres exprimés en calories s'appliquent à la transformation de deux équivalents gramme. Comme on voit, l'accord entre les valeurs trouvées par deux méthodes différentes pour l'effet thermique qui se produit dans l'élément même est dans tous les cas satisfaisant.

Une dernière recherche particulièrement intéressante est celle dans laquelle la réaction chimique produisant le courant est endothermique et où l'élément travaille avec absorption de chaleur; elle fournit tout d'abord une preuve frappante de l'inexactitude de cette opinion que la chaleur de réaction est une mesure du travail à obtenir.

La formule s'est vérifiée aussi à de hautes températures pour les éléments à électrolytes fondus.

Il est peut-être nécessaire de dire encore un mot sur la manière de déterminer l'énergie électrique. Ceci peut se faire par exemple en fermant l'élément sur une résistance extérieure telle que devant elle la résistance intérieure de l'élément disparaisse. On laisse alors l'énergie électrique se transformer en chaleur, qui, d'après la loi de Joule (p. 17), est par unité de temps égale à WI^2 où W est la résistance, I l'intensité. La mesure de l'intensité du courant donne ainsi pour une résistance connue la quantité d'énergie électrique par unité de temps fournie par l'élément et on peut alors facilement calculer quelle est la quantité d'énergie fournie quand F ou 2F ont traversé la section c'est-à-dire quand un ou deux équivalents des corps présents dans l'élément se sont transformés. Comme la résistance intérieure de l'élément disparaît à côté de la résistance extérieure, la quantité de chaleur due à la loi de Joule et correspondant à l'élément est extrêmement

(1) Wied. Ann., 50, p. 189, 1893.
(2) Zeitschr. anorg. Ch., p. 14, 145, 1897.

faible et peut être négligée. L'effet thermique de l'élément mesuré dans le calorimètre n'a rien de commun avec la quantité de chaleur due à l'Effet Joule que nous donne seulement la mesure d'énergie électrique ; il est égal à la différence de la chaleur dégagée dans le circuit extérieur par l'Effet Joule et des chaleurs correspondantes aux réactions chimiques de l'élément.

La formule établie précédemment nous permet de calculer la force électromotrice d'une pile connaissant les chaleurs de réaction et son coefficient de température. Ce n'est d'ailleurs pas le seul moyen que nous pouvons employer ; à l'heure actuelle nous avons encore un autre procédé de calcul des forces électromotrices pour les éléments réversibles. L'indication à ce sujet a déjà été donnée p. 148-149.

Avant de passer à ce calcul nous devons éclaircir d'abord la notion de « tension électrolytique de dissolution » introduite tout d'abord par Nernst (1) et que d'accord avec Ostwald nous appellerons pour plus de clarté pression électrolytique de dissolution.

Pression électrolytique de dissolution. — L'expression « tension de vapeur d'un corps » est familière à chacun. Nous comprenons sous ce nom la tendance d'un corps à passer à l'état de vapeur. Volatilisons par exemple de l'eau à une température déterminée dans un long vase cylindrique, dans lequel peut se mouvoir au-dessus du liquide un piston imperméable à l'air ; si la pression sur le piston est moindre que la tension de vapeur de l'eau, le piston se déplacera vers le haut et il passera plus d'eau à l'état de vapeur. Dès qu'il y aura eu équilibre pour une certaine charge du piston, celui-ci placé maintenant dans une position quelconque y restera (après établissement de l'équilibre entre l'eau et la vapeur). Si nous élevons même un peu la pression la vapeur se condensera tout à fait, si nous l'abaissons un peu l'eau entière se vapo-

(1) Zeitschr. physik. Chem., 4, p. 129, 1889.

risera. La charge existante à l'état d'équilibre sur le piston nous donne la valeur de la tension de vapeur de l'eau à une température déterminée. De même que nous parlons de la tension de vapeur nous parlerons de la « pression de dissolution » d'un corps ; nous entendons par cette expression la tendance d'un corps par exemple le sucre à passer à l'état dissous, et nous pouvons mesurer cette pression de la même manière que la tension de vapeur. Nous nous servirons pour cela du dispositif suivant. Au fond d'un récipient existe une couche du corps solide A en excès, au-dessus la solution saturée B et en c de l'eau pure. S représente une paroi semi-perméable c'est-à-dire un piston perméable à l'eau et non au corps dissous. Si S est chargé, de la valeur de cette charge dépendra le mouvement du piston dans l'un ou l'autre sens.

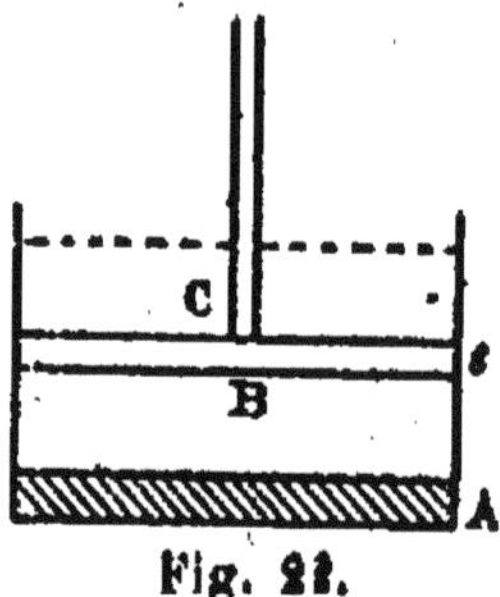

Fig. 22.

Si cette charge est plus faible que celle provenant des particules dissoutes (la pression osmotique), S se déplacera vers le haut, l'eau traversera le piston, la solution B se diluera et par suite de nouvelle substance A se dissoudra. Si elle est plus élevée, S s'abaissera, de l'eau passera de B vers C, la solution B sera sursaturée et par suite le corps A précipitera.

Le piston ne s'arrêtera en une position déterminée et il n'y aura équilibre que pour une valeur particulière de la charge. On voit que tout se passe ici comme pour la tension de vapeur de l'eau et la grandeur de la charge existante lors de l'équilibre nous donne ainsi directement une mesure de la pression de dissolution du corps à la température considérée.

Il résulte clairement de ces explications que nous comprenons sous le nom de tension de vapeur de l'eau la pression exercée par la vapeur saturée en équilibre avec l'eau liquide, et sous le nom de pression de dissolution d'un corps, la pression osmotique exercée par la solution « solution saturée » qui est en équilibre avec le corps.

On peut appliquer finalement ce mode de représentation au passage de corps, en première ligne d'éléments et spécialement de métaux, à l'état d'ion. L'hydrogène et les métaux sont seuls capables de fournir des ions positifs élémentaires; le chlore, le brome, l'iode, etc., peuvent seulement fournir des ions négatifs. Nous parvenons à la détermination de la valeur de la « pression électrolytique » de la même manière que pour la pression de dissolution ordinaire. Imaginons le corps en contact avec l'eau, saturée des ions correspondants, et au-dessus un piston imperméable aux ions séparant la solution saturée de l'eau. L'équilibre ne pourra être conservé au point de vue pression osmotique des ions que pour une charge déterminée, pour laquelle aucun ion ne pourra passer du corps en solution, ou sortir de la solution et cette charge représente la valeur de la « pression électrolytique de dissolution ». En général celle-ci sera désignée par P et sera exprimée par la valeur de la pression osmotique égale et inverse des ions.

En fait ce dernier cas n'est pas réalisable de la manière indiquée puisque les ions positifs et négatifs ne peuvent jamais prendre naissance seuls en quantité notable; ceci nous est d'ailleurs indifférent pour l'explication de la notion précédente.

Nous allons maintenant voir, comment nous devons nous représenter l'établissement d'une différence de potentiel au contact d'un corps solide et d'un liquide. Plongeons un métal dans l'eau pure; par suite de la pression de dissolution électrolytique quelques ions de métal prendront naissance; par suite en même temps le métal devient négatif puisque l'apparition d'énergie électrique est liée nécessairement à celle des deux électricités de signe contraire. La solution devient par suite positive, le métal négatif et il se forme à leur contact une couche double électrique; les ions envoyés dans la solution avec une charge positive et le métal négatif s'attirent entre eux, c ' en d'autres termes il naît une différence de potentiel. La pression de dissolution tend maintenant à attirer toujours plus d'ions en solution; l'attraction électrolytique de la couche double agit inversement et il y a évidemment équilibre quand ces deux actions opposées sont égales. Comme de grandes quantités d'électricité adhèrent aux ions, cet état d'équilibre a lieu dès qu'une quantité impondérable d'ions est passée dans l'eau. Si nous avons à faire à de l'eau pure, la force de la couche double ou la différence de potentiel sera déterminée seulement par la valeur de la pression de dissolution. Si au contraire nous avons un métal dans une solution de l'un de ses sels, nous avons des ions métalliques dont la pression osmotique s'oppose à l'introduction de nouveaux ions de même nature, et le cas peut se présenter que la pression osmotique des ions du métal équilibre exactement la pression de dissolution électrolytique; le métal n'enverra alors aucun ion, il ne se chargera pas et il ne se formera en un mot dans ces circonstances aucune couche double. La nature des ions négatifs n'intervient pas ici; ils ne jouent aucun rôle.

Si la pression osmotique des ions métalliques a une autre valeur, deux cas sont à distinguer suivant que la pression de dissolution est plus grande ou plus petite que la première. Dans le premier cas comme dans l'eau pure des ions passeront du métal dans la solution et il se formera une couche double électrique. Celle-ci ne sera pourtant pas aussi importante que pour l'eau pure, il ne pourra pas passer autant d'ions dans la solution, parce que la pression osmotique des ions déjà dissous s'oppose à la pression électrolytique de dissolution.

Dans l'autre cas, des ions sortiront de la solution se précipiteront à l'état métallique sur le métal et lui céderont leur électricité positive. Le métal se chargera positivement; par suite la solution qui précédemment contenait autant d'ions positifs que d'ions négatifs, deviendra négative, et il se formera de nouveau une couche double électrique, dont l'attraction s'oppose à la pression osmotique d'abord plus puissante et s'ajoute à la pression électrolytique de dissolution ; ceci se produit aussi longtemps que l'équilibre n'est pas établi. Les quantités d'ions qui se déposent à l'état neutre sont là aussi impondérables (1) et l'intensité des couches doubles électriques et de l'attraction électrostatique qu'elles exercent dépend naturellement de la pression osmotique des ions métalliques qui se trouvent en solution.

Nous avons par suite en tout trois cas à distinguer.

P est égal à p la pression osmotique des ions métalliques correspondants, il y a équilibre, par suite pas de couche double et pas de différence de potentiel.

P est $>p$, le métal est chargé négativement et la solution positivement ; l'attraction électrostatique s'oppose à la pression de dissolution.

P est $<p$ le métal est chargé positivement et la solution négativement ; l'attraction électrostatique agit dans le sens de la pression de dissolution.

Si nous considérons maintenant les faits observés nous trouvons, ce qui deviendra plus tard évident, que les métaux dits communs, les métaux alcalins, etc., jusqu'au zinc, cadmium, cobalt, nickel et fer se chargent toujours négativement dans les solutions de leurs sels. Ceci signifie que leur pression de dissolution a une valeur si élevée que nous ne pouvons jamais, à cause de la solubilité limitée des sels, amener la pression osmotique à une valeur assez grande pour équilibrer la pression de dissolution. Pour tous les métaux nobles, mercure, argent, etc., nous trouvons ordinairement le métal chargé positivement dans la solution de l'un de ses sels. La pression de dissolution du métal est ici faible ; nous ne pouvons avoir ces métaux chargés négativement que si nous diminuons la pression osmotique jusqu'à une valeur extrê-

(1) F. Krüger, Zeitschr. f. physik. Chem., 35, p. 18, 1900.

mement petite en prenant des solutions très pauvres en ions.

Si nous avons un corps qui fournit des ions négatifs, par exemple le chlore, il y aura une analogie complète. Si la pression osmotique des ions chlore est plus grande que la pression de dissolution électrolytique, les ions chlore passeront à l'état de chlore ordinaire et l' « électrode chlore » deviendra électriquement négative ; dans l'autre cas elle se charge positivement. Autant que nous le savons, tous les corps fournissant des ions négatifs ont en réalité une haute pression de dissolution.

Nous avons jusqu'ici parlé de la pression de dissolution électrolytique comme si elle représentait une grandeur constante. Cependant comme la tension de vapeur et la pression de dissolution ordinaire elle n'est constante que dans des conditions déterminées : quand la température, la concentration des corps considérés, le corps formant la matière des électrodes restent inaltérés.

C'est un fait généralement connu que la tension de vapeur de l'eau change fortement avec la température ; il paraît moins connu qu'elle dépend aussi de la concentration de l'eau et devient plus grande à concentration croissante. Nous rappellerons d'abord que quand deux vases contenant de l'eau sont placés dans un espace clos à des hauteurs différentes, l'eau du vase supérieur distille graduellement dans celui qui est au-dessous. Car l'eau dans le premier vase est en équilibre avec la vapeur d'eau qui la surmonte ; sur l'eau du second vase s'exerce en outre le poids d'une colonne de vapeur d'eau de hauteur h, si h est la différence de hauteur des deux vases. Cette pression totale est plus grande que celle qui correspond à l'équilibre entre l'eau et la vapeur, et par suite il y a condensation. Par suite l'équilibre pour l'eau qui se trouve dans le vase supérieur est rompu, elle se vaporise en partie et ainsi de suite jusqu'à ce que toute l'eau se soit réunie dans le vase inférieur.

Dans la figure suivante (1) se trouve en F de l'eau pure en L une solution quelconque séparée de l'eau pure par une membrane semi-perméable.

Supposons les deux liquides en équilibre osmotique. La pression de la vapeur à la surface de la solution (p_1) doit être plus petite que la tension de vapeur de l'eau en F (p), et on doit avoir aussi $p_1 + x = p$, où x égale le poids de la colonne de vapeur d'eau, dont la hauteur égale la différence de niveau des deux liquides. S'il en était autrement il distillerait de l'eau de l'une des surfaces à l'autre, l'équilibre osmotique serait rompu, il passerait de l'eau à travers la membrane semi-perméable dans une direction pour rétablir l'équilibre, etc. etc., en un mot nous aurions ainsi un cycle continu qui nous permettrait de transformer en travail une quantité illimitée de chaleur à la température supposée constante du milieu environnant (par distillation de vapeur d'eau) et cela est impossible d'après le second principe de l'Energétique.

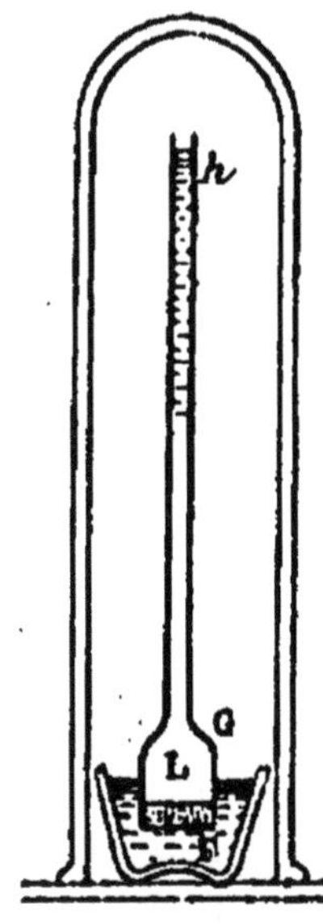

Fig. 23.

Si nous fermons en haut le tube ascendant par une membrane perméable seulement à la vapeur d'eau et si nous amenons entre cette membrane et la surface du liquide une certaine quantité d'un gaz insoluble dans le liquide, elle exercera une certaine pression. La surface devra s'abaisser. De plus il sera nécessaire pour l'équilibre que la tension de vapeur p'_1 sur la surface de la solution augmentée de la pression de la colonne de vapeur h', dont la hauteur est égale à la différence des deux niveaux soit égale à la tension de l'eau pure. Comme p est resté le même, que h' est plus petit que h, par

(1) Zeitschr. physik. Chem., 3, p. 115, 1889.

suite p'_1 doit être plus grand que p, c'est-à-dire que la surface « comprimée » pour laquelle la concentration de l'eau est la plus grande a une tension de vapeur plus forte que si l'eau était sous une pression extérieure plus faible.

L'augmentation de tension de vapeur sera évidemment proportionnelle à la pression s'exerçant sur la surface (1).

Nous savons aussi pour la pression ordinaire de dissolution que la concentration du corps joue un grand rôle. La loi de Henry le démontre ; d'après cette loi en effet la solubilité d'un gaz dépend à un haut degré de sa pression, c'est-à-dire de sa concentration, elle lui est à peu près proportionnelle, solubilité et pression de dissolution sont au reste des notions équivalentes.

Ce qui a été dit pour la tension de vapeur et la pression de dissolution peut tout à fait s'appliquer à la pression électrolytique de dissolution et nous verrons des piles dont la force électromotrice repose seulement sur les différences de concentration d'un même corps fournissant les ions. Pour les corps solides nous ne connaissons il est vrai qu'un état ordinaire de concentration et par suite ils ont une pression de dissolution déterminée et unique. Il sera néanmoins plus tard question de différences de concentration qui peuvent naître dans certaines circonstances.

Avec le changement de solvant, la pression électrolytique de dissolution varie de même que la solubilité ; cependant Luther a montré que le rapport des pressions de dissolutions de différents métaux est indépendant du solvant et conserve toujours la même valeur.

La pression électrolytique de dissolution est aussi variable avec la température.

---

(1) Ces remarques ont été faites en commun par Des Coudres et l'auteur avant que le travail de Schiller sur le même sujet parût aux Wied. Ann., 53, p. 396, 1898. Les expériences qui s'y rattachent n'ont pas été terminées par suite de circonstances particulières.

Calcul des forces électromotrices, qui prennent naissance à la surface limite d'électrodes réversibles. — La différence de potentiel qui naît du contact d'une électrode réversible avec un liquide est facilement calculable pour nous d'après le procédé de Nernst, et nous verrons en même temps quelle est la signification électrique de la pression de dissolution.

Soit π la différence de potentiel cherchée et p la pression osmotique des ions (monovalents) correspondants à l'électrode ; nous ferons remarquer que tout ne dépend que de la pression de ces ions, par exemple s'il s'agit d'argent seulement des ions argent. Nous allons maintenant décrire le cycle isotherme suivant : nous faisons passer la quantité d'électricité F sous la différence de potentiel π de l'électrode dans la solution où la pression osmotique des ions est p, le système fournit le travail $F\pi$. Nous amenons alors le gramme équivalent d ions passé dans la solution et occupant le volume v, au volume $v + dv$; par suite nous devons, en négligeant les grandeurs de deuxième ordre, fournir au système le travail pdv. Soit maintenant la pression osmotique $p - dp$, la chute de potentiel à l'électrode $d\pi + \pi$ et le travail que nous devons fournir au système pour séparer dans les nouvelles conditions un équivalent gramme $F(\pi + d\pi)$. Maintenant que le cycle est parcouru ajoutons les uns aux autres les travaux particuliers, en désignant par le signe + ceux fournis par le système et par le signe — les autres, la somme doit être nulle :

$$F\pi + pdv - F(\pi + d\pi) = 0$$

par suite

$$Fd\pi = pdv$$

Puisque à température constante, d'après la loi de Boyle

$$pdv + vdp = 0$$

et

$$v = \frac{RT}{p}$$

il en résulte $F d\pi = - v dp = - RT \frac{dp}{p}$

ou après intégration $\pi = - \frac{RT}{F} \ln p + \text{const.}$

Nous pouvons au lieu de cette constante prendre le logarithme d'une autre constante P, multiplié par $\frac{RT}{p}$ et obtenir :

$$\pi = - \frac{RT}{F} \ln p + \frac{RT}{F} \ln P = \frac{RT}{F} \ln \frac{P}{p}$$

Si $P = p$ $\pi = 0$; cette constante P prend une signification claire quand nous l'envisageons comme pression de dissolution électrolytique.

Si l'ion n'est pas monovalent, mais polyvalent, le travail électrique par ion-gramme devient $n_e \pi F$ où n_e représente la valence. D'où

$$\pi = \frac{RT}{n_e F} \ln \frac{P}{p}.$$

Pour l'obtenir en volt, nous devons exprimer R en unités électriques :

$$\pi = \frac{4{,}177.\ 1{,}99}{n_e\ 0{,}4343.06580} T \log \frac{P}{p} = \frac{0.000198}{n_e} T. \log \frac{P}{p} \text{ volt.}$$

Pour la température de 17° $T = 290$ et

$$\pi = \frac{0{,}0575}{n_e} \log \frac{P}{p} \text{ volt.}$$

Cette équation est fondamentale pour la théorie des piles réversibles. Si nous considérons une pile à deux métaux et deux liquides, par exemple l'élément Daniell : *Zinc, sulfate de zinc, sulfate de cuivre, cuivre,* et si tout le circuit extérieur est constitué par du cuivre nous avons quatre endroits où il y a des différences de potentiel :

1° Au point de contact des deux métaux ;

2° Au point de contact des deux liquides ;

3° et 4° Au point de contact des deux électrodes et des liquides.

La différence de potentiel au point de contact des deux métaux peut être négligée comme trop faible, et fréquemment aussi celle résultant du contact des deux liquides; nous apprendrons bientôt à calculer ces grandeurs Pour commencer nous ne calculerons que celles existant au point de contact des électrodes avec les liquides. La force électromotrice de la pile s'établit au moyen de ces deux grandeurs réunies et est par suite à 17° C.

$$\pi = \frac{0,0575}{n_e} \log \frac{P}{p} - \frac{0,0575}{n_{e_1}} \log \frac{P_1}{p_1} \text{ volt}$$

où P représente la pression électrolytique de dissolution de l'un des corps, p et n_e la pression osmotique et la valence des ions correspondants, P_1 p_1 n_{e_1}, les mêmes valeurs pour l'autre corps. Le signe — provient de ce que une partie des ions entrent en solution, pendant que en même temps les autres quittent la solution; pendant que les ions zinc se forment, une quantité correspondante d'ions cuivre se précipite à l'autre électrode; il doit toujours y avoir autant d'ions positifs que d'ions négatifs. Nous allons maintenant passer à la considération de cas particuliers.

PILES DE CONCENTRATION

1. *Les concentrations des corps fournissant les ions sont différentes.*

a) Imaginons une pile formée de deux amalgames de concentrations faibles et différentes du même métal, par exemple, de zinc et d'une solution contenant un sel du métal formant l'amalgame, dans notre cas une solution de sulfate de zinc; la force électromotrice de cette pile sera d'après ce qui précède à la température T

$$\pi = \frac{0,000198}{2} T \log \frac{P}{p} - \frac{0,000198}{2} T \log \frac{P_1}{p} \text{ volt,}$$

P et P_1 sont les pressions électrolytiques de dissolution dans l'amalgame concentré et dans l'amalgame étendu, et p désigne la concentration des ions zinc dans la solution.

Il en résulte $\pi = \frac{0,000198}{2} T \log \frac{P}{P_1}$ volt. Nous pouvons regarder l'amalgame étendu comme une solution dans laquelle le mercure est le solvant et le zinc le corps dissous. Le zinc possède alors comme tout corps dissous une pression osmotique déterminée, qui, la concentration n'étant pas la même dans les deux solutions, est différente dans les deux. Nous pouvons en outre admettre que les pressions électrolytiques de dissolution des deux amalgames sont proportionnelles aux pressions osmotiques du zinc dissous et comme celles-ci se comportent de leur côté comme les concentrations, proportionnelle aussi à ces dernières (1). Nous avons alors :

$$\pi = \frac{0,000198}{2} T \log \frac{c}{c_1} \text{ volt,}$$

où c et c_1' représentent des concentrations du zinc dans les amalgames. Les valeurs de π calculées de cette manière cadrent bien avec celles de G. Meyer déterminées expérimentalement ainsi que les chiffres suivants le montrent (2).

---

(1) Cette hypothèse a la même signification que celle d'après laquelle les corps dissous dans le mercure sont monoatomiques, ainsi que l'enseigne la discussion des piles de concentration formées avec des gaz. Si on admet qu'il se forme entre les corps dissous et le mercure des combinaisons du type MHg^m, on doit ajouter à la formule précédente un membre dont l'importance reste cependant au-dessous des erreurs d'expérience, de sorte que la question demeure indécise. Les recherches disent en tout cas que dans la molécule il n'y a qu'un atome du corps dissous qu'il soit seul ou combiné au mercure.

(2) Zeitschr. physik. Ch., 7, p. 447, 1891 et Ostwald, Allgem. Chem., II, 1, p. 861.

Amalgame de zinc et solution de sulfate de zinc.

T.	C	C_1	π observé	π calculé
11,6	0.003366	0,00011305	0,0119 v.	0,0116 v.
18,0	0,003366	8,00011305	8,0133 »	0,0125 »
12,4	0.002280	0,0000608	8,0174 »	0,0145 »
60,0	0,002280	0,0000608	0,0320 »	0,0319 »

Amalgame de cadmium et solution d'iodure de cadmium.

T.	C	C_1	π observé	π calculé
16,3	0,0017705	0,00003304	0.0433 v.	0,0440 v.
60,1	0,0017705	0,00003304	0,0562 »	0,0507 »
13,0	0,0005937	0,00007035	0,0260 »	0,0262 »

Amalgame de cuivre dans une solution de sulfate de cuivre.

T.	C	C_1	π observé	π calculé
17,3	0,0003874	0,00009587	0,01815 v.	0,0176 v.
20,8	0,0004172	0,00016645	0,0124 »	0,0123 »

Nous pouvons aussi arriver par une autre voie à calculer la force électromotrice π de la pile sans utiliser la notion de pression électrolytique de dissolution. Considérons la réaction qui a lieu dans la pile pendant son fonctionnement, elle consiste en ce que le zinc passe de l'amalgame le plus concentré dans la solution, pendant que le zinc se précipite de la solution à l'amalgame moins concentré. En somme il y aura seulement du zinc transporté de l'amalgame concentré dans l'amalgame étendu c'est-à-dire que le zinc passe de la pression osmotique p ou de la concentration c qui est proportionnelle, à la pression osmotique p_1 ou à la concentration c_1. Le travail maximum à obtenir pour un atome gramme (nous admettrons que les métaux sont monoatomiques dans le mercure) est au point de vue osmotique :

$$\frac{RT}{0,4343}\log\frac{c}{c_1}$$

Si nous effectuons la transformation par voie électrique on

a $2 \times 96580 = \pi$ par suite comme les travaux maximas doivent être égaux :

$$2.96580 \cdot \pi = \frac{RT}{0,4343} \log \frac{c}{c_1}$$

et
$$\pi = \frac{0,000198}{2} T \log \frac{c}{c_1} \text{ volt}$$

équation identique à la précédente. Nous nous servirons aussi de temps en temps de cette méthode pour calculer π.

Nous avons admis que dans le mercure le métal était à l'état d'atomes, et comme les valeurs expérimentalement trouvées pour π cadrent avec celles calculées à l'aide de cette hypothèse cette dernière est aussi vérifiée. Si le métal était dissous dans le mercure à l'état de complexes diatomiques le travail à obtenir par le transport d'une quantité égale à la précédente calculé par voie osmotique serait :

$$\frac{1}{2} \frac{RT}{0,4343} \log \frac{c}{c_1}$$

puisque maintenant le travail des molécules à transporter est moitié moins élevé et que le travail dépend du nombre seul des molécules et non de leur poids.

L'énergie électrique correspondante deviendrait :

$$2.96580 \pi'$$

par suite

$$2.96580 \pi' = \frac{1}{2} \frac{RT}{0,4343} \log \frac{c}{c_1}$$

et

$$\pi' = \frac{1}{2} \frac{0,000198}{2} T \log \frac{c}{c_1} \text{volt} = \frac{1}{2} \pi$$

La force électromotrice de cette pile serait ainsi dans ce cas seulement la moitié de celle trouvée en réalité. L'état atomique des métaux dans le mercure a été encore démontré à l'aide des abaissements de tension de vapeur.

La formule montre que π ne dépend que du rapport des concentrations et de la valence du métal, et non de la nature de celui-ci.

Nous avons considéré les deux amalgames comme des électrodes de zinc à diverses concentrations; on peut se demander si le mercure ne joue aucun rôle et si sa pression électrolytique de dissolution ne doit pas aussi être prise en considération. Pour résoudre aussitôt cette question nous ferons remarquer que dans le cas d'électrodes constituées par deux métaux (ou plus) trois cas sont à distinguer (1) :

1. Les métaux forment un mélange mécanique, on obtient le potentiel du métal le moins noble. Un mélange de zinc et de cadmium pris comme électrode négative d'un élément dans une solution acide, envoie (pratiquement) seulement des ions zinc dans la solution. On obtient donc d'abord la même force électromotrice qu'avec le zinc pur. Par l'introduction d'ions zinc presque rien n'est changé — il n'y a seulement qu'une très faible quantité d'ions cadmium entrés en solution. — Cependant par l'introduction d'ions cadmium a lieu à l'électrode une réaction secondaire importante qui dure jusqu'à ce que assez d'ions de ce métal se soient précipités sur l'électrode et aient été remplacés par des ions du premier métal pour que les différences de potentiel zinc — ions zinc et cadmium — ions cadmium soient devenues de nouveau égales. Une fois cet état atteint, le zinc passe de nouveau seul (pratiquement) en solution.

Cette égalité des deux chutes de potentiel métal-solution s'établit en toutes circonstances d'elle-même : une action locale

---

(1) Herschkowitz, Zeitschr. physik Chem 27, p. 123, 1898. Ogg, Idem, 27, p. 285, 1898. Reinders, Idem, 42, p. 225, 1902. Haber, Zeitschr. f. Elektrochem. 8, p. 541, 1902.

se produit jusqu'à ce que l'égalité soit établie. Comme chaque chute de potentiel dépend du rapport de la tension de dissolution à la pression osmotique, pour les métaux de même valence les pressions osmotiques des ions correspondants doivent évidemment se comporter comme les tensions de dissolution pour que l'égalité des chutes de potentiel ait lieu. Pour des tensions de dissolution notamment différentes, ce qui est le cas du zinc et du cadmium, la concentration des ions cadmium doit par suite être extrêmement faible vis-à-vis de celle des ions de zinc. Comme la concentration des premiers, à cause de sa valeur faible, est fortement changée par l'introduction même de très faibles quantités d'ions cadmium, celle du second ne varie que peu même par de très grandes quantités d'ions zinc et ceci explique que dans le cas où les deux chutes de potentiel doivent demeurer égales il n'y ait pratiquement que peu d'ions zinc qui passent en solution.

Si nous avions un mélange de deux métaux de même valence ayant la même tension électrique de dissolution, il faudrait pour l'établissement de l'équilibre que les deux concentrations d'ion soient toujours égales et les deux métaux prendraient alors également part à la dissolution.

2. Les métaux forment une solution (amalgame, alliage) ; celle-ci est toujours plus *noble* que le composant *non noble* et cela d'autant plus que la perte en énergie libre a été plus grande pendant la formation de l'alliage. Il peut même arriver que la solution (métallique) soit plus noble que le composant noble qu'elle contient.

La dissolution d'un tel alliage (ou d'une telle solution métallique) a lieu de la même manière que précédemment : les chutes de potentiel (métal non noble allié — ions de ce métal), et (métal noble non allié — ions de ce métal) doivent toujours être égales ; il faut considérer cependant que cette chute de potentiel est différente de celle que le métal non allié produirait plongé dans la même solution, et aussi que par suite de la relation qui existe entre la tension électrolytique de dissolution et la concentration de l'alliage elle varie quand cette concentration change. Si comme c'est en général le cas, les tensions de dissolution des deux métaux alliés sont très différentes le métal non noble passe pratiquement seul en dissolution.

3. Nous avons finalement une combinaison chimique et nous admettons que celle-ci peut subsister en une solution qui contient des concentrations déterminées des ions correspondants aux constituants de la combinaison, par exemple les ions Cu et Zn pour une combinaison Zinc Cuivre ; cette combinaison aura sa tension de dissolution électrolytique propre et on doit en conclure que l'électrode, pendant sa dissolution, envoie des ions ayant sa composition même et qui éventuellement, peuvent en majeure partie se dissocier en leurs constituants. La chute de potentiel dans ce cas dépendra des concentrations particulières des ions.

Pour éviter des erreurs, il faut faire attention que seule la composition de la couche en contact avec l'électrolyte intervient sur le processus électrolytique. Celle-ci, par exemple pour un alliage solide, peut varier au fur et à mesure que le constituant non noble passe graduellement en solution et puisqu'il n'y a pas diffusion sensible le constituant noble reste seul à la surface. Un alliage semblable présentera après quelque temps le potentiel et en général les propriétés du métal noble qu'il contient. Ce passage en solution du constituant non noble est utilisé pour obtenir des surfaces métalliques pures en plongeant le métal dans une solution de l'un de ses sels ; les métaux non nobles passent alors en solution en même temps que le métal noble se précipite ; pour le mercure on peut ainsi purifier toute la masse des métaux étrangers non nobles.

Ces considérations sont d'un grand intérêt pratique dans le raffinage des métaux. Pour le cuivre on suspend par exemple comme anodes les plaques de métal brut à raffiner dans une solution acide de sulfate de cuivre de concentration déterminée, et en face d'elles on fixe les cathodes sur lesquelles le cuivre pur doit se déposer. Pendant l'électrolyse des métaux non nobles passent d'abord en solution mais ne se déposent pas sur les cathodes, ils restent en solution, comme nous le verrons plus en détail dans le chapitre sur l'Electrolyse et la Polarisation. Le cuivre passe ensuite en solution. Quand l'électrode est à peu près complètement attaquée, le reste comprend, outre du cuivre, les métaux nobles argent et or qui se sont accumulés et sont tombés en partie de l'anode sous la forme de dépôt anodique pendant l'électrolyse. On obtient ainsi outre le raffinage du cuivre, une concentration de métaux nobles qui peuvent dès lors facilement être amenés à l'état pur.

Nous pouvons maintenant de plus nous rendre compte si nous pouvons mieux protéger le fer en le couvrant d'un métal noble ou non noble, par exemple de zinc ou de cuivre. Aussi longtemps qu'il s'agit d'une couche sans fissure la résistance aux agents atmosphériques intervient seule et le cuivre est préférable. Mais en pratique les choses sont complètement différentes puisque l'on doit compter toujours sur une déchirure éventuelle de la couche protectrice. Comme il y a toujours en présence de l'humidité, nous avons alors en ce point un mélange de deux métaux qui plongent dans un liquide. Aussi longtemps qu'il y a encore du zinc, celui-ci passe en solution et protège le fer qui est un métal plus noble que lui; le cuivre au contraire ne produit aucune protection mais bien plus accélère l'attaque du fer.

En se plaçant au même point de vue, nous pouvons nous expliquer l'impossibilité de souder de l'aluminium d'une manière stable. Comme les métaux nobles conviennent seuls comme soudure, il se fait au point considéré un élément galvanique en présence d'humidité; l'aluminium passe à l'état d'ions, ce qui nous indique la présence fréquemment observée d'une couche d'alumine qui s'étend graduellement comme une moisissure.

b) On peut également considérer comme pile de concentration la pile : mercure — solution d'un sel mercureux — amalgame noble de mercure. Nous avons dans cette pile du mercure aux deux électrodes mais à diverses concentrations, ainsi qu'il résulte immédiatement des explications données dans le chapitre précédent.

Comme addition au mercure nous ne pouvons prendre naturellement qu'un métal dont la tension de dissolution est plus faible que celle du mercure ; les métaux dits nobles comme l'or ou le platine conviennent ici. Comme électrolyte, nous devons prendre une solution d'un sel mercureux, les sels mercuriques se réduisant immédiatement par contact avec le mercure métallique :

$$Hg^{\cdot\cdot} + Hg = 2\,Hg^{\cdot}$$

Nous pouvons calculer facilement la force électromotrice de cette pile comme pour les piles précédentes avec ou sans utilisation de la notion de pression électrolytique de dissolution.

Comme la pile n'a pas été encore mesurée expérimentalement le procédé le plus simple nous suffira.

Pendant le fonctionnement de la pile il se dissout du mercure à l'électrode de mercure pur où la tension de dissolution est la plus grande pendant qu'il s'en précipite à l'électrode amalgame. Nous pouvons maintenant calculer le travail maximum que nous pouvons obtenir quand nous faisons s'effectuer cette transformation par voie osmotique et l'égaler à l'énergie maxima électrique disponible.

Imaginons le solvant pur (mercure) séparé par une paroi semi-perméable de la solution (amalgame). Soit p la pression osmotique de la solution, v le volume dans lequel est dissous une molécule gramme du corps. Maintenant faisons passer à travers le piston semi-perméable, en le déplaçant sous la pression constante p dans la direction du solvant pur, une quantité de solvant correspondant au volume v. Soit v p. ex. égal à 1 cm³, il passera dans la solution 1 cm³ de solvant à travers le piston, et celui-ci se déplacera du volume v de 1 cm³ sous la pression constante p. La quantité de solution doit être telle que par cette introduction de solvant la diminution de concentration soit négligeable ; le travail maxima disponible est égal à pv. Comme v représente le volume comprenant une molécule gramme du solvant on a :

$$pv = RT.$$

RT est par suite le travail osmotique. Pour obtenir la même quantité d'énergie électrique, la quantité m de mercure en équivalent gramme contenue dans le volume v doit avoir été dissoute électrolytiquement à une électrode et précipitée à l'autre, par suite

$$mF\pi = RT$$

et

$$\pi = \frac{RT}{mF},$$

R, T, F nous sont connus, m est le nombre d'équivalents gramme de mercure qui correspondent à une molécule gramme dissoute dans l'amalgame, par suite π dans ce cas peut facilement se calculer.

Cette méthode convient aussi pour déterminer le poids moléculaire du corps dissous dans le mercure ; m représente en effet le nombre d'équivalents gramme correspondant à une molécule gramme du corps dissous ; par la mesure de π nous obtenons m et à l'aide de la concentration connue de l'amalgame nous connaissons la quantité en poids de corps dissous correspondant à m et qui nous représente le poids moléculaire du métal noble dissous.

c) Une deuxième pile de concentration avec mercure est la suivante : mercure sous une pression supérieure à la pression atmosphérique — sel mercureux, — mercure sous la pression atmosphérique : par suite du courant le mercure passe à travers la solution de la première électrode à la seconde. Le dispositif réalisé par Des Coudres (1) est le suivant : il avait comme première électrode une colonne de mercure de hauteur h, dont l'extrémité inférieure était fermée par un papier parchemin et plongeait dans la solution. Le parchemin était imperméable au mercure métallique mais non aux ions. La surface de la seconde électrode de mercure se trouvait à même hauteur que le parchemin. Pour une molécule gramme de mercure passée, la hauteur de la colonne mercurielle s'abaissait d'une certaine quantité. Nous pouvons calculer le travail disponible résultant et l'égaler à l'énergie électrique ; la quantité de solution doit être telle que les changements de concentration qui se produisent aux électrodes par dissolution et précipitation de mercure soient négligeables. Quand de la colonne de mercure h sortent 200 gr. de mercure cela revient à faire tomber 200 gr. de mercure de la hauteur h supposée très grande. Le travail maximum correspondant est 200 h gramme centimètre si h est exprimé en centimètres. Par suite :

$$F\pi = \frac{200.h}{10200}$$

Car d'après la page 17 nous devons diviser par 10200 les unités en gramme centimètres pour les transformer en unités électriques. La force électromotrice a la valeur :

$$\pi = \frac{200\ h}{96580 \times 10200}\ \text{volt}$$

Les résultats suivants ont été obtenus :

Pression en cm.	π calculé	π observé
36	$7{,}2.10^{-6}$ volt	$7{,}4.10^{-6}$ volt
46	$9{,}3.10^{-6}$ —	$10{,}5.10^{-6}$ —
113	$23{,}0.10^{-6}$ —	$21{,}0.10^{-6}$ —

(1) Wied. Ann. **46**, p. 292, 1892.

L'accord, eu égard à la difficulté d'obtenir avec exactitude d'aussi faibles valeurs, peut être considéré comme satisfaisant.

La question suivante se pose maintenant : quelle *f. e. m.* obtiendrons-nous si nous changeons l'expérience de telle manière que nous placions aux deux électrodes des masses de mercure d'égale hauteur mais en disposant l'une au-dessus de l'autre ? Pour une différence de hauteur de *h. cms* la *f. e. m.* sera-t-elle la même qu'auparavant ? Par le passage d'une molécule-gramme de mercure de l'électrode supérieure à l'électrode inférieure nous pouvons en effet obtenir un travail maximum de 200*h* gr. cm. Par suite la *f. e. m.* d'éléments de cette nature doit toujours être plus petite et le courant peut même dans certaines circonstances passer dans le sens inverse puisque à la descente des ions mercure est lié indissolublement l'élévation des ions négatifs qui exige du travail. Aussi longtemps que la masse des ions négatifs élevés est plus faible que celle des ions positifs descendus nous obtenons un courant qui traverse la solution de l'électrode supérieure à l'inférieure. Si la masse des ions négatifs est plus grande nous pouvons obtenir du travail par la descente des ions négatifs et l'élévation des ions positifs et le courant s'inverse. Il est clair que outre la masse particulière des ions leurs nombres de transport jouent un rôle : le défaut en masse peut être compensé par une migration plus rapide.

De nouvelles recherches de RR. Ramsay (1) sur l'influence de la pesanteur sur les phénomènes électrolytiques ont de nouveau vérifié ces conclusions. Pour une solution à 10 0/0 de sulfate de zinc le courant passe de l'électrode de zinc inférieure à la supérieure, puisque 32,5 g. zinc ont émigré vers le haut et 57,7 SO^4 vers le bas.

Devant ces faits il ne nous paraîtra plus étonnant que même deux morceaux du même métal plongés dans la même solu-

---

(1) Zeitschr. f. physik. Chem. **41**, p. 121, 1902 (extrait).

tion fournissent un courant sitôt que les deux morceaux sont ou deux modifications d'un seul et même métal ou présentent simplement quelque propriété physique différente. Le fer martelé ou étiré a une tension de dissolution différente de celle du fer ordinaire.

La connaissance de ce fait est d'importance en ce qu'elle explique pourquoi par exemple des câbles ou des chaudières sont plus particulièrement corrodés en certains points. On peut dire d'une manière très générale que le fer préparé ou travaillé d'une manière irrégulière est plus attaquable que le métal travaillé régulièrement et que le fer bien poli est plus inaltérable que le fer brut ou mal travaillé (1).

Comme la transformation de la forme instable ou de la forme qui s'obtient seulement par l'action de forces extérieures, quand ces forces sont supprimées, en la forme stable dans les conditions ordinaires est un processus à évolution spontanée susceptible de fournir du travail, le courant passe toujours dans un sens tel que la forme instable se transforme en la forme stable.

d) Nous pouvons finalement constituer une pile de concentration en employant comme corps fournissant des ions des gaz ou des solutions aqueuses à diverses concentrations. Au premier abord il paraît étrange qu'on puisse utiliser comme électrodes des gaz ou des liquides conducteurs non métalliques. Cependant cela est possible au moyen de dispositifs spéciaux. Ceux-ci consistent à placer des électrodes de platine dans le haut d'un tube fermé à sa partie supérieure et dont la partie inférieure est dans l'eau. Le tube est rempli du gaz considéré de telle manière que la feuille de platine est en majeure partie dans le gaz, le reste étant dans le liquide. Le platine platiné absorbe une certaine quantité de gaz et peut être considéré comme une électrode gazeuse ; il ne sert dans

(1) Jahrbuch der Elektrochemie. 8, p. 224, 1902.

cette pile que de conducteur à l'électricité et grâce à son pouvoir absorbant pour le gaz il permet sans difficulté le passage du gaz à l'état d'ions et inversement. Une telle électrode, par exemple à hydrogène, appartient, comme Le Blanc (1) l'a montré expérimentalement, à la classe des électrodes réversibles. Nous devons dépenser pour obtenir la réaction inverse le même travail que nous pouvons obtenir quand librement le gaz passe à l'état d'ions. Par suite aussi, la matière constituant l'électrode métallique doit être sans influence sur la valeur de la force électromotrice et en fait, d'après des recherches réitérées, le platine et le palladium donnent des mêmes résultats.

A l'aide de telles électrodes en platine platiné nous pouvons préparer des électrodes réversibles en hydrogène, oxygène, chlore, brome, iode. Constituons avec deux semblables électrodes une pile réversible et employons comme corps fournissant les ions le même corps mais à une concentration différente, nous aurons une pile de concentration complètement analogue à celle fournie avec les amalgames. L'électrolyte qu'il faut employer doit contenir les ions correspondants pour l'hydrogène par exemple un acide, pour l'oxygène auquel correspondent les ions OH', une base, etc. A cela près pour ces piles la nature de l'électrolyte n'intervient pas.

Nous calculerons la force électromotrice d'une pile dont l'une des électrodes est de l'hydrogène à pression élevée p, et l'autre de l'hydrogène à une pression plus faible p_1; nous pourrons procéder tout à fait comme pour les amalgames en considérant seulement que la molécule d'hydrogène comprend deux atomes. Portons réversiblement une molécule gramme d'hydrogène de p à p_1 le travail maximum est

$$\mathrm{RT} \ln \frac{p}{p_1}$$

(1) Zeitschr. physik. Chem., **12**, p. 333, 1893.

effectuons ce passage par voie électrique, l'énergie correspondante est

$$2F\pi$$

parce qu'une molécule fournit deux ions monovalents ; par suite

$$\pi = \frac{RT}{2F} \ln \frac{p}{p_1}$$

Nous avons ici le facteur 2 en dénominateur quoiqu'il s'agisse d'ions monovalents.

Effectuons le calcul par voie osmotique à l'aide des tensions de dissolution, on a d'après la p. 151

$$\pi = \frac{RT}{F} \ln \frac{P}{P_1}$$

si P est la pression de dissolution correspondant à p et P_1 celle correspondant à la pression gazeuse p_1. Comme maintenant

$$\frac{RT}{2F} \ln \frac{p}{p_1} = \frac{RT}{F} \ln \frac{P}{P_1} \text{ on doit avoir}$$

$$\frac{1}{2} \ln \frac{p}{p_1} = \ln \frac{P}{P_1} \qquad \text{ou } \frac{p}{p_1} = \frac{P^2}{P_1^2}$$

Les carrés des tensions de dissolution doivent être entre eux comme les pressions gazeuses. Nous pouvons facilement comprendre ce résultat.

Rappelons-nous que P et P_1 représentent les pressions osmotiques, Il n'y a aucune différence de potentiel aux électrodes si dans la solution à l'une d'elles les ions H possèdent la pression osmotique P quand le gaz a la pression p et à l'autre s'ils possèdent la pression osmotique P_1 correspondant à la pression gazeuse p_1. Il y a équilibre entre les molécules du gaz H^2 et les ions $H^{\cdot}$ correspondants. Maintenant quand une quantité non dissociée H^2 est en équilibre avec ses produits de dissociation $H^{\cdot}$, $H^{\cdot}$ la concentration de la partie non dissociée divisée par le produit de concentration des parties dissociées, doit donner un résultat constant indépendant de la dilution. Les pressions gazeuses comme les pressions osmotiques sont donc aussi proportionnelles aux concentrations, par suite :

$$\frac{p}{P_2} = h,$$

et aussi

$$\frac{p_1}{P_1^2} = k,$$

d'où

$$\frac{p}{p_1} = \frac{P^2}{P_1^2}$$

Des mesures quantitatives ont été faites depuis peu avec de semblables piles et ont donné les résultats prévus. Nous allons maintenant étudier un cas un peu plus compliqué.

Bernfeld (1) a étudié une pile de concentration à hydrogène sulfuré. Comme H^2S se scinde en $H^{\cdot}$ et HS' (la décomposition en $2H^{\cdot}$ et S'' est négligeable), en d'autres termes fournit toujours autant d'ions positifs que d'ions négatifs, un dispositif semblable à celui employé pour la pile de concentration à hydrogène ne fournirait aucun courant ; grâce à un artifice on parvient cependant à une semblable pile. Entre H^2S et PbS s'établit la réaction suivante :

$$H^2S + PbS \rightleftarrows Pb + 2HS'$$

Prenons maintenant deux électrodes en plomb couvertes de

---

(1) Zeitschr. physik. Chem. **25**, p. 46, 1898.

sulfure de plomb, plongeons-les en partie dans une solution de sulfhydrate de sodium $Na^{\cdot} + HS'$ à une concentration déterminée et entourons les deux d'H^2S à des concentrations différentes, nous avons deux systèmes qui, sauf les concentrations d'H^2S sont identiques entre eux. Réunissons les deux électrodes de plomb par un fil un courant prend naissance. L'H^2S à la pr:ssion la plus élevée donne avec PbS Pb et 2HS' pendant qu'à l'autre électrode 2HS' donnent avec Pb PbS et H^2S. Le courant passe dans le sens inverse du cas de l'hydrogène puisque des ions négatifs se forment et disparaissent ; à cela près la valeur de la force électromotrice est égale à celle de la pile à hydrogène.

$$-\pi = \frac{RT}{2F} \ln \frac{P_{H^2S}}{P_{1\,H^2S}}$$

La nature du sulfure métallique n'intervient pas comme on voit et nous devons nous attendre à des valeurs égales pour Ag, AgS ou Bi, Bi^2S^3. La table suivante donne une vérification satisfaisante de ces conséquences.

	PbS			AgS		Bi^2S^3		
$\frac{P_{H^2S}}{P_{1\,H^2S}}$	$\frac{37,50}{15,56}$	$\frac{37,64}{6,26}$	$\frac{37,44}{12,91}$	$\frac{35,1}{4,2}$	$\frac{34,6}{5,2}$	$\frac{37,5}{1,71}$	$\frac{37,5}{4,27}$	$\frac{37,5}{2,92}$
Millivolt. Calculé...	−11,0	−22,4	−13,3	−26,6	−23,7	−38,6	−27,2	−3[illegible],3
» Observé..	−8,9	−21,1	−10,9	−25,0	−21,1	−36,8	−[illegible]5,8	−32,7

2. *Les concentrations des ions sont différentes.*

a) Le type de ces piles est le suivant : argent, azotate d'argent (concentré), azotate d'argent (étendu), argent. Dans une semblable pile, où l'électrode fournit des ions positifs, le courant passe dans l'élément (non dans le circuit extérieur) toujours de la solution étendue vers la plus concentrée. La réaction qui a lieu est la suivante ; l'argent se dissout dans la solution la plus étendue et se précipite dans la plus concentrée jusqu'à ce que les concentrations soient égalisées. Que l'argent se précipite de la solution la plus concentrée cela se conçoit facilement quand on pense que la pression osmotique des ions d'argent opposée à la tension de dissolution, y est plus grande que dans la solution étendue. Pour des électrodes qui fournissent des ions négatifs le courant passe toujours dans l'élément de la solution la plus concentrée (par rapport à chaque ion négatif) à la solution la plus étendue ; la direction du courant est bien entendu celle dans laquelle les ions positifs se déplacent.

En négligeant provisoirement les différences de potentiel existant au contact des deux liquides la force électromotrice de cette pile est :

$$\pi = \frac{RT}{F} \ln \frac{P}{p_1} - \frac{RT}{F} \ln \frac{P}{p},$$

P étant la tension électrolytique de dissolution pour l'argent, p et p_1 les pressions osmotiques des ions argent dans les deux solutions concentrée et étendue.

Comme dans ce dispositif les tensions de dissolution sont égales la formule se réduit à :

$$\pi = \frac{RT}{F} \ln \frac{p}{p_1}.$$

Il résulte de cette formule que la force électromotrice d'une telle pile est indépendante de la nature du métal et de l'ion négatif de l'électrolyte et ne dépend que du rapport des pressions osmotiques et de la valence des ions métalliques.

Nous pouvons encore parvenir à connaître la force électromotrice en suivant une seconde voie déjà connue, en calculant l'énergie osmotique maxima que nous pouvons obtenir par le transport d'un ion-gramme d'argent d'une électrode à l'autre. Pour cela nous comparons l'état de la pile avant et après l'électrolyse. Quand un ion-gramme d'argent s'est dissous dans la solution la plus étendue la concentration en argent a par suite augmenté d'un ion-gramme mais en même temps si $(1-n)$ (1) désigne le nombre de transport de l'argent, $(1-n)$ ion-gramme est passé de la solution étendue à la solution concentrée et l'augmentation de la solution étendue n'est par suite que de n ion-gramme. La solution concentrée s'est naturellement appauvrie d'autant. En outre il y a eu migration des ions $AzO^{3'}$, et comme ils se déplacent en sens inverse, n étant leur nombre de transport, n ion-gramme $AzO^{3'}$ sont passés de la solution concentrée dans la solution étendue ; par suite en tout il y a eu n ions-gramme d'argent et n ions-gramme d'$AzO^{3'}$ de transportés par le passage de 96580 coulombs, de la solution la plus concentrée dans la solution la plus étendue, c'est-à-dire d'élevés de la pression osmotique p à la pression p_1. $\frac{p}{p_1}$ est le rapport des pressions osmotiques aussi bien du cation que de l'anion. Le travail est :

$$2nRT\ln\frac{p}{p_1}$$

et par suite

$$\pi = \frac{2nRT}{F}\ln\frac{p}{p_1}$$

Si on compare cette expression de π pour un métal monovalent avec la précédente on voit qu'elles deviendront égales si $n = \frac{1}{2}$ c'est-à-dire si les deux ions se déplacent avec une égale rapidité. Quand ce n'est pas le cas il existe au point de

(1) Voyez p. 69. D'accord avec la notation de Kohlraush le nombre de transport du cation a été désigné par $(1-n)$; ceci est à remarquer, puisque jusqu'à présent ce nombre était représenté par n pour le cation.

contact une différence de potentiel (voyez plus loin) et la première expression exige un terme correctif. La seconde formule est donc par suite plus générale. Provisoirement nous poserons $n = \frac{1}{2}$. Nous mentionnons que la formule générale est :

$$n_e \pi F = knRT \ln \frac{p}{p_1}$$

$$\pi = \frac{kn}{n_e F} RT \ln \frac{p}{p_1}$$

n_e donne ici le nombre de F qui doivent passer pour amener n molécules-gramme de l'électrolyte de la solution concentrée dans la solution étendue. La valence de l'ion de l'électrolyte qui possède la valeur la plus élevée nous donne directement n_e. Pour le chlorure de zinc par exemple $n_e = 2$; pour une pile de concentration. — Thallium, sulfate de thallium étendu, sulfate concentré, — thallium n_e est également égal à 2. Si on remplace le sulfate thalleux par du nitrate $n_e = 1$, etc. k est le nombre d'ions que donne la molécule par sa décomposition. Pour les solutions étendues au lieu du rapport des pressions osmotiques des ions on peut prendre celui des concentrations des solutions. Pour l'élément — argent, azotate d'argent (N/100), azotate d'argent (N/1000), argent — on peut poser $\frac{p}{p_1} = 10$ et les forces électromotrices calculées à l'aide de cette valeur s'approchent beaucoup de celles mesurées. Si les solutions sont plus concentrées et par suite incomplètement dissociées en pratique, on peut aussi se servir de la mesure de la conductibilité pour déterminer le degré de dissociation et par suite la concentration des ions métalliques. La pile — argent, azotate d'argent $\frac{N}{10}$, azotate d'argent $\frac{N}{100}$ argent — a été mesurée par Nernst (1). Il a trouvé à 18°

(1) Nernst, Zeitschr. f. physik. Chem., 4, p. 129, 1889.

$\pi = 0,035$. A l'aide des mesures de conductibilité on calcule que la concentration des ions argent n'est pas pour les deux solutions dans le rapport 1/10 mais 1/8,71. Par suite :

$$\pi = 0,000198 \times 291 \log 8,71 = 0,034 \text{ volt.}$$

Si on considère que les nombres de transport ne sont pas égaux comme nous l'avons supposé, mais que celui de AzO^3 est 0,53, la valeur calculée devient 0,037 ; l'accord est très satisfaisant.

A titre d'indication générale peuvent servir les données suivantes. A 17° C quand $k = 2$ et $n = 0,5$ on a :

$$\pi = \frac{0,0575}{n_e} \log \frac{p}{p_1} \text{ volt.}$$

Pour les combinaisons dans lesquelles les concentraions considérées ont pour rapport 1/10 et pour des métaux monovalents on a :

$$\pi = 5,0575 \text{ volt.}$$

Si le rapport devient 1/100 ou 1/1000 π qui croît comme le logarithme devient deux ou trois fois plus grand, etc., ou plus généralement : si une pile de concentration pour des ions monovalents a une *f. e. m* égale à $0,0575^n$ volt le rapport des concentrations d'ions

$$\frac{c}{c_1} = 10^n.$$

Pour les ions polyvalents les nombres correspondants doivent être encore divisés par la valence. Le cuivre métallique et deux solutions de sulfate de cuivre dont les concentrations sont dans le rapport 1/10 forment une pile qui, ainsi que les mesures de Moser l'ont vérifié, a, par suite, seulement la moitié de la force électromotrice de l'élément précédent à l'argent.

La figure ci-jointe donne les forces électromotrices de piles de concentration « monovalentes » dans une solution à la concentration 1, l'autre solution variant entre 1 et 0,0001.

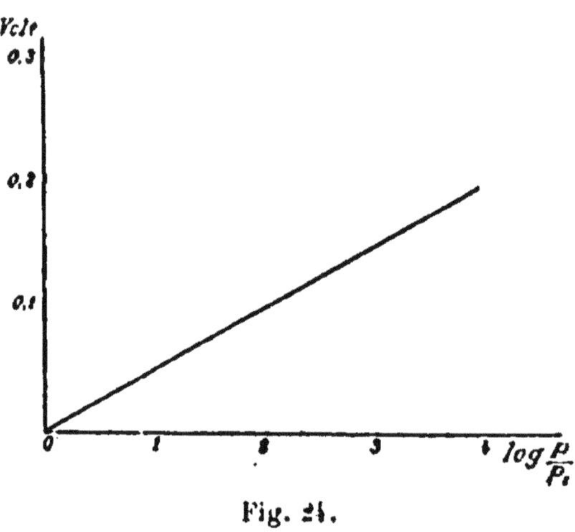

Fig. 24.

La formule de Nernst s'applique d'ailleurs non seulement aux solutions aqueuses mais encore aux solutions dans les sels fondus. Gordon (1) a mesuré la force électromotrice de piles de concentration à l'azotate d'argent entre 200 et 300° en employant comme solvant un mélange d'azotates de potassium et de sodium, et il a trouvé qu'en admettant une dissociation complète d'après la formule précédente, les forces électromotrices calculées et mesurées concordaient suffisamment. Pour une teneur en AzO^3Ag supérieure à 10 0/0 les valeurs observées sont plus petites que les calculées, ce qui tend à indiquer une dissociation incomplète.

Les piles de concentration interviennent, dans la majorité des travaux d'électrolyse, en particulier dans le raffinage des métaux et la galvanoplastie : la solution est en effet toujours plus concentrée à l'une des électrodes qu'à l'autre. Pour une

(1) Zeitschr f. physik. Chem., 28, p. 30., 1899.

agitation insuffisante les éléments ainsi constitués peuvent atteindre une force électromotrice non négligeable qui vient diminuer la force électromotrice du courant primaire et causer des pertes d'énergie sans compter les autres inconvénients dus à l'appauvrissement en ions qui donne par exemple une qualité inférieure au dépôt. En outre à la même électrode il peut se former des éléments de concentrations par une répartition irrégulière du courant, et ceux-ci provoquent des troubles d'autant plus nuisibles qu'ils amènent en certains endroits la redissolution du métal d'abord déposé. On peut en petit vérifier ces faits par l'expérience suivante : on superpose dans un verre à expérience une solution de chlorure d'étain étendue et une concentrée, et on plonge une baguette d'étain dans le liquide. On voit bientôt que le métal se dissout dans la solution étendue et se reprécipite dans la solution concentrée sous forme d'aiguilles cristallines. Dans la pratique une agitation suffisante supprime ces phénomènes nuisibles.

Nous comprenons maintenant pourquoi par exemple les éléments normaux peuvent n'être utilisés que pour de très faibles densités de courant. Par suite de la solubilité faible du sel de mercure employé la concentration en ions mercure est très petite et les ions disparus utilisés pour le passage du courant ne sont remplacés que lentement grâce à l'excès de sel de mercure en présence ; un fonctionnement trop intense fait par suite baisser la force électromotrice de l'élément. La sursaturation qui se produit en même temps à l'électrode négative ajoute son effet au précédent. Par le repos, les inégalités de concentration disparaissent d'elles-mêmes avec le temps, reprennent leurs valeurs primitives et la force électromotrice de l'élément se relève. Ces considérations nous amènent immédiatement à une deuxième catégorie de piles de concentration.

b) Comme type d'une autre espèce de piles de concentration, on peut considérer l'élément — argent, azotate d'argent, chlorure de potassium, argent couvert de chlorure d'argent. —

Malgré la différence apparente cette pile est complètement analogue à celles vues en *a*) comme piles simples de concentration. La force électromotrice ne dépend que de la pression osmotique des ions argent dans les solutions de nitrate d'argent et de chlorure d'argent : l'addition de chlorure de potassium a pour but d'augmenter la conductibilité de la solution de chlorure d'argent. Pendant la mesure on intercale entre les solutions d'azotate d'argent et de chlorure de potassium une solution d'azotate de potasse pour éviter la formation d'un précipité nuisible au passage du courant. La formule

$$\pi = \frac{0,0198}{n_e} T \log \frac{p}{p_1} \text{ est applicable.}$$

Pour le calcul de π il nous faut connaître seulement p et p_1 ; $n_e = 1$. La concentration des ions argent dans la solution d'azotate nous est connue si nous préparons une solution à teneur déterminée sauf à déterminer le degré de dissociation, si elle n'est pas assez étendue. Il ne nous est pas aussi facile de connaître la concentration des ions Ag dans la solution de chlorure d'argent. Comme le chlorure d'argent est peu soluble elle est en tout cas faible. Nous devons d'abord connaître la solubilité dans l'eau pure et nous y arrivons par la conductibilité électrique (p. 129). L'expérience a donné par cette solubilité 0,0000144 normale pour le poids moléculaire AgCl à 25°. Comme la solution est très étendue le chlorure d'argent sera pratiquement totalement dissocié en $Ag^{\cdot}$ et Cl', et comme ces deux ions sont présents en quantités équivalentes la solution est donc aussi 0,0000144 normale par rapport aux ions argent et chlore et le produit des deux concentrations d'ions est :

$$Ag^{\cdot} \times Cl' = (0,0000144)^2 = s^2.$$

Cependant nous n'avons pas une solution aqueuse pure de chlorure d'argent, mais une solution dans le chlorure de potassium. D'après la page 93, nous savons que le produit des deux concentrations d'ions divisé par la concentration de la partie non dissociée est constant et à peu près indépendant de la dilution.

Dans une solution saturée on doit considérer comme constante la concentration de la partie non dissociée, par suite aussi le produit des deux concentrations d'ions doit être à peu de chose près regardé comme constant. L'addition à une solution pure de chlorure d'argent d'une quantité (relativement grande) de chlorure de potassium augmente le nombre des ions chlore et par suite fait naître une certaine quantité de chlorure d'argent non dissocié qui se précipite, la solution étant à ce point de vue déjà saturée. Si après cette addition la concentration des ions argent est c, égale aussi à celle des ions chlore venant du chlorure d'argent et c_1 celle des ions chlore ajoutés on a :

$$c\,(c + c_1) = s^2.$$

Comme c_1 par rapport à c est très grand on peut écrire:

$$c = \frac{s^2}{c_1}$$

Donc pour obtenir la concentration des ions correspondants à l'électrode on a dans ce cas à élever au carré la solubilité du sel et à diviser par la concentration de l'autre ion ajouté. Pour une solution $\frac{N}{10}$ de chlorure de potassium la dissociation étant supposée complète $c_1 = 0,1$ mais comme elle n'est que de 85 0/0 $c_1 = 0,085$ et

$$c = \frac{(0,00014)^2}{0,085}$$

Si la solution d'azotate d'argent est $\frac{N}{10}$, à 25° comme les pressions osmotiques sont proportionnelles aux concentrations et comme l'azotate d'argent est dissocié pour environ 82 0/0.

$$\pi = 0{,}000198.298.\ \log \frac{0{,}082.\ \ 0{,}085}{(0{,}0000144)^2} = 0{,}44 \text{ volt}$$

La mesure directe a donné à Goodwin 0,45 volt; on voit que l'accord est satisfaisant.

Nous citerons encore comme exemple de telles piles la combinaison — argent, solution de AzO^3K saturée de bromate d'argent, solution de $KBrO^3$ saturée de bromate d'argent, argent (1). — La concentration des ions argent dans la solution de nitrate est à peu près la même que dans l'eau pure, puisque le sel ne contient ni ions Ag ni ions BrO^3 et n'a par suite qu'une faible influence sur l'état de dissociation du bromate d'argent. La concentration des ions argent dans la solution de bromate de potassium peut être calculée tout à fait comme précédemment à l'aide de la solubilité du bromate d'argent dans l'eau pure et de la concentration des ions BrO^3 ajoutés. Les valeurs obtenues introduites dans la formule donnent $\pi = 0{,}0612$ volt pour une solution $\frac{N}{10}$ de bromate de potassium et 0,0434 pour une solution $\frac{N}{20}$. On a trouvé 0,0620 et 0,0471. Le courant passe de la solution qui contient le moins d'ions argent à celle qui en contient le plus, dans notre cas le courant passera dans la pile du $KBrO^3$ au AzO^3K.

Nernst a autrefois nommé électrode de second genre ou aussi par rapport à l'anion électrode réversible toute élec-

---

(1) Goodwin, Zeitschr. physik. Chem. **13**, p. 577, 1894.

trode composée d'un métal entouré d'un sel correspondant peu soluble et plongeant dans une solution d'un second sel ayant le même ion négatif. Ostwald a montré que ces électrodes ne diffèrent pas des électrodes ordinaires plongeant dans une solution de l'un de leurs sels.

c) Les piles dans lesquelles une des solutions contient un sel complexe constituent une troisième espèce de piles de concentration.

Comme type on peut prendre : argent — solution d'azotate d'argent — solution de cyanure de potassium additionné d'un peu de cyanure d'argent — argent. — Dans la solution de cyanure de potassium et de cyanure d'argent se forme le complexe $KAg(CAz)^2$ dont les ions sont K' et $Ag(CAz)^{2'}$. Ce dernier est cependant scindé dans une proportion très faible en $Ag^{\cdot}$ et $2CAz'$ et on doit tenir compte de la concentration de ces ions argent dans le calcul de la force électromotrice. Elle dépend un peu de la quantité de cyanure d'argent ajouté. Il est provisoirement impossible de calculer la force électromotrice de semblables piles puisque nous n'avons aucun moyen de connaître la faible concentration des ions dans le sel complexe. Mais inversement la détermination de la force électromotrice nous permet de calculer cette concentration ; de même d'ailleurs que dans le cas des piles de concentration vues auparavant.

Nous effectuerons ce calcul pour la pile mercure — azotate mercureux $\frac{N}{10}$ — sulfure de mercure dissous dans le sulfure de sodium — mercure (1). On a trouvé à 17°C : pour π 1,252 volt. Par suite.

$$1,252 = 0,000908.290 \log \frac{p}{p_1}$$

(1) Behrend. Zeitschr. physik. Chem. 11, p. 466, 1893, voyez aussi 15, p. 495, 1894.

où p et p_1 sont les pressions osmotiques des ions mercuré dans la solution d'azotate et dans celle de sulfure de sodium. Nous en déduisons :

$$\log \frac{p}{p_1} = 21,8 \qquad \frac{p}{p_1} = 10^{21,8}$$

En supposant l'azotate mercureux complètement dissocié en solution $\frac{N}{10}$ il contient 20 g. d'ions mercure par litre ou 1 mg. d'ion dans 0,00500 litre. Ce dernier nombre multiplié par $10^{21,8}$ donne le nombre de litres dans lequel 1 mg. d'ion est contenu en solution dans le sulfure.

Nous avons précédemment trouvé dans la mesure de la conductibilité un moyen de déterminer la solubilité des sels peu solubles et par suite de calculer la concentration des ions. Ici nous avons appris à connaître une méthode encore beaucoup plus sensible ; en effet pour les concentrations extrêmement faibles devant lesquelles nous étions sans elle désemparés cette méthode offre l'avantage que les forces électromotrices sont d'autant plus élevées que les différences de concentration sont plus grandes ; cependant, pour éviter les erreurs de mesure il convient de tenir compte de ce que nous avons vu p. 145 pour la capacité des instruments de mesure. Dans quelques cas où la détermination par les deux méthodes était possible leur accord s'est montré très satisfaisant.

Nous attirerons l'attention encore sur une relation importante. Soient trois piles.

1. Argent — $AzO^3Ag \frac{N}{10}$ — $KCl \frac{N}{10}$ $AgCl$ — argent ;
2. Argent — $AzO^3Ag \frac{N}{10}$ — $KBr \frac{N}{10}$ $AgBr$ — argent ;
3. Argent — $AzO^3Ag \frac{N}{10}$ — $KI \frac{N}{10}$ AgI — argent ;

la force électromotrice croît de la pile 1 à la pile 3; le chlorure d'argent est en effet plus facilement soluble que le bromure et celui-ci que l'iodure ; ces trois sels sont bien entendu pratiquement totalement dissociés dans leurs solutions saturées. Les éléments constitués de cette manière ont une force électromotrice d'autant plus grande que le sel est plus insoluble. Si au lieu de sels insolubles nous avons des sels complexes comme par exemple CAzK $\frac{N}{10}$ additionné de cyanure d'argent, la force électromotrice de telles piles sera d'autant plus élevée que le sel sera moins scindé en ses ions. Si on range de semblables piles dans l'ordre de leurs forces électromotrices, en partant de la plus faible, on obtient de ce fait la série des solubilités ou des décompositions; chaque sel se dissout dans la solution suivante ou ce qui revient au même y est transformé. Ceci doit être compris de la manière suivante: le chlorure d'argent par exemple ajouté à une solution de bromure de potassium se transforme en bromure, le bromure d'argent dans une solution d'iodure de potassium donne de l'iodure. Le cyanure d'argent ajouté à une solution de sulfure de sodium se transforme en sulfure d'argent puisque une pile — Argent — $AzO^3Ag\ \frac{N}{10}\ Na^2S\ \frac{N}{10}$ — Ag^2S. — Argent — a une force électromotrice supérieure à la pile correspondante contenant le cyanure. Inversement le sulfure d'argent ne se dissout pas dans le cyanure de potassium étendu. La nécessité de cette réaction se laisse facilement concevoir si on considère que plus un sel est insoluble ou complexe, plus le produit de solubilité des ions correspondants a une faible valeur. Par suite si on ajoute à une solution de chlorure d'argent autant d'ions I' (sous la forme par exemple d'iodure de potassium) qu'il y a d'ions Cl' dans la liqueur le produit de concentration des ions I' et des ions Ag' sera trop grand et ne pourra diminuer que si de l'iodure d'argent précipite. Cette précipitation continuera tant que la valeur constante correspondant à une solution d'iodure d'argent saturée ne sera pas atteinte.

Ci-dessous nous donnons un tableau dû à Ostwald (1) :

$\frac{N}{10}$	Azotate d'argent et	AgCl	dans	KCl	normal	0,51 v.
—	—	AzH^3 normale				0,54 »
—	—	AgBr	—	KBr	—	0,64 »
—	—	—	—	$S^2O^3Na^2$	—	0,84 »
—	—	AgI	—	KI	—	0,91 »
—	—	CAzK				1,31 »
—	—	Na^2S normal				1,36 »

A l'ammoniaque, à l'hyposulfite et au cyanure de potassium avaient été ajoutées quelques gouttes d'azotate d'argent.

Nous pouvons naturellement dans certaines circonstances, en changeant la concentration des électrolytes ajoutés aux sels d'argent faire varier l'ordre de ce tableau. Si nous ajoutons par exemple au chlorure d'argent une solution très concentrée de chlorure de potassium, la concentration des ions argent peut prendre une valeur plus petite que celle qu'elle a dans une solution de bromure de potassium $\frac{N}{10}$ additionnée de bromure d'argent.

Dans ce second cas la première pile aura une force électromotrice plus forte que la seconde et il ne précipitera pas de bromure d'argent quand à la première solution on ajoutera du bromure de potassium $\frac{N}{10}$, mais au contraire le bromure d'argent se dissoudra. Le sulfure d'argent se dissoudra de même dans le cyanure de potassium concentré.

d) Finalement, à cause de son caractère particulier, nous traiterons encore un cas qui pourrait aussi être rangé parmi les piles vues en *a*). Ce fut Ostwald qui le fit remarquer le premier.

---

(1) Allgem. Chemie, II, 1, p. 882.

Imaginons une électrode à hydrogène plongeant dans une solution acide et une autre plongeant dans une solution alcaline ; ces deux solutions étant réunies entre elles nous avons une pile de concentration par rapport aux ions hydrogène. Nous savons aussi (p. 119) que l'eau est, pour une part faible il est vrai, dissociée en ions H˙ et OH', par suite la solution alcaline contient une certaine quantité d'ions H˙. La force électromotrice est

$$\pi = \frac{RT}{P} \ln \frac{p}{p_1},$$

si p représente la pression osmotique des ions H˙ dans la solution acide et p_1 dans la solution alcaline. Supposons que les deux solutions acide et alcaline soient normales. Dans ce cas comme la dissociation est incomplète dans la solution acide la concentration des ions H˙ est à peu près 0,8, et on peut calculer p_1 à l'aide de la force électromotrice de la pile. Au point de contact des deux liquides existe dans ce cas une différence de potentiel non négligeable dont il faut par suite tenir compte; nous ne voulons en effet connaître que la somme des deux différences de potentiel existantes aux électrodes. Avec la correction donnée par Nernst (1) π est à 18° = 0,81 volt; par suite

$$0{,}81 = 0{,}0575 \log \frac{p}{p_1} \text{ ou } \frac{p}{p_1} = 10^{14,0}$$

Les pressions osmotiques des ions H˙ sont proportionnelles aux concentrations correspondantes ; comme $c = 0{,}8$, c, c'est-à-dire la concentration des ions H˙ dans la solution alcaline égale $0{,}8\ 10^{-14}$. D'après la loi de l'action des masses le produit des ions H˙ et OH' divisé maintenant par la concentra-

(1) Zeitschr. physik. Chem., **14**, p. 155, 1894.

tion de l'eau non dissociée doit toujours être constant. La concentration de l'eau non dissociée est toujours tellement grande, comparée aux quantités d'ions qu'elle peut être regardée comme constante. La concentration des ions H˙ dans la solution alcaline est, comme on l'a vu $0{,}8.10^{-14}$, celle des ions OH' par hypothèse, 0,8 par suite le produit égale $(0{,}8)^2.\ 10^{-14}$. On en peut conclure immédiatement le degré de dissociation de l'eau. Le produit des ions dans l'eau pure doit avoir de nouveau la valeur $(0{,}8)^2\ 10^{-14}$; les concentrations des ions H˙ et OH' étant égales si on les désigne par c on a :

$$c^2 = (0{,}8)^2 10^{-14} \text{ en } c = 0{,}8\ 10^{-7},$$

l'eau pure est par suite $0{,}8.10^{-7}$ normale par rapport aux ions hydrique ou oxhydrile.

Kohlrausch a obtenu $0{,}75.10^{-7}$ par des mesures de conductibilité ; c'est là un accord remarquable dont la signification est encore augmentée par ce fait que des valeurs très voisines ont été obtenues aussi par d'autres moyens, l'étude de l'hydrolyse des solutions salines et l'action saponifiante de l'eau.

Au lieu d'électrodes à hydrogène on peut employer aussi l'oxygène; la pile doit avoir la même force électromotrice puisque le rapport de concentration des ions H' dans les deux solutions est égal à celui des ions OH', ce qui résulte de la constance du produit des ions H˙ et OH' dans les deux solutions.

Il est seulement plus difficile d'obtenir des valeurs constantes avec les électrodes d'oxygène parce que le noir de platine dissout l'oxygène peu régulièrement et ne se met que lentement en équilibre avec l'oxygène qui l'entoure. Le courant dans les deux cas passe dans l'élément de la solution alcaline à la solution acide (v. p. 186).

On peut de nouveau insister sur ce fait que (abstraction faite de la différence de potentiel qui prend naissance entre les deux liquides), la force électromotrice de la pile ne dépend pas de l'ion négatif de l'acide ou du positif de la base. Si on emploie des acides de même concentration moléculaire, le degré de dissociation doit au contraire jouer un rôle. La pile hydrogène — acide acétique — solution de potasse — hydrogène — aura une force électromotrice plus faible que la pile — hydrogène — acide chlorhydrique — solution de potasse — hydrogène. — L'acide acétique peu dissocié contient beaucoup moins d'ions hydrogène que l'acide chlorhydrique fortement dissocié, par suite dans le dernier cas la différence de concentration entre les ions H˙ de la solution acide et de la solution alcaline est plus grande et la force électromotrice plus élevée. Il en est de même pour les bases.

Ces conclusions peuvent être tirées avec certitude des mesures faites jusqu'ici dans ce domaine.

3. *Piles doubles de concentration.*

En dehors des piles de concentrations des espèces déjà vues on peut en constituer une série plus étendue par la combinaison de deux piles simples en une pile double. Comme type de ces piles on peut prendre la pile au calomel qui est très employée, la disposition est la suivante : zinc — chlorure de zinc (concentré) — chlorure mercureux — mercure — chlorure mercureux — chlorure de zinc (étendu) — zinc. Le chlorure mercureux en excès recouvre le mercure métallique. Cette pile se distingue de la simple pile de concentration — zinc — chlorure de zinc (concentré) — chlorure de zinc (étendu) — zinc — par l'introduction entre les deux solutions de chlorure de zinc diversement concentrés, du système chlorure mercureux — mercure — chlorure mercureux ; la réaction pendant l'électrolyse est changée et aussi la force électromotrice.

Dans la pile simple — zinc — chlorure de zinc — par le passage de 2F coulombs il y a non seulement précipitation et dissolution du zinc mais aussi migration des ions zinc et chlore d'une des solutions dans l'autre. Dans la pile à calomel cette migration est supprimée. Faisons passer 2F dans cette pile (le courant passe toujours de telle manière que le zinc se dissout dans la solution la plus étendue et se précipite dans la solution concentrée) ; deux équivalents de zinc se dissolvent et en même temps se précipitent deux équivalents de mercure. Les ions mercure que nous avons proviennent du chlorure mercureux des ions et sont remplacés aussitôt que précipités par la dissolution de nouveau chlorure mercureux. Inversement dans la solution la plus concentrée se dissolvent deux équivalents de mercure ou plutôt se combinent aux ions Cl' pour donner HgCl solide, et deux équivalents de zinc sont précipités. Il faut maintenant faire attention que, dans la dissolution étendue, quand deux équivalents de mercure métallique ont pris naissance aux dépens du chlorure mercureux solide mis en réserve, en même temps deux équivalents d'ions chlore se sont formés ; et que, dans la solution la plus concentrée quand deux équivalents de mercure métallique se sont transformés en chlorure mercureux solide, deux équivalents d'ions chlore sont disparus.

Imaginons maintenant que les quantités de solutions soient suffisantes pour que les changements qui ont lieu n'amènent aucune variation essentielle dans la concentration ; en résumé il y a eu deux équivalents de zinc et deux équivalents de chlore c'est-à-dire une molécule-gramme de chlorure de zinc de transportée de la solution concentrée dans la solution étendue; les quantités de mercure métallique et de chlorure mercureux sont restées invariables. Soit p la pression osmotique des ions zinc dans la solution concentrée et p_1 dans la solution étendue, les pressions osmotiques correspondantes des ions chlore sont $2p$ et $2p_1$. Le travail osmotique maxima est facile à calculer c'est :

$$\mathrm{RT} \ln \frac{p}{p_1} + 2\mathrm{RT} \ln \frac{2p}{2p_1} = 3\mathrm{RT} \ln \frac{p}{p_1}$$

L'énergie électrique est égale à $2\mathrm{F}\pi$ par suite :

$$\pi = \frac{3}{2} \frac{\mathrm{RT}}{\mathrm{F}} \ln \frac{p}{p_1}$$

Plus généralement

$$\pi = \frac{k}{n_e} \frac{\mathrm{RT}}{\mathrm{F}} \ln \frac{p}{p_1}$$

où k indique le nombre d'ions en lesquels la molécule de l'électrolyte se décompose, n_e le nombre de F qui est nécessaire pour amener une molécule gramme de l'électrolyte de la solution concentrée dans la solution étendue. Par comparaison de cette formule avec celle donnée p. 188 on voit immédiatement que nous avons là un moyen de calculer le nombre de transport d'un électrolyte.

On voit d'après cette formule que seuls $\frac{p}{p_1}$ n_1 et n_e ont une influence sur π. Il en résulte ainsi qu'il a été indiqué par Ostwald et démontré expérimentalement par Goodwin (1) que :

1. On peut remplacer le mercure et le chlorure mercureux de la pile au calomel par l'argent et le chlorure d'argent sans changer la force électromotrice.

2. On peut au lieu du chlorure de zinc employer aussi bien le bromure de zinc ou l'iodure, le dépolarisant (2) étant un sel peu soluble bromure ou iodure, sans changer la force électromotrice.

3. Le zinc et le chlorure de zinc peuvent être remplacés par du cadmium et du chlorure de cadmium sans changer la force électromotrice.

---

(1) Zeitschr. physik. Chem., **14**, p. 577, 1894.

(2) On nomme le sel peu soluble dépolarisant parce que par sa présence l'électrode est rendue impolarisable (pour de faibles courants).

4. D'un autre côté si on remplace le zinc et le chlorure de zinc par du thallium et du chlorure de thallium la force électromotrice doit être notablement plus élevée.

5. Si on remplace le chlorure de zinc par du sulfate, le dépolarisant devait être dans ce cas un sulfate peu soluble, la force électromotrice doit être plus petite ; il est indifférent d'employer comme dépolarisant du sulfate mercureux ou du sulfate de plomb.

Les tableaux suivants vérifient ces propositions ; les pôles pour plus de concision sont simplement désignés par le sel soluble et le dépolarisant.

I

Piles : $ZnCl$ — $HgCl^2$ et $ZnCl^2$ — $AgCl$ à 25°

CONCENTRATION du $ZnCl^2$	FORCE électromotrice observée de $ZnCl^2$ — $HgCl$	FORCE électromotrice de $ZnCl^2$ — $AgCl$	FORCES électromotrices calculées en volt
0,2 — 0,02	0,0787	0,0767	0,0797
0,1 — 0,01	0,0800	0,0780	0,0818
0,02 — 0,002	0,0843	0,0843	0,0844
0,01 — 0,001	0,0861	0,0847	0,0853

Etant donné les erreurs d'expériences de 1 à 2 millièmes de volt l'accord est très satisfaisant.

II

Piles : $ZnBr^2$ — HgBr et $ZnBr^2$ — AgBr

CONCENTRATION du $ZnBr^2$	FORCE électromotrice observée de $ZnBr^2$ — HgBr	FORCE électromotrice observée de $ZnBr^2$ — AgBr	FORCE électromotrice calculée en volt
0,2 — 0,01	0,0793	0,0793	0,0797
0,1 — 0,001	0,0808	0,0802	0,0818
0,02 — 0,002	0,0860	0,0852	0,0852
0,01 — 0,001	0,0863	0,0858	0,0853

Lors du remplacement du zinc et du chlorure de zinc par le cadmium et le chlorure de cadmium les valeurs exactes de la force électromotrice ne peuvent être calculées, puisque les concentrations des ions cadmium ne peuvent pas être établies avec certitude (au moyen des déterminations de conductibilité); car le chlorure de cadmium n'est pas seulement dissocié en Cl', Cl' et Cd'' mais vraisemblablement aussi en CdCl' et Cl' en solutions concentrées. Pour les solutions étendues où la première dissociation se produit seule, le calcul coïncide au reste avec l'expérience.

III

Piles : TlCl — HgCl

CONCENTRATION du TlCl	FORCE ÉLECTROMOTRICE observée	FORCE ÉLECTROMOTRICE calculée
0,0161 — 0,00161	0,102	0,114
0,008 — 0,0008	0,100	0,115
0,0161 — 0,008	0,0328	0,033

Les erreurs d'expérience étaient plus grandes pour ces mesures que pour les précédentes.

IV

Piles : $ZnSO^4 - PbSO^4$

CONCENTRATION du sulfate de zinc	FORCE ÉLECTROMOTRICE observée	FORCE ÉLECTROMOTRICE calculée
0,2 — 0,002	0,0127	0,0153
0,1 — 0,01	0,0140	0,0171
0,02 — 0,002	0,0522	0,0500

V

Piles : $ZnSO^4 - SO^4Hg^2$

CONCENTRATION de SO^4Zn	FORCE ÉLECTROMOTRICE observée	FORCE ÉLECTROMOTRICE calculée
0,2 — 0,02	0,017 — 0,034	0,015
0,1 — 0,01	0,015 — 0,033	0,017

La formule indiquée plus haut

$$\pi = \frac{k}{n_e} \frac{RT}{F} \ln \frac{p}{p_1}$$

n'est valable qu'autant que la solubilité du dépolarisant n'intervient pas. Si on remplace par exemple dans la pile au calomel le chlorure mercureux que l'on peut dans ce cas considérer comme insoluble par le chlorure de thallium qui toute proportion gardée est facilement soluble, on doit faire attention que les concentrations des ions zinc et des ions chlore dans les deux solutions ne sont plus dans le même rapport. Car aux ions chlore du chlorure de zinc s'ajoutent ceux appartenant au chlorure de thallium et cela en plus grande quantité dans la solution étendue de chlorure de zinc que dans la solution concentrée ainsi que le veut la loi de l'action des masses d'après laquelle le produit des concentrations des ions thallium et chlore dans la solution saturée de chlorure de thallium doit être constant. De cette remarque il résulte que, en considérant le premier raisonnement si p et p_1 représentent les pressions osmotiques et aussi les concentrations des ions zinc, et p' p'_1 celles des ions chlore;

$$2F\pi = RT\ln\frac{p}{p_1} + 2RT\ln\frac{p'}{p'_1}$$

$$\pi = \frac{RT}{F}\left(\frac{1}{2}\ln\frac{p}{p_1} + \ln\frac{p'}{p'_1}\right) \qquad (1)$$

Plus généralement

$$n_e F\pi = k_e RT\ln\frac{p}{p_1} + k_a RT\ln\frac{p'_1}{p'},$$

équation dans laquelle k_e et k_a désignent le nombre de cations et d'anions que fournit une molécule d'électrolyte, et n_e le nombre de F qui sont nécessaires pour amener une molécule de l'électrolyte de la solution concentrée dans la solution étendue.

Les forces électromotrices de ces piles peuvent aussi se calculer à l'aide des pressions de dissolution des métaux en jeu (dans la pile au calomel le zinc et le mercure). La force électromotrice de la pile se compose dans ce cas des quatre chutes de potentiel qui existent aux points de contact entre le liquide et le métal solide. Si P_{Zn} et P_{Hg} représentent les pressions de dissolution du zinc et du mercure, p p_1 p' p' les pressions osmotiques des ions zinc et mercure dans la solution concentrée et dans la solution étendue, n_{Zn} et n_{Hg} les valences des métaux, on a, en considérant que le courant dans l'élément passe de la solution étendue à la solution concentrée,

$$\pi = \frac{RT}{F}\left(\frac{1}{n_{Zn}}\ln\frac{P_{Zn}}{p_1} - \frac{1}{n_{Hg}}\ln\frac{P_{Hg}}{p'_1} + \frac{1}{n_{Hg}}\ln\frac{P_{Hg}}{p'} - \frac{1}{n_{Zn}}\ln\frac{P_{Zn}}{p}\right)$$

ou en condensant

$$\pi = \frac{RT}{F}\left(\frac{1}{n_{Zn}}\ln\frac{p}{p_1} + \frac{1}{n_{Hg}}\ln\frac{p'_1}{p'}\right)$$

$$= \frac{RT}{F}\left(\frac{1}{2}\ln\frac{p}{p_1} + \ln\frac{p'_1}{p'}\right) \qquad (2)$$

Les formules (1) et (2) conduisent aux mêmes résultats malgré leurs différences apparentes. Dans (1) $\frac{p'}{p'_1}$ désigne le rapport de concentration de tous les ions négatifs des solutions, dans (2) $\frac{p'_1}{p'}$ le rapport des concentrations des cations du dépolarisant. Maintenant il faut considérer que nous avons affaire à une solution saturée du dépolarisant, par suite le produit des concentrations des anions qui doivent être toujours les mêmes pour l'électrolyte proprement dit et pour le dépolarisant par exemple $ZnCl^2$ et $HgCl$, et des cations du dépolarisant doit avoir une valeur constante, et les concentrations particulières doivent toujours se tenir dans un rapport déterminé. Si par exemple les cations et les anions ont même valence, comme dans le cas précédent, leurs deux concentrations sont dans les solutions inversement proportionnelles l'une à l'autre ; si les cations sont monovalents et les anions bivalents les concentrations des premiers sont proportionnelles aux carrés des concentrations des seconds, etc. Ainsi s'explique l'accord des deux formules.

Emploi de l'électromètre comme indicateur dans les titrages. — Les propriétés étudiées dans le dernier chapitre expliquent facilement l'emploi intéressant de l'électromètre comme indicateur dans les titrages. Prenons par exemple la série Argent — Azotate d'argent $\frac{N}{10}$ — Azotate d'argent $\frac{N}{10}$ — Argent, la différence de potentiel est nulle ; ajoutons à l'une des deux solutions du chlorure de potassium, il se forme du chlorure d'argent difficilement soluble, la concentration des ions Ag diminue par suite et une différence de potentiel prend naissance qui augmente par l'addition nouvelle de chlorure de potassium et cela d'abord lentement puis toujours plus rapidement jusqu'à ce que finalement il y ait un saut brusque que suit alors de nouveau un lent accroissement.

La formule $\pi = 0{,}0575 \log \frac{p}{p_1}$ où p et p_1 sont les deux concentrations de Hg explique ces faits immédiatement. Si p_1 s'abaisse au 1/100 de sa valeur primitive, p restant constant, $\pi = 2 \cdot 0{,}0575$ volt. Pour arriver à ceci on doit à 1000 cm³ de $AgAzO^3$ $\frac{N}{10}$ (en chiffres ronds), ajouter 980 cm³ de KCl $\frac{N}{10}$ en admettant une dissociation complète de deux solutions. Pour abaisser de nouveau la valeur diminuée p_1 à 1/100, ce qui produira le même changement de 2 à 0,0575 volt, il ne faut plus maintenant qu'une addition de 19,8 cm³, puis 0,198 cm³ KCl $\frac{N}{10}$, etc., etc. La différence de potentiel s'élèvera le plus par addition de KCl au moment où les dernières traces d'azotate d'argent disparaîtront, ou plus correctement quand les concentrations des ions $Ag^{\cdot}$ et Cl' seront presque égales. L'augmentation par une adjonction ultérieure de KCl n'aura plus lieu que lentement à mesure que la concentration des ions $Ag^{\cdot}$, d'après la loi de l'action des masses, diminuera par l'augmentation des ions Cl'. On peut, si la concentration initiale des ions $Hg^{\cdot}$ est connue, utiliser le saut brusque pour déterminer le chlore, le brome ou l'iode (1). On peut aussi

(1) R. Behrend, Zeitschr. physik. Chem., 11, p. 466, 1893.

utiliser ce procédé pour titrer les acides et les bases en employant deux électrodes à hydrogène (1).

Couples de liquides. — Nous avons déjà indiqué, quand nous avons considéré les piles de concentration, que parfois il existe une différence de potentiel au point de contact de deux liquides.

On soupçonnait ce fait depuis longtemps mais on n'était pas parvenu à une idée nette de sa nature. La pile de Becquerel, acide — base est très connue. Deux électrodes de platine plongées l'une dans un acide, l'autre dans un alcali et réunies entre elles sont, la première, chargée positivement, la seconde négativement et la différence de potentiel obtenue, variable suivant les circonstances, peut dépasser 0v,6. On en avait à tort recherché exclusivement la cause dans l'effet thermique dû à la neutralisation de la base par l'acide. En fait nous avons là surtout une pile de concentration constituée par l'O de l'air et les ions OH qui sont en petit nombre dans la solution acide et en grand nombre dans la solution alcaline. Les électrodes étant en platine ordinaire qui ne peut absorber que peu de gaz, cette pile donne des valeurs incertaines et variables; en effet l'état d'équilibre qui doit exister entre la concentration de l'oxygène dissous dans le platine et la pression de l'oxygène environnant, ne peut pas pratiquement s'établir ainsi que cela a lieu avec le platine. Un courant sensible ne peut être produit avec ce dispositif à cause de la quantité extrêmement faible d'oxygène dissous dans le platine, quantité qui après sa disparition ne peut que très lentement se renouveler à l'air. La différence de potentiel sera en outre influencée par la présence d'autres gaz, l'hydrogène par exemple.

---

(1) W. Böttger, Zeitschr. physik. Chem., 24, p. 253, 1897.

C'est encore à Nernst (1) que nous devons l'explication claire des couples de liquides dont il développa d'abord la théorie. Imaginons une solution par exemple d'acide chlorhydrique opposée à une solution plus étendue ou à de l'eau pure, l'acide chlorhydrique diffusera peu à peu dans l'eau. Les ions hydrogène, et les ions chlore sont des particules indépendantes qui se meuvent avec des vitesses différentes des endroits à pression osmotique élevée vers ceux où cette pression est plus faible. Comme les ions H˙ vont plus vite, la ligne de front de diffusion sera bientôt formée d'ions hydrogène et comme ceux-ci sont chargés positivement, l'eau ou la solution étendue deviendra positive pendant que la solution concentrée sera négative. Par suite des attractions électrostatiques, les ions hydrogènes positifs seront retardés dans leur marche, les ions négatifs chlore verront leur vitesse augmentée et il s'établira un équilibre dans lequel les deux ions se déplaceront avec des vitesses égales. L'attraction électrostatique et par suite la différence de potentiel subsisteront jusqu'à ce que les deux solutions soient devenues homogènes. *La vitesse inégale de transport des ions est par suite la cause de la différence de potentiel qui se manifeste au point de contact de deux solutions inégalement concentrées.*

Si l'ion négatif a la plus grande vitesse la solution étendue deviendra évidemment négative, si bien qu'on est autorisé en général à dire que : *La solution étendue a une charge de même signe que l'ion le plus rapide.*

Mais nous pouvons nous rendre compte de l'existence d'une différence de potentiel au point de contact de deux liquides non seulement qualitativement mais aussi dans beaucoup de cas quantitativement et soumettre le calcul à la vérification expérimentale. Pour cela prenons deux solutions diversement concentrées d'un électrolyte constitué par deux ions monova-

---

(1) Zeitschr. physik. Chem., 4, p. 129, 1889.

lents ; ces deux solutions sont en contact. Soit $1-n$ le nombre de transport de l'ion positif, n celui de l'ion négatif. Faisons passer la quantité d'électricité F dans l'électrolyte de la solution la plus concentrée à la solution la plus étendue ; $1-n$ ions grammes positifs passeront de la solution concentrée dans la solution étendue et en même temps n ions-grammes négatifs feront le chemin inverse. Si p est la concentration de l'ion positif et de l'ion négatif dans la solution concentrée, et si nous imaginons ce processus réalisé par voie osmotique le travail maximum est :

$$(1-n)\,RT\ln\frac{p}{p_1} - nRT\ln\frac{p}{p_1} = (1-2n)\,RT\ln\frac{p}{p_1}$$

ou en posant (p. 69) $n = \dfrac{l_K}{l_K + l_A}$

$$= \frac{l_K - l_A}{l_K + l_A}\,RT\ln\frac{p}{p_1}$$

par suite

$$\pi = \frac{l_K - l_A}{l_K + l_A}\,\frac{RT}{F}\ln\frac{p}{p_1} \qquad (a)$$

Si l_K est plus grand que l_A, le courant va de la solution concentrée à la solution étendue dans l'élément, si l_K est plus petit que l_A il passe dans le sens inverse. Enfin si $l_K = l_A$ la différence de potentiel est nulle et par suite il n'y a aucun courant.

Nernst a préparé de tels couples ou chaînes de liquides dans lesquelles seules les différences de potentiel nées aux points de contact des solutions pouvaient agir, et il a comparé les forces électromotrices observées avec celles calculées par la formule établie plus haut. Il adoptait la disposition suivante :

Mercure — Chlorure mercureux — Chlorure de potassium $\frac{N}{10}$ $\overset{I}{—}$ Chlorure de potassium $\frac{N}{100}$ $\overset{II}{—}$ Acide chlorhydrique $\frac{N}{100}$ $\overset{III}{—}$ Acide chlorhydrique $\frac{N}{10}$ $\overset{IV}{—}$ Chlorure de potassium $\frac{N}{10}$ — Chlorure mercureux — Mercure. Comme les deux extrémités sont symétriques les différences de potentiel qui s'y produisent s'éliminent et nous n'avons à tenir compte dans le calcul que de celles présentes aux points de contact des liquides. Maintenant il faut faire attention que, aussi loin qu'atteint notre expérience, tout ne dépend aussi pour les couples de liquides, que du rapport des pressions osmotiques et non de leurs valeurs absolues. (Nernst, principe de la superposition ; tout système pouvant être considéré comme né d'un autre par une superposition n fois répétée). D'après cela la différence de potentiel en II est égale et opposée à celle de IV. Il ne reste donc que les différences de potentiel en I et III et celles-ci sont calculables d'après la formule précédente. Si l'_K et l'_A sont les vitesses de transport des ions potassium et chlore, l''_K et l''_A celles des ions hydrogène et chlore ($l''_A = l'_A$ dans ce cas puisque les ions négatifs sont les mêmes) ; si p et p_1 représentent les pressions osmotiques des ions potassium et chlore dans la solution de KCl la plus concentrée et dans la solution la plus étendue, si p' et p'_1 représentent les pressions des ions hydrogène et chlore dans les solutions correspondantes d'acide chlorhydrique, la somme des différences de potentiel est :

$$\pi = \frac{l'_K - l'_A}{l'_K + l'_A} \frac{RT}{F} \ln \frac{p}{p_1} - \frac{l''_K - l''_A}{l''_K + l''_A} \frac{RT}{F} \ln \frac{p'}{p'_1} ;$$

et comme

$$\frac{p}{p_1} = \frac{p'}{p'_1}$$

$$\pi = \left(\frac{l'_K - l'_A}{l'_K + l'_A} - \frac{l''_K - l''_A}{l''_K + l''_A} \right) \frac{RT}{F} \ln \frac{p}{p_1}.$$

En fait on a trouvé $\pi = -0{,}0357$; le signe négatif résulte de ce fait que le courant traverse la chaîne dans la direction de IV vers I et nous avons pris dans nos déductions comme positif le courant qui va dans la chaîne de la solution de chlorure de potassium la plus concentrée à la solution la plus étendue. En tenant compte de la dissociation incomplète on obtiendrait une valeur qui s'écarterait d'environ 4 à 5 0/0.

La formule (a) ne permet que le calcul de la différence de potentiel au point de contact de deux solutions diversement concentrées d'un seul et même électrolyte binaire.

Si nous avons affaire à un électrolyte dont les ions ont des valences inégales la formule suivante est applicable :

$$\pi = \frac{\frac{l_K}{n_e} - \frac{l_A}{n'_e}}{l_K + l_A} \frac{RT}{F} \ln \frac{p}{p_1} \qquad \text{(b)}$$

n_e représente la valence de l'ion positif et n'_e celle de l'ion négatif.

Pour deux électrolytes binaires différents réunis ; par exemple chlorure de potassium et acide chlorhydrique, le calcul devient difficile. Lorsque les concentrations réunies des ions dans les deux solutions sont égales, et seulement dans ce cas, on parvient à l'expression simple suivante :

$$\pi = \frac{RT}{F} \ln \frac{l'_K + l''_A}{l''_K + l'_A} \qquad \text{(c)}$$

l'_K et l'_A correspondant aux ions de l'un des électrolytes, l''_K et l''_A à ceux de l'autre.

Le calcul se complique encore si l'un des électrolytes contient un ion polyvalent. Si tous les ions des deux électrolytes binaires sont polyvalents et égaux pour une même concentration des ions on a :

$$\pi = \frac{RT}{n_e F} \ln \frac{l'_K + l''_A}{l''_K + l'_A} \qquad \text{(d)}$$

n_e représentant la valence des ions.

Nous ferons remarquer en outre qu'il n'existe pas pour les

combinaisons de liquides en général une loi des tensions analogue à celle établie par Volta pour les métaux. Cela résulte déjà de ce fait que la pile mesurée par Nernst et indiquée p. 212 donne un courant. Un circuit entièrement composé de métaux ne nous fournit jamais de courant à température constante; au contraire disposons la chaîne de liquides précédente en circuit ainsi que l'indique la figure ci-jointe (le mercure et le chlorure mercureux sont laissés de côté) et nous obtiendrons un courant ayant l'intensité calculée précédemment. On peut mettre son existence en évidence au moyen de phénomènes d'induction. Le courant dure tant que les différentes concentrations d'ions ne se sont pas égalisées.

Fig. 25.

La loi des tensions ne s'applique que pour des solutions diversement concentrées d'un même électrolyte disposées en circuit. On peut se convaincre de ceci en additionnant les différences de potentiel produites aux différents points de contact. On obtient alors comme somme une valeur égale à celle que l'on observe quand on met en contact immédiat la première et la dernière solution.

Les termes intermédiaires ne jouent par suite aucun rôle.

Dans notre discussion des piles de concentration nous avons le plus souvent choisi des conditions telles que les différences de potentiel produites aux points de contact soient négligeables (1). Dans ces conditions la force électromotrice pour un métal plongeant dans deux solutions inégalement concentrées d'un de ses sels est comme nous l'avons vu :

$$\pi = \frac{RT}{Fn_e} \ln \frac{p}{p_1},$$

(1) Pour un procédé permettant de remplir cette condition voyez Bugarzky, Zeitschr. anorg. Chem. **14**, p. 145, 1897.

les lettres ayant leur signification ordinaire. Nous sommes parvenus à cette formule en faisant la somme des différences de potentiel existant aux deux électrodes, c'est-à-dire en nous servant de la notion de pression électrolytique de dissolution. La pression de dissolution qui est la même pour les deux électrodes de même métal disparaît dans la somme et il reste l'expression précédente.

Mais nous pouvions arriver à calculer π par une autre voie sans l'aide de la notion de pression de dissolution, par la voie purement énergétique. Sans nous faire une idée plus précise de l'établissement d'un courant électrique et d'une différence de potentiel nous aurions considéré seulement l'état de la combinaison étudiée avant et après le passage d'une quantité déterminée d'électricité, calculé le travail maxima disponible quand on passe de l'état initial à l'état final par voie osmotique, et égalé celui-ci à l'énergie électrique. Les valeurs de π obtenues par ces deux voies coïncident sans exception.

Nous allons maintenant prouver en outre que les deux modes de raisonnement conduisent au même résultat même s'il se produit une différence de potentiel au point de contact des deux liquides; nous choisirons pour cela la pile de concentration Zinc — Chlorure de zinc (concentré) — Chlorure de zinc (étendu) — Zinc.

1° Calcul de π à l'aide de la pression électrolytique de dissolution.

La force électromotrice de la pile se compose de trois chutes de potentiel; deux aux électrodes et une au point de contact des deux liquides. La somme des deux premières est :

$$\pi_{1,2} = \frac{RT}{2F} \ln \frac{p}{p_1}.$$

p est la pression osmotique des ions zinc dans la solution concentrée, p_1 celle de la solution étendue. $2p$ et $2p_1$ sont les pressions correspondantes des ions chlore.

La troisième chute de potentiel se calcule d'après la formule (b) de la p. 214 et est égale à

$$\pi_3 = \frac{\frac{l_K}{2} - \frac{l_A}{2}}{l_K + l_A} \frac{RT}{F} \ln \frac{p}{p_1}$$

où l_A et l_K représentent les vitesses de transport des ions zinc et chlore.

La somme est :

$$\pi = \frac{RT}{F} \ln \frac{p}{p_1} \left(\frac{1}{2} - \frac{l_K - 2l_A}{2(l_K + l_A)}\right) = \frac{3l_A}{2(l_K + l_A)} \frac{RT}{F} \ln \frac{p}{p_1}$$

ou en introduisant les nombres de transport

$$n = \frac{l_K}{l_A + l_K}$$

et

$$1 - n = \frac{l_K}{l_A + l_K} :$$

$$\pi = \frac{3}{2} \frac{n}{F} RT \ln \frac{p}{p_1}$$

π_3 doit être déduit de $\pi_{1,2}$, puisque son calcul est conduit comme si le courant allait de la solution la plus concentrée à la solution la plus étendue pendant que pour $\pi_{1,2}$ le courant circule dans la pile même de la solution étendue à la solution concentrée.

2° Faisons le calcul par la voie purement énergétique, nous procédons tout à fait comme pour les développements donnés p. 186. Nous faisons passer 2F dans le circuit ; un ion-gramme de zinc pénètre dans la solution étendue, et dans la solution concentrée une quantité égale est précipitée. En outre, $1 - n$ étant le nombre de transport des ions zinc, $1 - n$ ion-gramme passe de la solution étendue dans la concentrée.

Au total la solution étendue s'est enrichie de n ions-gramme de zinc, et la concentrée s'est appauvrie d'autant. Mais en même temps la quantité d'ions chlore correspondant aux n ions zinc est passée de la solution concentrée dans la solution étendue. Nous pouvons ainsi dire que les quantités n d'ion zinc et la quantité équivalente d'ions chlore sont passés de la solution concentrée dans la solution étendue. Pour les ions zinc le travail osmotique maxima est

$$nRTln\frac{p}{p_1}$$

et pour la quantité équivalente d'ions chlore, deux de ceux-ci correspondant à un ion zinc

$$2nRTln\frac{p}{p_1}$$

soit en tout

$$3nRTln\frac{p}{p_1}.$$

L'énergie électrique est $2F\pi$ par suite

$$\pi = \frac{3}{2}\frac{n}{F}RTln\frac{p}{p_1}$$

équation semblable à celle obtenue plus haut.

Cet accord nous permet d'un autre côté de connaître les différences de potentiel existantes aux points de contact des liquides. Il suffit de déduire la somme des chutes de potentiel aux électrodes de la force électromotrice totale calculée par la méthode purement énergétique pour toute la pile et on obtient la valeur cherchée.

Finalement remarquons que d'autres voies que la voie osmotique permettent le calcul énergétique de la force électromotrice des piles de concentrations ; c'est ainsi que la considération de distillation isothermique employée d'abord par Helmholtz (1) permet aussi le calcul de la force électromotrice de piles à solutions concentrées. Il faut pour cela connaître les tensions de vapeur des deux solutions différemment concentrées. En général on utilisera avec avantage la voie osmotique pour les solutions étendues, parce que le plus souvent la connaissance des pressions osmotiques des ions ou des concentrations qui leur sont proportionnelles est facile à acquérir.

Considérations générales sur les éléments de concentration et les éléments à liquides. — Toutes les piles décrites jusqu'ici ont ce point commun, que l'énergie électrique n'est pas produite aux dépens de l'énergie chimique. Presque toujours il s'agit seulement d'un passage d'une pression élevée à une plus basse, et de ce fait un élément gazeux (idéal) ou dissous ne change point sa teneur en énergie. Le travail fourni dans de semblables éléments ne peut donc venir de l'énergie interne qui n'a pas varié. Ce travail est emprunté à la chaleur environnante.

Les éléments galvaniques décrits jusqu'ici représentent seulement des machines qui transforment en énergie électrique la chaleur de l'espace environnant.

D'après la formule toujours applicable de Helmholtz (voy. p. 156).

$$F\pi - Q = FT \frac{d\pi}{dT};$$

si dans ce cas Q la tonalité thermique chimique est nulle il en résulte

$$F\pi = FT \frac{d\pi}{dT}$$

---

(1) Wied. Ann., **3**, p. 201, 1878 ; **14**, p. 61, 1881.

ou $$\frac{\pi}{T} = \frac{d\pi}{dT};\ \pi = T\frac{d\pi}{dT}.$$

par intégration

$$\ln \pi = \ln T + k, \text{ ou } \frac{\pi}{T} = k'.$$

Le changement de force électromotrice de cette pile avec la température est représenté par le rapport de la force électromotrice considérée à la température absolue correspondante; la force électromotrice de cette pile varie proportionnellement à la température ; la pile refroidit naturellement par son fonctionnement puisque elle doit emprunter toute la chaleur à l'espace qui l'entoure.

Nous pouvons encore parvenir à ce résultat par une autre voie. La force électromotrice d'une des piles de concentration ou à liquides est en général

$$\pi = x.\frac{RT}{F}\ \ln \frac{p}{p_1}, \qquad (a)$$

d'où $$\frac{\pi}{T} = x\frac{R}{F}\ \ln \frac{p}{p_1} \qquad (b)$$

Différencions par rapport à T nous obtenons :

$$\frac{d\pi}{dT} = x\frac{R}{F}\ \ln \frac{p}{p_1} \qquad (c)$$

si nous regardons x et $\ln \frac{p}{p_1}$ pour des « solutions idéales » comme à très peu près indépendants de la température.

Par combinaison avec (b) nous obtenons de nouveau :

$$\frac{\pi}{T} = \frac{d\pi}{dT}$$

Maintenant il faut bien remarquer que les forces électromotrices ne sont rigoureusement calculées que pour des solutions assez étendues pour que les lois des gaz s'appliquent. Les travaux maxima sont en effet calculés avec cette supposition. En réalité on travaille souvent avec des solutions qui fournissent par mélange une quantité de chaleur notable, et ne sont par suite aucunement idéales. Q dans la formule de Helmholtz n'est par suite pas nul pour ces solutions et l'équation $\frac{\pi}{T} = \frac{d\pi}{dT}$ n'est plus applicable.

Remarquons maintenant que la formule de Helmholtz sous la forme précédente n'est applicable que si la réaction chimique provoquée dans l'élément par le mouvement d'une certaine quantité d'électricité n'est pas fonction de la température, et pour la plupart des piles de concentration ou à liquide, ce n'est également pas le cas puisque le nombre de transport n et parfois aussi la valence n_e sont fonction de la température. De ce fait l'x du deuxième calcul ne peut être considéré comme indépendant de la température. D'accord avec ces considérations l'expérience enseigne que la force électromotrice de ces piles ne varie pas proportionnellement à la température absolue.

L'emploi de la formule de Helmholtz pour les piles de concentration offre encore de l'intérêt à un autre point de vue. Ordinairement la force électromotrice d'une pile n'est pas calculable, nous avons souvent insisté sur ce point, à l'aide des tonalités thermiques seules. Ici cependant nous sommes dans ce cas ou plus exactement la valeur $\frac{d\pi}{dT}$ dont nous avons besoin pour obtenir π avec Q est pour maintes piles de concentration calculable directement à l'aide de Q ainsi que van't Hoff, Cohen et Bredig l'ont montré (1). Considérons

(1) Zeitschr. physik. Chemie, **16**. p. 453, 1895. Comme Nernst l'a

la pile — Mercure — Sulfate de mercure (solide) — Solution saturée de sulfate de soude — $SO^4Na^2\frac{N}{4}$ — SO^4Hg^2 (solide) — Mercure —, sa force électromotrice π deviendra nulle pour la température à laquelle la solution saturée de sulfate de soude deviendra aussi $\frac{N}{4}$. Cela a lieu à —16°,2. Faisons passer un courant à travers cette pile à —16°,2, le sulfate de soude se dissout et se précipite, Q est facile à calculer à l'aide de ses chaleurs de dissolution et de dilution et l'emploi de la formule de Helmholtz donne $\left(\frac{d\pi}{dT}\right)_{t=-16°,2} = -\frac{Q}{FT}$. Si on multiplie cette valeur de $\frac{d\pi}{dT}$ par 16,2 on obtient une valeur provisoire pour π à 0°. A l'aide de cette valeur et de celle exacte de Q et 0° on peut maintenant calculer $\left(\frac{d\pi}{dT}\right)_{t=0°}$. Si on prend maintenant la moyenne de $\left(\frac{d\pi}{dT}\right)_{t=-16,2}$ et $\left(\frac{d\pi}{dT}\right)_{t=0°}$ et, qu'on la multiplie par 16,2 on obtient alors une valeur plus exacte de π à 0°, que l'on peut encore rendre plus exacte en répétant le calcul. Les valeurs mesurées directement sont en concordance satisfaisante avec celles ainsi calculées.

Cet exemple fait voir que les faits ne permettent pas de considérer comme source de l'énergie électrique la chaleur de dissolution, de dilution, etc., car à — 16°,2 la chaleur de dissolution du sulfate de soude est très grande et l'énergie électrique nulle. Le coefficient de température de la force électromotrice est au contraire en rapport étroit avec cette grandeur, et cela paraît évident si on considère que la chaleur de disso-

---

occasionnellement indiqué, on devrait aussi, à cause de la variabilité de n, utiliser ici la formule de Helmholtz transformée :

$$\frac{Fd\pi}{dT} - \frac{F\pi dn}{ndT} = \frac{F\pi - Q}{T}$$

lution et les coefficients de température sont dans un rapport voisin du logarithme de la concentration (nous ne pouvons traiter la question de plus près) et que la force électromotrice dépend du logarithme de la concentration.

Dans les piles de concentration par exemple — noir de platine et hydrogène — base — acide — noir de platine et hydrogène — la force électromotrice repose aussi sur les différences de concentration des ions hydrogène dans les deux solutions. La neutralisation de la base et de l'acide n'a pas lieu pendant le fonctionnement de la pile aux points de contact mais aux électrodes. La force électromotrice de l'élément ne peut donc être calculée à l'aide de la tonalité thermique de la réaction, c'est-à-dire de la chaleur de neutralisation qu'avec l'aide du coefficient de température.

Piles thermoélectriques. — Loi des tensions. — A propos des piles qui viennent d'être étudiées nous dirons quelques mots des piles thermoélectriques. Dans ces appareils la chaleur est aussi transformée en énergie électrique, mais la transformation n'a lieu que par suite de l'existence d'une différence de température. Dans les piles de concentration la chaleur est bien il est vrai transformée en énergie électrique à température constante, en même temps que des corps passent d'une concentration élevée à une plus basse. On ne doit cependant pas envisager ce fait comme une infraction au deuxième principe. D'après lui dans un cycle il ne peut y avoir de chaleur transformée à température constante en travail, mais cela peut très bien arriver dans une transformation non cyclique.

La chute de potentiel à une électrode est représentée par l'expression

$$\pi = \frac{RT}{n_e F} \ln \frac{p}{p_1}$$

elle dépend par suite de la température. Etant donné un système — zinc — sulfate de zinc — zinc — il ne fournit à température constante aucune énergie électrique, parce que les deux chutes de potentiel qui interviennent sont égales et opposées. Chauffons le point de contact de l'une des électrodes avec le liquide, la chute de potentiel correspondante change, et un courant prend naissance. Comme la différence de potentiel qui se développe au point de contact de deux liquides est proportionnelle à la température absolue on comprend aussitôt que le circuit suivant fournisse également un courant :

Solution de	concentration	C_1	T_1
—	—	C_2	T_2
—	—	C_1	

Comme cependant la pression osmotique, la tension de dissolution et les nombres de transport sont fonction de la température, le calcul de la force électromotrice d'une telle pile thermoélectrique n'est pas possible sans d'autres données. Nous renvoyons pour plus de détails au travail original de Nernst (1) auquel nous devons cette théorie.

Une autre sorte de pile thermique est constituée par celles découvertes en 1821 par Seebeck qui ne comportent que des conducteurs de la première classe :

$$\text{Métal 1} \underset{T_1}{-} \text{Métal 2} \underset{T_2}{-} \text{Métal 1.}$$

Ces piles présentent un intérêt particulier en tant qu'utilisées à établir numériquement la différence de potentiel existant entre deux métaux. Comme il s'agit pour une pile thermique seulement d'une transformation de la chaleur environnante en énergie électrique la formule p. 219 s'applique

(1) Nernst, Zeitschr. physik. Chem. 4. p. 169, 1889.

$$\frac{\pi}{T} = \frac{d\pi}{dT}; \ \pi = T\frac{d\pi}{dT}$$

et cette relation est valable aussi bien pour la pile entière que pour chaque chute de potentiel particulière. Il nous suffit donc de connaître la variation de la chute de potentiel au point de contact de deux métaux avec la température, pour pouvoir calculer π, c'est-à-dire la chute de potentiel entre les deux métaux pour une température connue. Cette valeur $\frac{d\pi}{dT}$ est immédiatement fournie par la force électromotrice d'une pile thermique constituée par les deux métaux dans laquelle l'une des soudures est à la température T l'autre à $T + dT$; pour la température constante T en effet la force électromotrice totale est nulle, les deux chutes de potentiel étant égales et opposées. La force électromotrice ne prend une valeur déterminée, égale à la variation de la chute de potentiel, que parce que celle-ci varie avec la température. Pour $dT = 1$ la force électromotrice de l'élément thermique est directement égale à $d\pi$.

Le calcul donne pour π de très petites valeurs pour les différentes combinaisons de métaux, à la température ambiante, au maximum quelques centaines de volt dans quelques cas. Les métaux ou alliages qui sont dans ce cas sont dignes d'une attention particulière pour l'établissement de piles thermo-électriques.

Comme nous le verrons bientôt la combinaison — sulfure de cuivre — cuivre — donne une f. e. m. remarquablement élevée, $0^v,2$ à $0^v,3$ quand l'un des contacts est à 500°. On peut se demander si de semblables piles thermoélectriques ne pourraient remplacer la machine à vapeur pour la production de l'énergie électrique. Le phénomène producteur d'énergie est dans les deux cas le même : passage d'une certaine quantité de chaleur d'une température plus élevée à une plus basse. L'effet utile maximum peut se calculer de même manière d'après le deuxième principe et la pile thermoélectrique l'emporte sur la machine à vapeur par sa simplicité et aussi par la plus grande différence des températures qu'elle permet. En fait un tel remplacement n'est pas actuellement possible par suite du prix élevé de la construction, des grandes pertes de chaleur par conductibilité et de la trop grande résistance interne de l'élément qui empêche l'utilisation en travail d'une partie de l'énergie produite. Des recherches récentes paraissent cependant indiquer que le problème de la transformation par ce procédé de la chaleur en énergie électrique n'est pas insoluble (1).

Le résultat de notre calcul précédent est aussi d'accord avec notre hypothèse que le siège principal de la force électromotrice dans les piles réside au point de contact du liquide et de l'électrode. Si cependant nous examinons de plus près les mesures expérimentales le raisonnement ne paraît pas convenable pour tous les cas, car nous trouvons que π n'est proportionnel à la température absolue, que pour quelques combinaisons de métaux dans des limites restreintes de température.

Beaucoup de couples offrent des points de renversement, leur f. e. m. décroissant quand la température s'élève passe par 0, ce qui produit une inversion du courant. Outre l'effet admis au point de contact des deux métaux il doit donc en exister un autre. Si rien ne prouve l'existence d'une différence de potentiel importante entre deux métaux, celle de faibles différences est regardée comme très vraisemblable.

La loi des tensions doit s'appliquer à ces petites différences de potentiel existant entre les métaux, c'est-à-dire qu'une chaîne exclusivement métallique ne doit fournir à température constante aucune énergie. Ceci est exigé par le second principe de l'énergétique. Car nous pourrions transformer en

---

(1) Heil, Zeitschr. f. Elektrochemie, **9**, p. 91, 1903.

travail à température constante des quantités quelconques de chaleur, ce qui reviendrait à transformer de la chaleur en travail par un cycle à température constante.

La caractéristique d'un cycle est en effet l'égalité entre l'état final et l'état initial et par suite la non variation du système. L'existence de cette loi des tensions n'explique cependant pas celle établie par Volta, car il s'agit dans cette dernière de forces beaucoup plus grandes. Volta s'imaginait les chutes de potentiel qui prennent naissance en réalité au point de contact, liquide métal, transportées au point de contact des métaux. Pour justifier sa loi nous devons donc démontrer qu'une telle loi est valable pour les chutes de potentiel qui existent aux points de contact des métaux et des liquides.

Ceci est en fait le cas; entre un électrolyte et un métal il existe en effet une chute de potentiel parfaitement déterminée. D'où la conclusion immédiate suivante : Si le zinc par exemple se met au potentiel 3 par contact avec un électrolyte qui peut avoir le potentiel 0, le cadmium au potentiel 2 et le cuivre au potentiel 1, la différence de potentiel entre le cuivre et le zinc doit être égale à celle entre le cuivre et le cadmium, augmentée de celle entre le cadmium et le zinc, ce qui est le cas d'après la loi précédente. La loi de tension peut donc être considérée comme valable.

La loi des tensions n'est qu'approximativement valable pour les éléments galvaniques. Le dispositif Zinc — Sulfate de Zinc — Sulfate de Cuivre — Cuivre devrait, d'après elle, avoir la même force électromotrice que le dispositif Zinc, — Sulfate de zinc — Sulfate de Cadmium — Cadmium — Sulfate de Cadmium — Sulfate de Cuivre — Cuivre; les sulfates de zinc et de cuivre ayant dans les deux cas bien entendu la même concentration. Ce n'est cependant rigoureusement le cas qu'exceptionnellement; le plus souvent les différences de potentiel existant au point de contact de deux liquides rendent la loi seulement approchée.

Nous avons déjà vu précédemment que pour les chaînes de

liquides proprement dites la loi des tensions n'est applicable que dans un cas déterminé.

Piles chimiques. — Nous distinguerons des éléments vus jusqu'ici dans lesquels les électrodes étaient toujours de même nature et qui pouvaient, au moins dans la majorité des cas, être considérés comme des piles de concentration, les « éléments chimiques » dont les électrodes sont chimiquement différentes et dans lesquels l'énergie chimique se transforme en énergie électrique. Le type de ces piles est l'élément Daniell déjà vu : Zinc — Sulfate de Zinc — Sulfate de Cuivre —Cuivre. Par son fonctionnement le zinc passe de l'état métallique à l'état d'ions, et le cuivre de l'état d'ions à l'état métallique. A l'inverse des piles de concentration idéales, par suite de ces actions un changement de l'énergie interne de l'élément se produit, et la différence d'énergie peut constituer la source principale de l'énergie électrique qui prend naissance.

Au lieu de faire entrer en solution à l'une des électrodes et de libérer à l'autre des ions positifs nous pouvons aussi attribuer ce rôle à des ions négatifs. La pile : Platine platiné entouré d'oxygène -- Solution de potasse - Chlorure de potassium - Platine platiné entouré de chlore : fait naître des ions OH dans la solution alcaline et passer dans la solution de KCl des ions chlore à l'état de chlore ordinaire (suivant les circonstances le courant peut aussi passer dans le sens inverse).

Finalement il peut encore se former à l'une des électrodes des ions positifs en même temps qu'à l'autre des ions négatifs. La pile : Zinc — Sulfate de zinc — Chlorure de potassium — Platine platiné entouré de chlore : réalise ce dernier cas. Pour toutes ces piles il faut considérer outre des chutes de potentiel aux deux électrodes, les différences de potentiel éventuelles au point de contact des deux liquides.

Nous pouvons, comme nous l'avons déjà vu, calculer l'énergie électrique par la formule de Helmholtz au moyen de la tonalité thermique de la réaction chimique et du coefficient de température obtenu expérimentalement. L'élément doit fournir sous forme d'énergie électrique, pendant son fonctionnement, le travail maximum, qui peut être obtenu par le changement d'état réalisé dans l'élément se produisant librement. Ce travail est lié précisément par la formule de Helmholtz à la tonalité thermique mesurée au calorimètre pour la réaction chimique considérée.

Maintenant, ainsi que cette formule le montre, il y a des éléments dans lesquels le changement que subit l'énergie interne ou l'énergie chimique, est justement égal à l'énergie électrique obtenue. Nous pouvons les considérer comme des machines telles que toute l'énergie qu'elles contiennent peut être transformée en une autre sorte d'énergie. Pour d'autres éléments, une partie seulement de l'énergie chimique peut être transformée en énergie électrique; ceux-là sont comparables à des machines qui par leur fonctionnement ne transformeraient qu'une partie de l'énergie fournie en énergie d'autre nature, le reste étant toujours perdu sous forme de chaleur. Nous connaissons enfin une troisième classe d'éléments qui fournissent plus d'énergie électrique que n'en représente l'énergie chimique des réactions qui s'y réalisent. Ces éléments représentent des machines qui, outre l'énergie fournie, transforment encore en travail la chaleur environnante. Imaginons pour ces derniers la part de travail, due à la chaleur environnante, devenant toujours plus grande et nous parvenons finalement à des piles qui, comme celles de concentration, conservent leur énergie interne invariable; seule la chaleur environnante serait transformée et on pourrait en quelque sorte se demander si de telles piles pourraient encore être regardées comme chimiques. Ces raisonnements montrent qu'il n'y a pas de différence absolue entre les piles chimiques et non chimiques, on passe de l'une à l'autre catégorie insensiblement ; il est cependant avantageux de faire cette différence au point de vue de l'exposition.

Ce que nous avons vu à propos des piles de concentration nous permet de prévoir l'influence du changement de concentration des électrolytes sur la force électromotrice d'un élément chimique quelconque. Pendant le fonctionnement d'un élément Daniell des ions zinc pénètrent dans la solution de sulfate de zinc en même temps que des ions cuivre sont précipités dans la solution de sulfate de cuivre. Augmentons la concentration des ions zinc la dissolution de nouveaux ions deviendra évidemment plus difficile : la force électromotrice diminue ; augmentons au contraire la concentration des ions cuivre, nous faciliterons leur précipitation, la force électromotrice augmente et si les changements ont été équivalents dans les deux dissolutions leurs actions se sont compensées aux deux électrodes et la force électromotrice reste la même. D'où la règle générale : la force électromotrice d'un élément est diminuée si on augmente la concentration de la solution à l'électrode qui, par le fonctionnement, envoie des ions dans la solution ; inversement la force électromotrice augmente par concentration de la solution à l'électrode sur laquelle les ions se précipitent Pour un élément Zinc — Sulfate de zinc — Acide chlorhydrique — Chlore la force électromotrice augmentera par dilution des deux solutions.

On peut calculer immédiatement grâce à la formule des piles de concentration.

$$\pi = \frac{RT}{n_e F} \ln \frac{p}{p_1}$$

la valeur de la variation de force électromotrice. Pour des ions monovalents le remplacement à une électrode d'une solution normale en ion par une solution $\frac{N}{10}$ provoque un changement de 0v,0575 à 17° dans la force électromotrice. Cette conclusion a été remarquablement vérifiée par l'expérience dans beaucoup de cas.

La force électromotrice d'une pile se compose, nous avons souvent insisté sur ce fait, d'au moins deux chutes de potentiel notamment celles qui se produisent aux points de contact des électrodes avec le liquide. (D'une manière analogue le coefficient de température de la force électromotrice se compose des coefficients de température des chutes de potentiel particulières). On a depuis longtemps cherché à connaître ces valeurs partielles et nous allons maintenant passer à l'étude de cette question.

Détermination d'une différence de potentiel isolée. — Les travaux de Lippmann sur le rapport entre la tension superficielle du mercure dans l'acide sulfurique et la différence de potentiel existant au point de contact du mercure et de l'électrolyte ont fourni le moyen d'obtenir la grandeur cherchée.

Lippmann exprime le résultat principal de son travail dans cette phrase : *La tension superficielle au point de contact du mercure et de l'acide sulfurique étendu est une fonction continue de la force électromotrice de polarisation à cette surface.*

Helmholtz depuis, utilisant la théorie de la couche double, serra de plus près l'explication des résultats de Lippmann. Le mercure mis en contact avec un liquide, par exemple l'acide sulfurique étendu, se charge positivement. La cause en peut être cherchée dans la présence d'ions mercure dans l'électrolyte utilisé, le mercure le plus pur ayant toujours un peu d'oxyde à sa surface, oxyde qui, mis en présence du liquide, fournit aussitôt les ions mercuriels. L'oxygène dissous dans le liquide agit aussi dans le même sens ainsi que l'a montré Warburg en oxydant le mercure, c'est-à-dire, en le faisant passer à l'état d'ions. Sa tension de dissolution extrêmement faible fait que le mercure se charge positivement dans une solution ne contenant qu'une faible quantité d'ions.

En tout cas nous avons à la surface de contact du mercure avec la solution une différence de potentiel qui dépend de la concentration des ions mercure dans son voisinage immédiat. Envoyons maintenant à l'aide d'une force électromotrice peu élevée un faible courant d'une électrode auxiliaire au mercure à travers la solution ; le mercure se précipitera, la concentration des ions diminuera, la chute de potentiel variera d'une quantité égale à la force électromotrice primaire et il en résultera naturellement une interruption du courant. Comme la concentration des ions est devenue plus faible la charge positive du mercure a diminué et la tension superficielle a augmenté. Les quantités d'électricité positive qui se trouvent sur la surface du mercure, aussi bien que les négatives de l'électrolyte se repoussent en effet et par suite provoquent une dilatation de la surface c'est-à-dire agissent dans un sens opposé à la tension superficielle.

Une augmentation ultérieure de la force électromotrice primaire peut nous amener à un état dans lequel la double couche disparaît et à la neutralité électrique de la surface ; dans cet état la tension superficielle a évidemment atteint sa valeur maxima. La différence de potentiel du mercure par rapport au liquide est maintenant nulle et la force électromotrice du courant polarisant employé est juste égale et opposée à la différence de potentiel partielle de l'électrode accessoire qu'on détermine ainsi par ce moyen. Par une augmentation nouvelle le mercure se chargera négativement et formera de nouveau avec les ions voisins une double couche de caractère inverse de celui de la première ; la tension superficielle doit de nouveau décroître par suite de la répulsion réciproque des quantités d'électricités des surfaces.

En principe l'exécution de la mesure est assez simple ; en réalité pour des mesures exactes il se produit des difficultés sur lesquelles nous n'insisterons pas ici. On peut utiliser le dispositif suivant (1) (fig. 26).

---

(1) Zeitschr. physik. Chemie, **15**, p. 1, 1891.

Le capillaire C ainsi que la plus grande partie du tube A réuni à C par un morceau de caoutchouc, sont remplis de

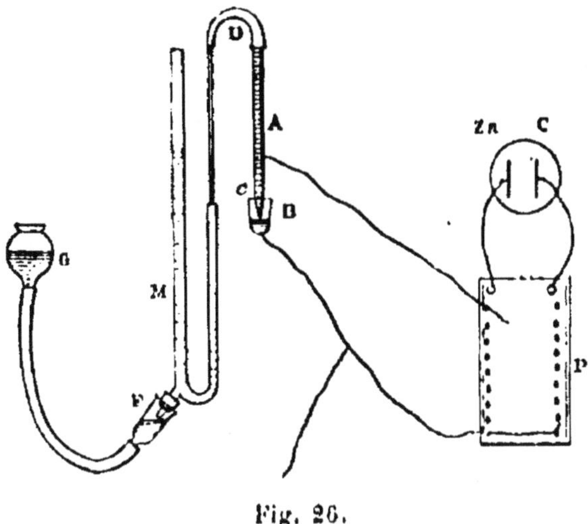

Fig. 26.

mercure. C plonge dans le vase B, contenant au fond du mercure et dessus l'électrolyte. L'observation de la position du ménisque mercuriel dans le capillaire se fait par un microscope. Le vase à mercure G que l'on peut à volonté monter ou descendre permet d'exercer une pression ; il est réuni par un caoutchouc au manomètre M. Un tube de verre coudé D va de ce dernier directement à A, les connexions étant faites par de petits morceaux de tube. Comme liquide manométrique on peut utiliser, pour augmenter la sensibilité des lectures, l'huile de paraffine. On intercale alors un petit récipient F contenant au fond du mercure et dessus de l'huile de paraffine, entre le manomètre et le tube. P est un dispositif pour intercaler des différences de potentiel variables à volonté.

Pour faire comprendre le procédé que nous allons décrire nous rappellerons que si un tube capillaire est plongé dans un vase plein d'eau, le niveau de celle-ci dans le tube est plus élevé qu'à l'extérieur. L'eau est un liquide qui mouille la paroi. Pour le mercure, qui ne mouille pas, le ménisque est plus bas que dans le vase, et par une augmentation de sa tension superficielle il descend encore, c'est-à-dire qu'il se déplace dans un sens opposé à la pression de la masse de mercure. La diminution de sa surface, conséquence de l'augmentation de tension superficielle, ne peut en effet avoir lieu que de cette manière. Qu'une différence de potentiel déterminée soit empruntée maintenant à la source d'électricité la tension superficielle croîtra ainsi qu'il a été exposé précédemment, par suite le mercure se déplacera à l'encontre de la pression c'est-à-dire qu'il commencera dans ces conditions à s'élever dans le tube et pour faire rester en place le ménisque nous serons obligé d'exercer, au moyen du manomètre, une certaine pression. Cette pression devra croître avec l'augmentation de la différence de potentiel, et pour une valeur déterminée de cette dernière nous pourrons noter une pression maxima qu'une augmentation nouvelle fera décroître. La différence de potentiel correspondant à la pression maxima est la différence de potentiel que la grande surface de mercure, l'électrode accessoire possède à l'état libre dans l'électrolyte.

Pour ne pas obtenir de valeurs trop variables on doit, comme il a été mentionné précédemment, ajouter d'avance à l'électrolyte un sel de mercure. Ici se pose la question de savoir si, quand des ions mercure sont présents en nombre suffisant on n'obtient pas alors une électrode impolarisable, c'est-à-dire telle que la chute de potentiel qui s'y produit demeure constante (à peu de chose près ?). Maintenant il faut bien remarquer que par l'adjonction d'ions mercure nous transformons la masse de mercure du vase A en une électrode à très peu près impolarisable, qui conserve par suite vis-à-vis de l'électrolyte la même chute de potentiel même par l'introduction de différence de potentiel. Au contraire, le métal qui se trouve dans le capillaire, étant donné sa petite surface, n'est en contact immédiat qu'avec une petite partie de l'électrolyte. Par suite pour un courant subit et de faible durée peu d'ions mercure seulement pourront passer de l'électrolyte dans le mercure métallique ; de nouveaux ions ne pourront se déplacer que lentement par diffusion vers la couche située à la surface — cela n'a lieu que pour celle-ci — et nous aurons devant nous une électrode à peu de chose près polarisable. On voit donc que le rapport des deux surfaces de mercure, ou mieux encore, les densités de courant jouent un rôle décisif. En fait, on mesure la chute de potentiel constante qui se produit à la surface de mercure la plus grande.

A priori, si on met en court circuit le tube capillaire contenant le mercure et le mercure inférieur, le premier se met au même potentiel que le deuxième car cet état est nécessaire pour l'équilibre que le courant qui prend naissance est astreint à établir.

Ceci paraîtra particulièrement clair, si au lieu du mercure inférieur pur on emploie un amalgame non noble, par exemple un amalgame de cuivre et si on ajoute à l'électrolyte un peu d'un sel de cuivre. Celui-ci est moins chargé positivement, c'est-à-dire que la chute de potentiel entre le métal et le liquide est plus faible. Le mercure supérieur acquiert la même chute de potentiel et si on intercale maintenant des différences de potentiel étrangères, il nous suffira d'une plus faible valeur pour atteindre le maximum de tension superficielle que dans le cas du mercure pur.

En évitant autant que possible par le choix d'un électrolyte convenable les différences de potentiel possibles au point de contact de deux liquides ou en les calculant éventuellement d'après la p. 213 nous pouvons maintenant, grâce à cette méthode, connaître la valeur particulière de chaque différence de potentiel mercure — électrolyte et de plus, en négligeant les différences de potentiel existant entre deux métaux, la valeur de toute chute de potentiel métal — solution. On détermine simplement la différence de potentiel mercure — solution normale de KCl saturée de Hg^2Cl^2 (on a trouvé ainsi $0^v,56$ l'électrode étant chargée positivement) et on réunit ce dispositif à celui dont on veut déterminer la chute de potentiel. Soit par exemple Ag dans AzO^3Ag normal : on forme la pile — Hg — KCl normal saturé d'Hg^2Cl^2 — AzO^3KN. — AzO^3AgN. — Ag et on mesure sa force électromotrice. En introduisant dans cette valeur la différence de potentiel Hg — KCl on obtient la valeur cherchée.

Il faut citer en outre les recherches de Rothmund (1) d'après la méthode de Lippmann ; au lieu de mercure il employait un amalgame non noble qui déjà en concentration moyenne (à partir d'environ 0,01 0/0) donnait la même chute de potentiel que les métaux purs. Il mesura par exemple l'amalgame de plomb dans $SO^4H^2\frac{N.}{1}$ saturé de SO^4Pb, l'amalgame de cuivre dans $SO^4H^2\frac{N.}{1}$ contenant 0,01 mol. SO^4Cu par litre, et composa alors à l'aide de l'électrode Mercure — Sulfate mercureux dans $SO^4H^2\frac{N.}{1}$ (dont il détermina directement la valeur) des éléments dont la force électromotrice fut mesurée et comparée à la somme des deux chutes particulières de potentiel.

Les valeurs suivantes ont été trouvées :

Amalgame de cuivre $SO^4H^2\frac{N.}{1}$ + 0,01 mol. $CuSO^4$ = 0,415 volt.

Mercure. . . . . $SO^4H^2\frac{N.}{1}$ saturé de SO^4Hg^2 = 0,926 —

Amalgame de plomb $SO^4H^2\frac{N.}{1}$ saturé de $PbSO^4$ = 0,008 —

Les électrodes étaient chargées positivement et l'électrolyte négativement.

Par suite la force électromotrice de l'élément Cuivre — Mercure devait être 0v,481 et celle de l'élément Plomb — Mer-

---

(1) Zeitschr. f. physik. Chem., 15, p. 1, 1894.

cure 0v,018. On a trouvé 0,458 et 0,923. Dans d'autres cas l'accord était moins bon.

Pour compléter il faut remarquer ce qui suit. La théorie donnée part de cette supposition que la tension superficielle du mercure est en relation avec la double couche électrique existante seulement de la manière indiquée et en particulier que la nature de la couche d'ions formant l'une des faces de la couche double et aussi la nature de l'électrolyte sont sans influence sur la tension superficielle. Or d'après une communication de Nernst des recherches récentes montrent que la tension superficielle du mercure est fortement influencée même par des non électrolytes; ce fait en contradiction avec la théorie en diminue la certitude ainsi que celle des expériences faites.

Il y a encore une méthode qui permet la mesure de chutes de potentiel isolées. Le principe en a été exposé par Helmholtz. Son application possible au problème qui nous intéresse a été indiquée par Ostwald (1) et outre ce dernier Paschen a particulièrement contribué à son développement. Si on fait couler goutte à goutte par une pointe une masse de mercure isolée dans un électrolyte en filet continu, le mercure ne doit d'après Helmholtz montrer aucune différence de potentiel par rapport à l'électrolyte; il s'exprime sur ce fait dans les termes suivants :

« De là je conclus que, si une masse de mercure isolée coulant rapidement à travers une pointe effilée est en contact avec un électrolyte, le mercure et l'électrolyte doivent avoir le même potentiel. »

S'il n'en était pas ainsi (si le mercure était positif par exemple) chaque goutte tombant devrait former à sa surface une double couche qui enlèverait au mercure de l'électricité positive et diminuerait son potentiel positif jusqu'à ce qu'il soit devenu égal à celui du liquide.

---

(1) Zeitschr. physik. Chem. 1, p. 583, 1887.

Au point de vue de la théorie osmotique de Nernst nous pourrions à priori nous exprimer ainsi sur de telles électrodes formées de gouttes (1). Dans un électrolyte contenant un peu d'un sel de mercure, par exemple Hg^2Cl^2, faisons couler par une pointe un mince filet de mercure ; des ions mercure se précipiteront sur ces surfaces renouvelées sans cesse. Par suite chaque goutte se chargera positivement et sera entourée exclusivement des ions négatifs Cl correspondants. Arrivée en bas elle sera absorbée par la surface de mercure constante présente, et cédera sa charge positive en excès de telle manière qu'elle enverra de nouveau des ions $Hg^{2\cdot\cdot}$ dans la solution, ions qui redonneront du calomel avec les ions Cl' qui avaient jusque-là formé la partie extérieure de la double couche et qu'ils ont entraînés avec eux. Le résultat est ainsi un transport de sel du haut vers le bas et la formation d'une pile de concentration. Comme la solution inférieure se concentre, et que l'inférieure s'appauvrit, nous devons nous attendre à ce que le courant passe dans la solution du haut vers le bas, ce qui est bien en réalité le cas. Nous pouvons en outre dire que, finalement, la concentration des ions mercure en haut doit devenir si faible (toute diffusion étant supposée éliminée) que la chute de potentiel doit devenir nulle à la partie supérieure. Cet état subsisterait l'écoulement continuant et aucun transport de sel n'aurait plus lieu.

Nous aurons ainsi atteint notre but ; avec une F. e. m. intercalée dans le circuit nous pourrions mesurer alors la chute de potentiel de l'électrode inférieure de mercure.

En fait la diffusion empêche la mise en liberté complète de la charge, c'est pourquoi les mesures seront incertaines et difficiles. Toutes les erreurs, provenant de charges résiduelles, pourraient être évitées d'après une nouvelle méthode proposée par Nernst, si on préparait un liquide dont la concentration

---

(1) Palmaer, Zeitsch. physik. Chem 25, p. 165, 1898 ; 28, p. 267, 1899.

ions en mercure serait si faible que la chute de potentiel pour une électrode de mercure soit nulle. Les solutions de cyanure de potassium offrent un moyen pour cela ; on a notamment trouvé que dans des solutions concentrées de cyanure le courant est inversé, c'est-à-dire passe du mercure en repos à travers la solution vers le mercure coulant. Si l'on donnait à la solution une concentration telle que aucun ion ne naisse par l'écoulement du mercure on aurait en main l'électrode zéro cherchée. Les recherches expérimentales sur ce sujet n'ont pas encore abouti.

Une expérience de A. König montrait déjà que l'écoulement provoquait une décharge au moins partielle du mercure. Ce fait fut confirmé par une autre voie. La fig. 27 ci-jointe fait comprendre l'expérience de A. König. La goutte de mercure *a* qui se trouve sous l'acide sulfurique étendu est mise en communication par un fil *c* avec le mercure coulant goutte à goutte d'une pointe capillaire dans l'acide. Un galvanomètre G est intercalé dans le circuit. Celui-ci donne une déviation dans le sens correspondant à un entraînement d'électricité positive par le filet de mercure, conformément à notre discussion précédente. Si l'écoulement du mercure l'amène en réalité à peu près au même potentiel que le liquide, la goutte de mercure qui ici est polarisable doit se mettre au même potentiel et par suite avoir la tension superficielle maxima. Ce fait peut être établi par l'observation au moyen d'un ophtalmomètre. Une autre preuve en pouvait être obtenue en intercalant une faible force électromotrice quelconque dans le fil réunissant la goutte de mercure *a* et le filet mercuriel. La tension superficielle diminue toujours, la goutte de mercure *a* ayant acquis une certaine différence de potentiel par rapport au liquide.

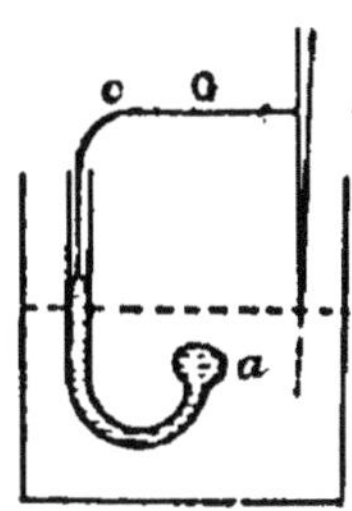

Fig. 27.

Les valeurs trouvées avec cette deuxième méthode pour les

potentiels particuliers sont le plus souvent d'accord avec celles obtenues par la première méthode, si bien que jusque dans ces derniers temps on devait, malgré les opinions émises, croire cependant que les valeurs trouvées étaient près de la vérité. Cet espoir a été diminué par les nouvelles recherches de Billitzer (1) qui ont conduit à des valeurs tout à fait différentes.

Comme on l'a vu dans le chapitre VI de ce livre, il se forme toujours, d'après Helmholtz, au contact d'un corps solide et d'un liquide, une double couche et une particule chargée électriquement en suspension dans le liquide se déplacera vers l'un ou l'autre pôle suivant la nature de cette charge. Si on exclut toutes les causes étrangères de mouvement, on pourra, de sa direction, conclure au signe de la charge et on devra admettre qu'au point où le mouvement s'inverse, c'est-à-dire quand la couche double est disparue on possède un système de deux corps ayant une différence de potentiel nulle. Si l'un d'eux est un métal on a ainsi une électrode zéro qui permet sans plus la détermination d'un potentiel d'une électrode quelconque en présence d'une solution.

Les expériences ont été faites avec le platine colloïdal, l'argent, le mercure et aussi avec de minces baguettes de métal qui étaient suspendues à un fil de quartz et fondues en une petite boule à leur partie inférieure. Les mouvements se produisent ainsi que les changements de sens par changement de concentration conformément à la formule de Nernst d'après la différence de potentiel du métal et de sa solution. On obtint le même résultat par l'expérience inverse en faisant tomber une fine poudre métallique dans un tube plein de solution ; on obtint un courant dont on pouvait changer le sens en variant la concentration des ions. Dans la première méthode à une concentration déterminée correspondait le mouvement, dans la seconde l'absence de courant.

(1) Zeitschr. f. Elektroch., 8, p. 638, 1902.

Il est remarquable maintenant que la différence de potentiel mesurée ainsi entre une électrode de mercure plongée dans une solution de KCl normale saturée de Hg^2Cl^2 s'écarte de $0^v,74$ de la valeur calculée par la méthode des tensions superficielles. Comme on ne sait pas si quelque erreur n'entache pas la nouvelle valeur, Nernst (1) a proposé de nouveau d'abandonner jusqu'à plus ample explication le mode actuel de calcul absolu qui fixe pour l'électrode précédente au mercure la différence de potentiel $E_{Hg-Solution} = +0^v,56$ et de prendre arbitrairement pour zéro la différence de potentiel d'une électrode hydrogène à la pression atmosphérique dans une solution normale en ions hydrogène. Le choix de l'électrode hydrogène comme électrode zéro a l'avantage au point de vue systématique de fixer nettement la limite entre les métaux qui mettent en liberté l'hydrogène et ceux qui ne le font pas; de l'un des côtés sont les métaux ordinaires non nobles, de l'autre ceux qui sont plus nobles que l'hydrogène, avec cette condition constante que les métaux plongent dans une solution normale pour chacun d'eux. L'hydrogène est de plus le réducteur par excellence et il sépare aussi à ce point de vue les électrodes en deux classes.

L'électrode hydrogène est facile à préparer pour l'usage ordinaire avec une constance suffisante : il suffit de faire passer pendant 15 minutes un courant régulier d'hydrogène sur une électrode en platine bien platinée plongeant dans une solution de SO^4H^2 normale en $H^{\cdot}$ pour obtenir le potentiel exact à $0^v,001$ près. La détermination des potentiels divers et de leur signe se fait maintenant d'une manière en principe très simple en faisant abstraction des différences éventuelles de potentiel au point de contact des liquides. On combine l'électrode à étudier avec l'électrode normale à hydrogène et on

---

(1) Zeitschr. f. Elektroch., 7, p. 253, 1900; Wilsmore, Zeitschr. f. physik Chem., 35, p. 291, 1900; 36, p. 91, 1901.

détermine comme à l'ordinaire la force électromotrice et la direction du courant dans la pile ainsi constituée. La force électromotrice donne directement la grandeur de la chute de potentiel Electrode — Solution, et on attribue à cette valeur le signe +, si l'électrode considérée forme le pôle + de la pile, le signe — si elle forme le pôle négatif.

Nous en donnons l'exemple suivant : on a trouvé que la force électromotrice de la pile, Zn -- Solution 2N.Zn'' — Solution N.H' — Electrode hydrogène, s'élève à 0v,770, et le courant passe de l'électrode Zinc à travers la solution vers l'électrode hydrogène; l'électrode Zinc forme donc le pôle négatif; nous aurons donc $\varepsilon_{Zn - Solution} = -0,770$, ou $\varepsilon_{Solution - Zn} = +0,770$ (nous désignerons dorénavant les potentiels particuliers par ε). Le signe indique toujours la charge du constituant nommé en premier, par suite dans la première manière d'écrire le zinc, et la solution dans la seconde De cette manière on peut déterminer un potentiel particulier quelconque et obtenir immédiatement par une simple addition de deux valeurs la force électromotrice d'une pile constituée par deux électrodes données. Pour la pile Daniell la force électromotrice est égale à $\varepsilon_{Zn - Solution} + \varepsilon_{Solution - Cu}$; comme la première valeur pour des solutions $2n. = -0,770$ et la seconde $-0,329$, on a

$$\text{f. e. m.}_{Zn.Cu} = -0,770 + (-0,329) = -1,099.$$

Le signe — signifie que le Zinc est l'électrode négative, le Cuivre l'électrode positive. Si nous écrivons la pile dans l'ordre inverse $Cu—CuSO^4—ZnSO^4—Zn$ et faisons l'addition comme plus haut, nous avons

$$\text{f. e. m.}_{Cu-Zn} = \varepsilon_{Cu - Solution} + \varepsilon_{Solution - Zn}$$
$$= 0,329 + (+0,770) = +1,099.$$

Que nous écrivions

$$\text{f. e. m.}_{\text{Zn}-\text{Cu}} = -1{,}099 \text{ ou f. e. m.}_{\text{Cu}-\text{Zn}} = +1{,}099$$

cela revient au même et le signe est déterminé par la charge du constituant écrit le premier.

Pour les électrodes qui fournissent des ions négatifs comme les électrodes oxygène, chlore, brome, etc., la différence de potentiel $\varepsilon_{\text{électrode}-\text{liquide}}$ a toujours le signe +, puisque combinés à l'électrode normale à hydrogène elles sont chargées positivement. Ce mode de notation indiqué en principe par Luther est très clair mais il convient de remarquer qu'on rencontre dans la littérature un grand nombre d'autres notations.

L'électrode normale à hydrogène n'est cependant pas recommandable en pratique comme électrode de mesure ; entre autres raisons en effet intervient la grande différence de vitesse de l'ion H˙ et des différents ions négatifs qui produit au point de contact de l'acide et d'une solution quelconque des différences de potentiel non négligeables et indéterminées. L'électrode dite au calomel qui se recommande par sa préparation facile et sa grande constance est par suite préférée en général ; comme comparé à l'électrode normale à hydrogène prise pour zéro sa différence de potentiel $\varepsilon_{\text{Hg}-\text{Solution}} = 0{,}283$ on peut prendre cette valeur comme point de départ. On se libère ainsi de l'incertitude qui s'attache toujours un peu à l'électrode à hydrogène ; si la valeur de cette dernière par des mesures plus précises que les mesures antérieures devait par exemple varier de $0^v{,}001$ on n'aurait pas pour cela à recalculer toutes les valeurs et on conserverait comme point de départ la valeur 0,283. On retrouve ici ce qui a eu lieu pour les poids atomiques pour lesquels on a choisi O = 16,00 et non H = 1,00 comme point de départ à cause de l'incertitude du rapport H : O et parce que la détermination des rapports de l'O aux autres éléments est plus facile que celle de leurs rapports avec H.

La préparation de l'électrode au calomel (fig. 28) se fait de la manière suivante (1) :

Dans un flacon de 8 cm. de hauteur et 2 de diamètre on couvre du mercure pur d'une couche de calomel et d'une solution $\frac{N}{1}$ de KCl (une solution $\frac{N}{10}$ est encore plus convenable). Un bouchon de caoutchouc à deux trous ferme le vase. L'une

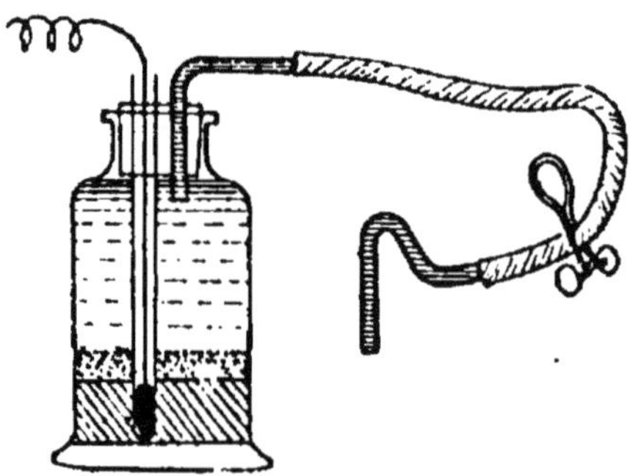

Fig. 28.

des ouvertures laisse passer un tube de verre qui plonge dans le mercure ; pour permettre le passage du courant ce tube porte, soudé à sa partie inférieure, un fil de platine ; par l'autre ouverture pénètre dans le liquide un tube de verre courbé à angle droit auquel s'adapte un tube de caoutchouc puis un petit tube de verre plusieurs fois courbé ; ces deux tubes sont remplis de solution normale de KCl.

Le dernier est placé dans le liquide dont le potentiel doit être déterminé par rapport à une électrode et on mesure la force électromotrice de la pile ainsi constituée. Si le chlorure de potassium forme avec l'autre liquide un précipité comme par exemple avec le nitrate d'argent, on intercale entre eux une solution indifférente, d'azotate de soude par exemple. Le choix du chlorure de potassium est justifié par ce fait que ses

(1) Voyez pour plus de détails Ostwald-Luther, Physik. chem. Messungen, p. 381.

deux ions ont à peu près la même vitesse et par suite le développement de différences de potentiel au point de contact des deux électrolytes n'est pas favorisé. Cette différence de potentiel qui ne peut toujours se calculer avec certitude est un phénomène accessoire désagréable comme nous l'avons fait déjà remarquer ; toutefois pour le cas spécial du contact entre la solution de KCl et une solution d'un sel neutre cette différence de potentiel est assez petite pour que nous puissions la négliger.

La table suivante (1) indique pour le moment les valeurs en volts les plus sûres pour les potentiels particuliers ($\varepsilon_{\text{électrode-électrolyte}}$), de diverses électrodes à la température ordinaire, en présence de solutions contenant une molécule-gramme (ou un ion gramme) par litre.

La colonne I contient des valeurs pour lesquelles on a admis que vis-à-vis de l'électrode au calomel la chute de potentiel était de $0^v,560$. Que ces valeurs soient les valeurs absolues ou non cela n'a pas d'importance, nous ne les considérerons que comme valeurs relatives et les désignerons toujours par ε_c.

Dans la colonne II les valeurs sont rapportées à la valeur 0,283 de l'électrode au calomel ; nous les désignerons toujours par ε_h

$$\varepsilon_h + 0,277 = \varepsilon_c$$

Les valeurs entre parenthèses sont simplement calculées d'après les quantités de chaleur correspondantes.

Les électrodes gazeuses sont à la pression atmosphérique. La valeur pour O se rapporte à une solution normale en ions $H^\cdot$; d'après les mesures ultérieures de Bose cette valeur est un peu plus élevée, 1,416 ou 1,139.

---

(1) Wilsmore, Zeitschr. f. physik Chemie, 35, p. 291, 1900.

Potentiels électrolytiques.

	I	II		I	II
K	(− 2,92)	(− 3.20)	H	+ 0.277	± 0.0
Na	(− 2,54)	(− 2,82)	Cu	+ 0,606	+ 0,329
Ca	(− 2,54)	(− 2,82)	As	<+ 0,570	<+ 0,293
Sr	(− 2.49)	(− 2,77)	Bi	<+ 0,668	<+ 0,391
Ca	(− 2,28)	(− 2,56)	Sb	<+ 0,743	<+ 0,466
Mg	(− 2,26)	(− 2,54)	Hg	+ 1,027	+ 0,750
Mg	− 1,214?	− 1,491?	Ag	+ 1,048	+ 0,771
Al	− 0,999?	− 1,276?	Pd	<+ 1,066	<+ 0,789
Mn	− 0,798	− 1,075	Pt	<+ 1,140	<+ 0,863
Zn	− 0,493	− 0,770	Au	<+ 1,356	<+ 1.079
Cd	− 0,143	− 0,420			
Fe	− 0,063	− 0,340	Fl	(+ 2.24)	(+ 1,96)
Tl	− 0,045	− 0,322	Cl	+ 1,694	+ 1,417
Co	+ 0,045	− 0,232	Br	+ 1.170	+ 0,993
Ni	+ 0,049	− 0,228	I	+ 0,797	+ 0,520
Sn	<+ 0,085	<− 0,192	O	+ 1,396?	+ 1,119?
Pb	+ 0,129	− 0,148			

Nous pouvons considérer cette série comme la véritable série des tensions. On désigne souvent ces valeurs sous le nom de « potentiels électrolytiques », en abrégé PE (à la température ordinaire). D'après la formule de Nernst (voyez p. 168) la PE d'une électrode métallique $= -\frac{RT}{n_e F} \ln P$ (1), puisque p pour ces mesures a été posé $= 1$. Par suite on a d'une manière générale pour la chute de potentiel d'une électrode vis-à-vis d'une solution de concentration p en ion à la température T :

$$\varepsilon_{\text{électrode-électrolyte}} = \text{PE} + \frac{RT}{n_e F} \ln p,$$

si l'électrode fournit des ions positifs et :

$$= \text{PE} - \frac{RT}{n_e F} \ln p$$

si elle fournit des ions négatifs.

(1) Pour la formation d'ions négatifs on a le signe +.

Influence des ions négatifs sur la chute de potentiel métal-solution d'un sel métallique. — On peut maintenant se demander si réellement les ions négatifs sont sans action sensible sur la valeur de la chute de potentiel. Cela ne résulte pas avec certitude des nombres précédents concernant les chlorures, sulfates et acétates. Par suite du degré différent de dissociation des solutions particulières se manifestent des différences que l'on devait prévoir. Mais comme les degrés de dissociation ne sont pas connus avec une certitude suffisante on ne peut affirmer que leurs différences suffisent à expliquer complètement les irrégularités. Neumann (1) a dans ce but préparé des solutions $\frac{N}{100}$ d'une vingtaine de sels de thallium pour la plupart organiques et détermine leurs différences de potentiel vis-à-vis du thallium métallique. A cette dilution les sels thalleux sont à notre point de vue également dissociés et nous devons nous attendre à des différences de potentiel égales. En fait les valeurs trouvées ne s'écartent pas entre elles de plus de $0^v,001$, si bien que nous devons conclure de ces recherches que l'anion est sans influence sur le potentiel du métal. Exception doit être faite des anions tels que AzO^3' qui peuvent par eux-mêmes exercer une action oxydante, c'est-à-dire fournir de nouveaux ions négatifs. Pour cette raison les solutions de nitrates, malgré leur dissociation voisine de celle des chlorures montrent cependant des valeurs réellement différentes de ceux-ci.

Chaleurs d'ionisation. — Nous indiquerons finalement que la formule de Helmholtz $F\pi - Q = FT\frac{d\pi}{dT}$ peut s'employer non seulement pour une pile entière mais pour toute

(1) Zeitschr. f. physik. Chem., **14**, p. 229, 1894.

électrode réversible ; ceci a été démontré expérimentalement par Jahn (1) pour quelques électrodes métalliques. Q représente alors la tonalité thermique de la réaction qui a lieu à l'électrode et $\frac{d\pi}{dT}$ le coefficient de température de la chute correspondante de potentiel. De même que la force électromotrice totale de la pile se compose de deux ou plusieurs chutes particulières, indépendantes les unes des autres, le coefficient de température est la somme de ces coefficients particuliers.

Connaissant par exemple la valeur de la chute de potentiel : Zinc — Sulfate de zinc, nous déterminons son coefficient de température, et nous pouvons alors connaître Q qui représente dans ce cas la chaleur de passage du zinc à l'état d'ions ; c'est la chaleur d'ionisation du zinc. Les données thermochimiques ne nous donnent toujours que la somme ou la différence de deux ou de plusieurs chaleurs d'ionisation. La précipitation du cuivre d'une de ces solutions par le zinc nous donne par exemple la différence entre la chaleur d'ionisation du cuivre et celle du zinc. Au contraire une chaleur d'ionisation particulière nous étant connue nous pouvons à partir des données thermochimiques calculer les autres. Ostwald (2) a calculé la table suivante des chaleurs d'ionisation (rapportées à $\varepsilon_{Hg\,-\,\text{solution N.KCl}} = 0{,}56^{v}$). Les nombres ne sont qu'approchés à cause de l'incertitude des données expérimentales, K est à peu près égal à 100 calories.

		Pour une valence.
K	+ 610 K. . . .	610 K.
Na	+ 563 — . . .	563 —
Li	+ 620 — . . .	620 —
Sr	+ 1155 — . . .	578 —
Ca	+ 1070 — . . .	535 —

(1) Zeitschr. f. physik. Chem., **18**, p. 399, 1895.
(2) Zeitschr. physik. Chem., **11**, p. 501, 1893.

					Pour une valence.	
Mg	+	1067	K.		534	—
Al	+	1175	—		392	—
Mn	+	481	—		240	—
Fe (Ferreux)	+	200	—		100	—
Fe (Ions ferreux en ions ferriques)	—	121	—	—	121	—
Co	+	146	—	+	73	—
Ni	+	135	—		68	—
Zn	+	326	—		163	—
Cd	+	162	—		81	—
Cu (ions cuivreux)	—	175	—	—	88	—
Cu (— cuivriques)	—	170	— (?)	—	170	— (?)
Hg	—	205	—	—	205	—
Ag	—	262	—	—	262	—
Th	+	10	—	+	10	—
Pb	—	10	—	—	5	—
Sn	+	20	—	+	20	—

On appelle $FT \frac{d\pi}{dT}$ la chaleur de Helmholtz ou aussi la chaleur de Peltier ; cette dernière expression a été d'abord employée exclusivement pour les contacts purement métalliques; pour ces derniers on comprend spécialement sous le nom d'Effet Peltier pour la température du point de contact la quantité de chaleur qui par le passage de la quantité d'électricité 1 prend naissance ou est absorbée.

L'Effet Peltier représente l'inverse du phénomène thermo-électrique découvert par Seebeck dont nous avons parlé p. 224.

Piles dans lesquelles les corps fournissant les ions ne sont pas des éléments. — Nous parvenons maintenant à une catégorie de piles chimiques qui paraissent tout à fait différentes de celles vues jusqu'ici et dont le type est la Daniell. Entourons deux électrodes de platine platiné, l'une de chlorure d'étain, l'autre d'une solution moyennement concentrée de chlorure ferrique, réunissons par un conducteur métallique les deux électrodes et nous obtenons un courant qui passe dans la pile du chlorure d'étain au chlorure ferrique. Les ions ferriques trivalents cèdent chacun une quantité d'électricité et passent de ce fait à l'état d'ions ferreux, pendant que les ions stanneux prennent chacun deux quantités d'électricité positive et passent à l'état d'ions stanniques :

$$Sn^{\cdot\cdot} + 2Fe^{\cdot\cdot\cdot} = Sn^{\cdot\cdot\cdot\cdot} + 2Fe^{\cdot\cdot}.$$

Voici comment nous pouvons nous imaginer le phénomène plus en détail. Les ions stanneux passent à l'état d'ions stanniques, par suite il y a consommation d'électricité positive :

$$Sn^{\cdot\cdot} + 2F(+) = Sn^{\cdot\cdot\cdot\cdot};$$

comme celle-ci ne peut jamais naître seule dans une transformation d'énergie chimique en énergie électrique, il doit se former sur l'électrode une quantité équivalente d'électricité négative ; celle-ci passe à l'autre électrode à travers le fil conducteur, et là peut se réunir à l'électricité positive devenue libre par le passage des ions ferriques à l'état ferreux :

$$2Fe^{\cdot\cdot\cdot} + 2F(-) = 2Fe^{\cdot\cdot}.$$

La pile — Platine platiné entouré d'hydrogène — Electrolyte (1) — Electrolyte (2) — Platine platiné entouré de chlore possède évidemment une analogie complète avec la précédente On a déjà précédemment indiqué (page 181) que le dispositif platine platiné entouré d'hydrogène peut être désigné comme une électrode d'hydrogène.

Nous pouvons de même parler ici d'une électrode stanneuse ou ferrique et de même que nous attribuons au chlore et à l'hydrogène la tendance à passer à l'état d'ions (ou aux ions correspondants la tendance à passer à l'état neutre) nous pouvons causer ici d'une tendance des ions stanneux et ferriques à former des ions stanniques et ferreux. La force électromotrice de ces piles se compose aussi principalement des deux chutes indépendantes de potentiel aux deux électrodes. En outre la chute de potentiel à une électrode dépend non seulement de la tension de transformation (analogue à la tension de dissolution) du corps correspondant mais aussi de la pression osmotique des ions qui se forment. Par suite la concentration des ions stanniques se formant à l'une des électrodes et des ions ferreux à l'autre jouera un rôle important. Nous ne pourrons donc nous attendre à une différence de potentiel déterminée constante comme dans l'élément Daniell que si déjà nous avons en solution des ions stanniques et ferreux. D'autre part, la concentration des corps qui se transforment est à considérer, car la tension de transformation d'un corps n'est bien entendu une grandeur constante que pour une concentration déterminée (à température constante).

Tout ceci considéré nous voyons qu'il ne subsiste entre les piles dites d'oxydation ou de réduction et l'élément Daniell aucune différence essentielle et nous pouvons espérer retrouver pour elles toutes les propriétés que ce dernier nous a montrées.

Déjà dans la première édition de ce traité nous avions représenté les faits sous cette forme ; il n'y avait cependant alors pas encore assez de faits expérimentaux pour permettre une vérification. On négligeait par exemple presque complètement l'influence de la concentration des corps qui se forment aux électrodes, influence à laquelle devaient être rapportées les valeurs souvent incertaines des piles composées. Par là aussi s'expliquait la non réversibilité de ces piles ; si nous ne faisons pas fonctionner la pile — Chlorure stanneux — Chlorure ferrique et si nous lui opposons une force électromotrice supérieure, il doit se précipiter à l'une des électrodes de l'étain, et se dégager à l'autre de l'oxygène (au moins pour les solutions étendues). Au contraire, en présence de chlorure stannique et de chlorure ferreux et pour des courants pas trop intenses a lieu une transformation des ions stanniques en stanneux et des ions ferriques en ferreux; c'est-à-dire que la pile est réversible.

Si nous employons le chlore et le zinc comme électrodes, et si nous prenons des électrolytes ne contenant ni ions zinc ni ions chlore, nous n'avons plus également de pile réversible.

Un courant plus fort et de sens inverse étant envoyé à travers la pile, l'ion positif de l'un des électrolytes se précipitera sur le zinc, le négatif de l'autre se libérera au chlore, pendant que par fonctionnement de la pile des ions zinc et chlore prennent naissance.

On peut établir pour calculer la force électromotrice des piles de cette nature (à concentrations pas trop élevées) des formules semblables à celles qui s'appliquent aux piles genre Daniell (1).

Toute réaction qui a lieu à une électrode pendant le fonctionnement de la pile se laisse représenter par l'équation schématique suivante :

$$\alpha A + \beta B + \ldots\ldots + n_e F (+) \rightleftarrows \delta D + \varepsilon E \ldots$$

α, β..... représentent ici le nombre de molécules gramme des corps A, B... qui, en prenant les quantités (2) $n_e F$ d'électricité positive (ou par perte des quantités négatives équivalentes), donnent δ, ε.... molécules gramme des corps D, E.....

Nous avons ainsi pour l'électrode ferri-ferreuse

$$Fe^{\cdot\cdot} + F (+) \rightleftarrows Fe^{\cdot\cdot\cdot},$$

à gauche nous avons le degré d'oxydation inférieure (ou le de-

---

(1) Voyez aussi : Ostwald Luther, Physik. chemische Messungen, p. 373, Haber. Zeitschr. f. Elektrochemie, 7, p. 1013, 1901.

(2) S'il s'agit du passage : métal-ion, n_e donne directement la valence de l'ion qui prend naissance, voy. p. 168.

gré supérieur de réduction) et la flèche supérieure correspond à une réaction d'oxydation, l'inférieure à une réaction de réduction.

Comme on l'a déjà indiqué on peut admettre que la chute de potentiel à l'électrode dépend, non seulement pour les éléments du type Daniell mais en général, des corps qui se forment comme de ceux qui disparaissent et cela de la manière indiquée par la formule logarithmique de Nernst.

Si on suppose que tous les corps interviennent à la température ordinaire à la concentration 1 (ordinairement en molécule-gramme ou en ion-gramme par litre) et si on désigne par ε_0 cette valeur de la différence de potentiel $\varepsilon_{\text{Electrode-électrolyte}}$ la formule suivante (en supposant notre hypothèse exacte) nous fournira immédiatement la chute de potentiel à une électrode pour une concentration (c) quelconque :

$$\varepsilon_{\text{Electrode-électrolyte}} = \varepsilon_0 + \frac{RT}{n_e F} \ln \frac{C_D^{\delta} . C_E^{\varepsilon} \ldots\ldots}{C_A^{\alpha} . C_B^{\beta} \ldots\ldots}$$

Au numérateur nous avons le degré d'oxydation le plus élevé, au dénominateur le degré le moins élevé. Le premier se transforme en le second en abandonnant de l'électricité positive ou en perdant de l'électricité négative. Au point de vue du signe de ε ou de ε_0 il faut se rappeler ce que nous avons vu p. 242. Il convient aussi de désigner la valeur ε_0 comme « Potentiel électrolytique » PE. Pour l'électrode ferri-ferreuse nous aurions ainsi

$$\varepsilon_{\text{Electrode-électrolyte}} = \varepsilon_0 + RT \ln \frac{Fe^{\cdot\cdot\cdot}}{Fe^{\cdot\cdot}}$$

où $Fe^{\cdot\cdot\cdot}$ et $Fe^{\cdot\cdot}$ représentent les concentrations ou les pressions osmotiques des ions Ferreux et Ferriques. Cette expression est tout à fait analogue à celle des électrodes métalliques.

Appliquée à une électrode hydrogène ou chlore elle prend la forme suivante :

$$\varepsilon_{\text{Electrode-électrolyte}} = \varepsilon_0 + \frac{RT}{2F} \ln \frac{H'^2}{H^2};$$

$$\varepsilon_{\text{Electrode-électrolyte}} = \varepsilon'_0 + \frac{RT}{2F} \ln \frac{Cl^2}{Cl'^2}$$

Pour une électrode à oxygène nous avons deux expressions suivant que nous considérons la réaction (1).

1) $$O^2 + 4F(-) \rightleftarrows 2O''$$

ou 2) $$O^2 + 2H^2O + 4F(-) \rightleftarrows 4OH'$$

Pour (1) nous avons :

$$\varepsilon''_{\text{Electrode-électrolyte}} = \varepsilon''_0 + \frac{RT}{4F} \ln \frac{O^2}{O''^2}.$$

ε_0 représente ici la P.E c'est-à-dire la chute de potentiel qui se produit quand de l'oxygène à la pression atmosphérique est en contact avec une solution contenant par litre un ion gramme O''. Pour (2) la formule est la suivante :

$$\varepsilon''_{\text{Electrode-électrolyte}} = \varepsilon'''_0 + \frac{RT}{4F} \ln \frac{O^2}{OH'^4}$$

La valeur de ε'''_0 est fixée par ce fait que l'oxygène à la pression atmosphérique est en contact avec une solution normale en ions OH'. Plus exactement on devrait avoir aussi dans le logarithme en numérateur $(H^2O)^2$ puisque l'eau prend part à la réaction. Mais comme sa concentration n'est guère

---

(1) La relation $2OH' \rightleftarrows H^2O + O''$ subsiste ; la concentration des OH' peut toujours s'obtenir expérimentalement ; il n'en est pas de même pour celle des O'' mais elle est sûrement très petite. De la considération des états d'équilibre découle si nous opérons avec les ions OH' ou O''.

influencée par la réaction, on peut négliger ordinairement son action même dans la détermination de la valeur de ε''_0 si exceptionnellement dans ce cas on égale à 1 la concentration de l'eau.

Une action de l'air de cette nature n'est au reste pas rare ; par exemple à une électrode au permanganate on a la réaction suivante :

$$MnO^{4'} + 8H^{\cdot} + 5F\ (-) \rightleftarrows Mn^{\cdot\cdot} + 4H^2O$$

et la formule complète serait :

$$\varepsilon_{\text{Électrode-électrolyte}} = \varepsilon_0 + \frac{RT}{5F} \ln \frac{MnO^{4'}.H^{\cdot 8}}{Mn^{\cdot\cdot}(H^2O)^4}$$

La détermination des potentiels électrolytiques (P.E) serait aussi importante pour les réducteurs et les oxydants que pour les métaux ; cependant on a encore peu travaillé dans cette direction. Voici quelques valeurs qui ont été déterminées d'une manière précise :

P.E d'une Électrode ferriferreuse : $\varepsilon_{0\ \text{Électrode-Solution}} = +0{,}99$
— — Cupricuivreuse : — — $= +0{,}13$
— — Ferri-ferrocyanure (de K). — $= +0{,}713$

Les mesures de Peters (1), Schaum (2) et récemment de Fredenhagen (3) ont montré que la formule précédente représente bien la variation de force électromotrice d'après les variations des concentrations correspondantes et ont donné des résultats qui concordent bien avec la théorie.

Il est à peine nécessaire de rappeler que par combinaison de deux chutes particulières de potentiel on obtient une pile

---

(1) Zeitschr. f. physik. Chem., **26**, p. 193, 1898.
(2) Sitzber. d. G. zur Beforderung d. Naturw. Marburg, n° 7, 1898.
(3) Zeitschr. f. anorg. Chem., **29**, p. 396, 1902.

dont la f. e. m. est (au moins presque exclusivement) égale à la somme des valeurs de chacune. Ceci a été démontré déjà par Bancroff (1).

Il est regrettable que ses déterminations se rapportent à des concentrations en ions indéterminées ; cependant nous donnerons ici les valeurs de ces chutes de potentiel ($\varepsilon_{\text{électrode-électrolyte}}$) qui sont d'un grand intérêt et peuvent servir à mesurer la « Force » réductrice ou oxydante des corps étendus.

Une électrode platine platiné entouré des liquides correspondants donne les valeurs suivantes, rapportées à l'électrode au calomel :

$$\varepsilon_{\text{Hg—HgCl dans KCl n.}} = +0{,}56$$

$SnCl^2 + KOH$	— 0,301	Hydroxylamine	0,636
Na^2S	— 0,091	SO^4NaH	0,663
Hydroxylamine, KOH	— 0,056	SO^4H^2	0,718
Acétate chromeux KOH	— 0,029	$FeSO^4 + SO^4H^2$	0,791
Pyrogallol KOH	0,078	Oxalate (FeK^3)	0,846
Hydroquinone	0,231	$KI.I^2$	0,888
Hydrogène HCl	0,249	$FeCy^6K^3$	0,982
$FeK^2(C^2O^4)^2$	0,283	$Cr^2O^7K^2$	1,062
Acétate de chrome	0,361	AzO^3K	1,137
$FeCy^6K^4$. KOH	0,474	Cl^2.KOH	1,186
I^2. KOH	0,490	$FeCl^3$	1,238
$SnCl^4$ HCl	0,496	AzO^3H	1,257
Arsénite de K	0,506	ClO^3H	1,267
PO^4NaH^2	0,516	Br^2.KOH	1,315
$CuCl^2$	0,560	$Cr^2O^7H^2$	1,397
$S^2O^3Na^2$	0,576	ClO^4H	1,410
SO^3Na^2	0,583	Br^2.KBr	1,425
PO^4Na^2H	0,593	IO^3K	1,489
$FeCy^6K^4$	0,595	MnO^4.KCl	1,628
SO^4Fe neutre	0,633	Cl^2.CKl	1,666
		MnO^4K	1,763

La plupart des solutions contenaient environ 1/5 Mol. par litre. Les considérations précédentes nous permettent de dé-

(1) Zeitschr. f. physik Chem. **14**, p. 226, 228, 1894.

finir d'une manière précise au point de vue électrique les phénomènes dits d'oxydation ou de réduction. On peut dire qu'un corps est oxydé quand il augmente sa charge positive ou diminue sa charge négative, et qu'il est réduit quand il augmente sa charge négative, ou diminue sa charge positive. D'après cette définition dans tout élément galvanique il doit y avoir à l'une des électrodes une oxydation et à l'autre une réduction. La précipitation d'un métal par un autre, le phénomène de substitution doit être dans ce sens considéré comme un phénomène d'oxydation et de réduction. Les métaux ne peuvent agir que comme réducteurs puisqu'ils ne peuvent fournir que des ions positifs et par suite entraînent la formation d'ions négatifs ou la disparition d'autres ions positifs; ils sont eux-mêmes par là oxydés.

Tous les éléments qui ne forment que des ions négatifs représentent au contraire des moyens d'oxydation Les solutions peuvent aussi bien être réductrices que oxydantes car elles contiennent à la fois des ions positifs et des ions négatifs et par suite peuvent céder de l'électricité soit positive, soit négative. En plongeant du zinc dans une solution de Bromure de cadmium il y a précipitation de cadmium et la solution agit comme oxydant; en y faisant passer du chlore il se précipite du Brome et la solution agit comme réducteur.

On peut de la même manière voir si les corps cités dans le tableau précédent doivent être, quand ils entrent en réaction, envisagés comme réducteurs ou oxydants. Ce qui précède fait concevoir aussi la possibilité pour un corps dissous d'agir comme oxydant ou comme réducteur suivant les circonstances. Ce fait peut aussi avoir lieu s'il n'entre qu'un ion en réaction; l'ion fer trivalent peut passer à l'état d'ion trivalent ou à l'état de métal; il peut donc agir comme oxydant ou réducteur. Luther (1) a montré que, comme la variation

(1) Zeitschr. f. physik Chem. **34**, p. 488, 1900; **38**, p. 385, 1901.

d'énergie libre dans les processus réversibles est indépendante de la voie suivie et ne dépend que de l'état final et de l'état initial, le travail nécessaire pour transformer directement le degré d'oxydation le plus bas en le degré le plus élevé est égal à la somme des travaux nécessaires pour passer d'abord du degré d'oxydation le plus bas au degré intermédiaire, et de celui-ci au degré le plus élevé. Comme le travail d'oxydation réversible est mesuré par l'énergie électrique fournie on a la relation :

$$(a+b)\,F\varepsilon = aF\varepsilon_1 + bF\varepsilon_2,$$

où a et b représentent le nombre de F introduit successivement ε la f. e. m. nécessaire pour passer du degré inférieur d'oxydation au degré le plus élevé, ε_1 celle nécessaire pour passer du degré inférieur au degré intermédiaire, et ε_2 celle nécessaire pour le passage de ce degré d'oxydation au degré le plus élevé. On en déduit :

$$\varepsilon = \frac{a\varepsilon_1 + b\varepsilon_2}{a+b}$$

pour le fer qui peut fournir des ions bi et trivalents,

$$\varepsilon = \frac{2\varepsilon_1 + \varepsilon_2}{3}$$

et pour le cuivre qui forme des ions mono et bivalents

$$\varepsilon = \frac{\varepsilon_1 + \varepsilon_2}{2}$$

Cette relation exprime que la f. e. m. nécessaire pour le

passage direct du degré inférieur d'oxydation au degré le plus élevé est toujours entre la f. e. m. de passage du degré inférieur au degré moyen et celle de passage de celui-ci au degré le plus élevé. La relation $\varepsilon = \varepsilon_1 + \varepsilon_2$ à laquelle à priori on pourrait s'attendre n'est donc pas exacte.

Quand à l'ordre dans lequel doivent se trouver les trois f. e. m. nous n'en pouvons rien savoir à l'avance; il dépend de la nature des corps et aussi des concentrations. Si nous éliminons cette cause de variation en employant tous les corps à la concentration 1, deux cas typiques pourront se présenter.

I. Le fer nous donne un exemple du premier. Connaissant deux valeurs nous pouvons évidemment calculer la troisième. On a trouvé ainsi pour

$$\varepsilon = \varepsilon_{1\, e_{Fe-Fe^{\cdot\cdot}}} = -0{,}08$$

et
$$\varepsilon = \varepsilon_{2\, e_{\text{Electrode}-\text{Electrolyte}\ \frac{Fe^{\cdot\cdot\cdot}}{Fe^{\cdot\cdot}}}} = +0^{v}{,}99$$

il en résulte
$$\varepsilon = \varepsilon_{e_{Fe-Fe^{\cdot\cdot\cdot}}} = +0^{v}{,}23,$$

et l'ordre de succession est par suite : ε_1, ε, ε_2, la réaction correspondant à ε_1 est la plus réductrice, celle correspondant à ε^2 la plus oxydante. Constituons maintenant la pile suivante :

$$\text{Fer} - Fe^{\cdot\cdot} - \frac{Fe^{\cdot\cdot\cdot}}{Fe^{\cdot\cdot}} - \text{Platine} \qquad (1)$$

(nous ferons abstraction des ions négatifs), l'électrode Fe est négative le Platine positif et pour le fonctionnement de l'élément le fer et $Fe^{\cdot\cdot\cdot}$ diminuent pendant que $Fe^{\cdot\cdot}$ augmente. Il se produit par suite dans l'élément, ce qui a lieu par le mélange direct des trois corps à concentration égale : formation du degré d'oxydation intermédiaire aux dépens des deux autres.

$$2Fe^{\cdot\cdot\cdot} + Fe = Fe^{\cdot\cdot}$$

Outre la pile (1) nous pouvons encore en former deux autres par combinaison de trois chutes de potentiel

$$\text{Fer} - \text{Fe}^{\cdot\cdot} - \text{Fe}^{\cdot\cdot\cdot} - \text{Fer} \qquad (2)$$

$$\text{Fer} - \text{Fe}^{\cdot\cdot\cdot} - \frac{\text{Fe}^{\cdot\cdot\cdot}}{\text{Fe}^{\cdot\cdot}} - \text{Platine} \qquad (3)$$

Dans ces piles c'est également le terme moyen d'oxydation qui se forme par le fonctionnement aux dépens des deux autres.

Il existe des relations intéressantes entre ces trois piles.

Connaissant les potentiels particuliers, calculons leurs f.e.m. : nous obtenons pour (1) = 1,07ᵛ, pour (2) = 0ᵛ,36, pour (3) = 0ᵛ,71. Calculons enfin combien de F nous devons envoyer dans chaque élément pour mettre 56ᵍ de fer métallique en solution : nous obtenons pour (1) 2 F, pour (2) 6 F, pour (3) 3 F.

Nous pouvons par suite obtenir la quantité d'énergie disponible dans la réaction $2Fe^{\cdot\cdot\cdot} + Fe = 3Fe^{\cdot\cdot}$ sous trois formes suivant le dispositif que nous choisirons :

Dans (1)	nous avons	1,07 volt	× 2F,
— (2)	—	0,36 —	× 6F,
— (3)	—	0,71 —	× 3F,

Bien entendu, dans tous les cas, le produit est le même, 2,14 × 96580 joules.

Nous avons ici évidemment une transformation rigoureusement électrique d'énergie qui se distingue par ce fait que des rapports de transformation exprimables complètement en chiffres apparaissent seuls.

II. Le deuxième cas typique est celui du cuivre. A l'inverse du fer le terme moyen d'oxydation se décompose spontanément dans les deux autres :

$$2Cu^{\cdot} = Cu + Cu^{\cdot\cdot}.$$

Dans l'élément cuivreux non réalisé d'ailleurs à cause de l'instabilité des ions cuivreux

$$\text{Cuivre} - Cu^{\cdot} - \frac{Cu^{\cdot\cdot}}{Cu^{\cdot}} - \text{Platine}$$

il disparaîtrait par le fonctionnement des ions cuivreux et il se formerait des ions cuivriques ; le platine serait négatif et le cuivre positif.

L'ordre des f. e. m. doit par suite être inverse de celui que nous avons vu pour le fer, c'est-à-dire : ε_2, ε, ε_1 ; la réaction correspondant à ε_2 sera la plus réductrice, celle correspondant à ε_1 la plus oxydante.

La caractérisque de tous les cas semblables à celui du cuivre c'est que le terme d'oxydation moyen ($Cu^{\cdot}$) est un oxydant plus puissant que le terme d'oxydation le plus élevé ($Cu^{\cdot\cdot}$) et, d'autre part, un réducteur plus puissant que le terme d'oxydation le plus bas ; toutes choses égales d'ailleurs à concentration croissante, il y a augmentation d'activité pour le terme moyen considéré soit comme réducteur soit comme oxydant.

On obtient ainsi, ce qui paraît paradoxal, par oxydation du cuivre métallique un réducteur plus puissant ($Cu^{\cdot}$) et par réduction de $Cu^{\cdot\cdot}$ un oxydant plus puissant ; en d'autres termes l'augmentation de charge positive n'augmente pas nécessairement la puissance oxydante d'un corps, pas plus que la diminution de charge positive ne diminue sa puissance réductrice.

Imaginons-nous finalement une électrode de fer (pour le cuivre il en serait de même) en contact avec une solution qui contient des ions $Fe^{\cdot\cdot}$ et $Fe^{\cdot\cdot\cdot}$ à des concentrations telles que $\varepsilon = \varepsilon_1$ on dira qu'il y a équilibre à cette électrode. De la formule de Luther résulte immédiatement que $\varepsilon_2 = \varepsilon = \varepsilon_1$; les trois potentiels particuliers deviennent égaux à l'état d'équilibre.

Nous dirons à cette occasion un mot sur la condition tout d'abord nécessaire pour obtenir un courant électrique (1). Nous avons vu, que dans tout élément galvanique il y a un phénomène d'oxydation et un phénomène de réduction, c'est-à-dire, qu'à une des électrodes naissent des ions pendant qu'il en disparaît à l'autre. Ces deux phénomènes doivent toujours avoir lieu en des points naturellement séparés; s'ils se produisent au même endroit on n'obtient aucun courant. Quand nous plaçons du zinc dans une solution de cuivre, les phénomènes d'oxydation et de réduction ont lieu au zinc en même temps; les quantités d'électricité peuvent se neutraliser immédiatement et ainsi se trouve exclue la possibilité de réaliser cette égalisation en d'autres points c'est-à-dire d'obtenir un courant électrique. D'une manière par suite tout à fait générale la réaction chimique de deux corps l'un sur l'autre ne pourra s'utiliser au point de vue électrique que si d'abord il y a dans la réaction des quantités d'électricité qui apparaissent ou disparaissent et ensuite si les deux corps peuvent subir leurs transformations tout en étant matériellement séparés.

Plaçons un fil de platine dans une solution de sulfate de zinc où plonge un peu de zinc, nous n'obtenons par la réunion de ce zinc et du platine au moyen d'un fil métallique, qu'un courant très faible.

Si nous voulons rendre la dissolution ou l'ionisation du zinc plus rapide et obtenir par suite un courant plus fort nous le pourrons par l'introduction d'un peu d'une solution dont l'un des composants a une tendance plus faible à l'ionisation que le zinc; c'est par exemple le cas d'une solution acide ou d'une solution d'un sel de cuivre. Bien entendu l'adjonction directe de cette dissolution au zinc ne produirait aucun résultat.

(1) Ostwald, Chemische Fernewirkung. Zeitschr. f. physik Chem., 9, p. 540, 1892.

On a souvent employé pour réaliser des éléments galvaniques à grande puissance des oxydants beaucoup plus forts sans être à même d'expliquer clairement les phénomènes qui se passaient. L'élément à l'acide chromique par exemple est très usité ; il comporte Zn — Ac. chromique ou Bichromate de soude + SO^4H^2 — Charbon. La réaction essentielle est constituée par la formation d'ions zinc au pôle positif ; au charbon il n'y a pas mise en liberté d'hydrogène gazeux mais transformation d'ions chromiques à charge positive élevée en ions à charge moindre, et les charges positives libérées apparaissent par suite à l'électrode.

Comme le zinc a une grande tendance à former des ions zinc et qu'aussi les ions chromiques à valence élevée tendent fortement à passer à une valence inférieure on obtient pour l'élément une force électromotrice élevée puisqu'elle est égale à la somme des deux chutes de potentiels particulières. De plus il est évident que la force électromotrice doit diminuer avec le temps par suite de l'augmentation des ions zinc, de la concentration décroissante des ions chromiques à valence élevée, et de l'augmentation continue des ions correspondants à valence plus faible, toutes circonstances qui tendent à diminuer la force électromotrice.

L'oxydation énergique du zinc ainsi qu'on sait et la force électromotrice élevée de l'élément seront atteintes par l'adjonction de l'oxydant non au zinc mais au charbon.

Nous pouvons de la même manière dissoudre aussi les métaux nobles c'est-à-dire les faire passer à l'état d'ions. Une pile Platine — Solution de NaCl. — Or ne nous donne aucun courant et celui-ci prend naissance quand nous ajoutons au platine un peu d'eau de chlore, ce qui provoque la dissolution de l'or. La tendance élevée du chlore à l'ionisation l'emporte et vainc la répugnance de l'or à passer à l'état d'ions. L'addition de chlore à l'or ne nous fournirait aucun courant (Le platine n'est pas attaqué) et l'or ne subirait qu'une très lente oxydation.

On peut mettre en évidence l'énergie libérable dans d'autres réactions par exemple dans les phénomènes de dissolution en les couplant avec des réactions d'oxydation ou de réduction (1). C'est ainsi que l'élément

$\frac{H^2}{Pt}$	Solution saturée avec excès de sel	$\frac{O^2\ O^2}{Pt.Pt}$	Eau pure	$\frac{H^2}{Pt}$

fournit un courant qui va de la solution saturée à l'eau pure en passant par l'électrode oxygène. En résumé la réaction finale de l'élément est la saturation de l'eau pure par le sel solide. Comme cette réaction peut être réversible l'énergie électrique nous fournit immédiatement la quantité de travail disponible dans la réaction. Nous avons d'ailleurs déjà considéré ces phénomènes, mais à un autre point de vue dans le chapitre sur les piles doubles de concentration (p. 201).

Potentiel de formation aux électrodes. — Dégagement libre de l'oxygène et de l'hydrogène. — Réactions pendant le débit d'un courant (2). — Nous ne devons pas oublier qu'à une électrode quelconque en présence des ions correspondants et siège d'une chute de potentiel ε, nous avons dans l'eau des ions H', OH' ou O''. Une telle électrode pour qu'il y ait équilibre devra être chargée d'hydrogène et d'oxygène de telle manière que les différences de potentiel Hydrogène-ions, Hydrogène, Oxygène-ions, Oxygène deviennent égales à ε. (Voyez la remarque p. 252, et la discussion p. 173). Ce phénomène est particulièrement important pour les électrodes platinées dont le pouvoir dissolvant pour les gaz est élevé et pour lesquelles par suite on peut parvenir rapidement aux états qui correspondent à l'é-

(1) Ostwald Luther, Hand-und Hilfsbuch, p. 388.
(2) Voyez Nernst, Theoretische Chemie, 3e édition, p. 673 et Fredenhagen, Zeitschr. f. anorgan. Chemie, **29**, p. 396, 1902.

quilibre. Pour une électrode platinée ferri-ferreuse nous pourrons appliquer les relations :

$$2\,Fe^{\cdot\cdot} + 2\,H^{\cdot} \rightleftarrows 2\,Fe^{\cdot\cdot\cdot} + H^2$$

et

$$2\,Fe^{\cdot\cdot} + \frac{O^2}{2} \rightleftarrows 2\,Fe^{\cdot\cdot\cdot} + O''$$

Si les ions fer di-et trivalents ont une concentration N' on a, $\varepsilon_{\text{électrode-électrolyte}} = +0{,}99$ ce qui permet pour une concentration déterminée en ions O'' et H' de calculer les concentrations de l'oxygène et de l'hydrogène dans l'électrode. A concentration constante des ions fer ces concentrations doivent varier naturellement si on fait varier les concentrations des ions H' ou O'' et comme on peut le voir facilement la variation doit être telle qu'à une charge élevée en oxygène corresponde une charge faible en hydrogène et inversement. Il est bien évident que pour des concentrations trop élevées les gaz ne restent pas dans l'électrode mais se dégagent. Admettons que ceci ait lieu quand l'oxygène ou l'hydrogène ont la pression d'une atmosphère nous pourrons dire que tout oxydant pour lequel on a

$$\varepsilon_{\text{e él ctrode-électr lyte}} > 1^v{,}42 \text{ ou } \varepsilon_h > 1^v{,}14$$

dégagera l'oxygène d'une solution N d'ions H' jusqu'à ce que par la variation des concentrations intervenantes sa chute de potentiel soit devenue $1^v{,}42$ ou $1^v{,}14$. En effet l'oxygène a la pression d'une atmosphère dans une solution normale en ions H' à la valeur 1,42 ou 1,14. D'un autre côté un réducteur dont la différence de potentiel $\varepsilon_{\text{e électrode-électrolyte}}$ est $<0{,}277$ ou ce qui revient au même $0^v{,}0$ dégagera l'H d'une solution N. en ions H'. Ceci nous montre que les oxydants et les réducteurs en solution aqueuse ne sont stables et accessibles aux mesures que dans des limites restreintes en dehors desquelles on ne peut arriver qu'à des états de transitions auxquels nos formules ne peuvent s'appliquer. C'est le cas par exemple des solutions des persulfates qui se transforment en sulfates avec dégagement d'oxygène et n'atteignent que pour une très faible concentration le bas potentiel nécessaire à leur stabilité relative. Nous ne pouvons parler que d'une stabilité relative car tous les oxydants et tous les réducteurs se transforment avec les ions H˙ et O˝ ou les charges gazeuses correspondantes de telle manière que leur chute de potentiel tend vers la valeur que l'oxygène de l'air possède vis-à-vis de la solution parce qu'il est présent en quantité inépuisable et qu'il a par suite une concentration invariable. Notre précédente électrode de fer ne sera par suite en équilibre stable à l'air que si elle est dans une solution dont la concentration des ions O˝ (ou OH') est telle que l'électrode oxygène de l'air possède par rapport à elle le potentiel 0v,99. On suppose en outre ici que la concentration de l'hydrogène dans l'électrode demeure invariable. Comme rigoureusement parlant cette condition ne serait remplie que si l'hydrogène existait dans l'atmosphère à la pression correspondante, ce qui n'est sûrement pas le cas, nous arrivons à cette conclusion que nous ne sommes jamais en présence d'un état d'équilibre absolu. Cependant en pratique, comme la diffusion du gaz de l'électrode dans l'air environnant ne s'effectue que très lentement, aussi longtemps que sa pression ne dépasse pas trop une atmosphère, nous pouvons dans ces limites compter sur un état stable.

Ces considérations nous amènent à un résultat important. Les réducteurs pour lesquels ε_{II} est <0v,0 ne seront plus stables en solution normale d'ions H˙ mais le seront encore dans une solution moins concentrée par exemple dans une solution contenant des ions OH'. En effet plus la concentration des ions H˙ est faible plus est élevée la chute de potentiel (comptée négativement) de l'hydrogène à la pression atmosphérique vis-à-vis de la solution, et plus est élevée aussi la valeur que peut atteindre la différence de potentiel du réducteur sans dégager d'hydrogène. Un grand nombre de métaux ordinaires par exemple le fer en fournissent un exemple. Le fer en solution neutre et normale d'ions $Fe^{\cdot\cdot}$ contenant par suite peu d'ions $H^{\cdot}$ ne dégage pas d'hydrogène, ce qui a lieu aussitôt que par acidification la concentration des ions $H^{\cdot}$ augmente.

De même pour un oxydant, c'est-à-dire pour un corps à potentiel positif élevé : dans les solutions acides ils sont plus stables que dans les solutions alcalines dans lesquelles ils dégagent bien plus rapidement de l'oxygène. Nous avons jusqu'à présent admis que les chutes de potentiels des oxydants et des réducteurs comme la solution ferri-ferreuse aux transformations desquels les ions $H^{\cdot}$ ou OH' ne prennent pas part doivent être indépendantes de la concentration de ces ions, et doivent si leurs concentrations personnelles en ions restent les mêmes, conserver les mêmes valeurs en solution acide et en solution alcaline. L'expérience (entre de certaines limites) a justifié cette conclusion. La grandeur de la charge en hydrogène ou oxygène varie naturellement, comme nous l'avons établi précédemment, et correspond à la variation des concentrations en ions $H^{\cdot}$ ou OH'. Nous pouvons donc si nous le voulons considérer comme piles de concentrations à hydrogène ou oxygène tous les éléments galvaniques et en particulier ceux à électrodes platinées. En fait on ne peut pas toujours savoir avec certitude comment le courant s'établit ; il est vraisemblable que ceci a lieu d'une manière différente suivant les cas Pour une électrode ferri-ferreuse on peut comme nous l'avons fait jusqu'ici admettre que le passage direct des ions $Fe^{\cdot\cdot\cdot}$ en ions $Fe^{\cdot\cdot}$ fournit le courant, mais il n'est pas impossible que le courant en tout ou partie résulte de la réaction des ions $Fe^{\cdot\cdot\cdot}$ sur les OH' (ou O'') d'après l'équation de la p. 265 ; l'électrode se trouve par suite chargée d'oxygène qui, en formant des ions, fournit le courant. Pour les oxydants organiques comme la quinone, pour laquelle il n'y a pas d'ionisation mesurable, cette dernière manière de voir est vraisemblable.

De même aux circonstances près pour la transformation à

une électrode d'un réducteur en un oxydant, par exemple de $Fe^{\cdot\cdot}$ en $Fe^{\cdot\cdot\cdot}$; l'hydrogène qui charge alors l'électrode agit alors au point de vue force électromotrice.

Nous pouvons admettre avec une certitude suffisante que pour ce qui est des électrodes métalliques, cette voie détournée n'est pas suivie et que le passage direct du métal à l'état d'ions fournit le courant.

Force électromotrice et équilibre chimique. — Nous avons nommé « Potentiel électrolytique » d'une réaction (p. 253), en attribuant arbitrairement une certaine valeur à l'électrode au calomel, la chute de potentiel mesurée à une électrode où s'effectue une réaction susceptible de fournir une f. e. m. avec cette condition que les concentrations agissantes sont égales à 1.

Nous n'avons pu jusqu'à présent déterminer les valeurs absolues de ces potentiels électrolytiques. Nous allons voir si ces valeurs sont calculables au moyen des données purement chimiques.

Pour calculer P.E il nous faut connaître le travail maximum qu'on peut obtenir quand on fait passer les corps qui, à la concentration 1, prennent part à la réaction, du premier membre de l'équation dans le second ; ce passage doit avoir lieu isothermiquement, à concentration constante et être réversible sinon électriquement du moins au point de vue thermique. Imaginons que la transformation s'effectue électriquement le travail disponible est $n_e F \varepsilon$, et comme d'après le deuxième principe toute autre quantité de travail doit lui être égale, nous avons :

$$\varepsilon = \frac{A}{n_e F}$$

A est calculable pour les gaz et les corps en solution étendue. Imaginons notre système

$$\alpha A + \beta B \ldots\ldots + n_e F (+) \rightleftarrows \delta D + \varepsilon E \ldots$$

en équilibre, c'est-à-dire que les concentrations dans les deux membres sont changées de telle manière que le passage de droite à gauche ou inversement n'exige aucun travail ; soient C_A, C_B....., C_D, C_E ces concentrations et α, β....., δ, ε.., le nombre des molécules réagissantes (voyez p. 253), on a, d'après la loi de l'action des masses

$$\frac{C^{\alpha}_{A}.C^{\beta}_{B}\ldots}{C^{\delta}_{D}.C^{\varepsilon}_{E}} = K' \text{ (K' est la constante de l'équilibre).}$$

Pour obtenir A, nous pouvons employer les lois des gaz qui sont applicables aux solutions (v. p. 151) et calculer le travail nécessaire (ou disponible) pour faire passer les corps existants dans l'un des membres de l'équation de la concentration 1 aux concentrations C_A, C_B..... ; nous amenons ensuite ce système en équilibre sans travail à l'état correspondant au second membre aux concentrations C_D, C_E... et finalement nous calculons le travail qui est nécessaire pour faire passer le système à la concentration 1. Le travail produit total (T est toujours la température ambiante) est le travail cherché A. En faisant le calcul on a,

$$A = RT \ln . K'$$

et

$$P.E \text{ (absolu)} = \frac{RT}{n_e F} \ln K'$$

Depuis ce que nous avons vu p. 253 nous pouvons écrire d'une manière générale

$$\varepsilon \text{ (absolu)} = \frac{RT}{n_e F}\left(\ln \frac{C^{\alpha}_{A}.C^{\beta}_{B}}{C^{\delta}_{D}.C^{\varepsilon}_{E}} + \ln \frac{C^{\delta}_{D}.C^{\varepsilon}_{E}\ldots}{C^{\alpha}_{A}.C^{\beta}_{B}\ldots}\right)$$

$$= \frac{RT}{n_e F}\left(\ln K' + \ln \frac{C^{\delta}_{D}.C^{\varepsilon}_{E}\ldots}{C^{\alpha}_{A}.C^{\beta}_{B}}\right),$$

où C_A, C_B..... C_D, C_E représentent les concentrations quelconques des corps correspondants.

La constante d'équilibre K' pour une réaction particulière

qui se produit à une électrode n'est expérimentalement pas déterminable puisque une réaction chimique résulte toujours de la superposition de deux réactions, l'une de réduction, l'autre d'oxydation et jamais d'une seule. Nous ne pouvons par suite dans une recherche quelconque par voie chimique déterminer que la constante d'équilibre correspondant aux deux réactions simultanées qui ont lieu aux deux électrodes.

Nous ne pouvons donc malheureusement pas, par la détermination d'une constante d'équilibre, connaître la chute de potentiel particulière correspondant à une électrode; mais nous pouvons par ce moyen, connaissant les concentrations des corps qui se transforment aux électrodes, calculer la f. e. m. d'une pile qui elle correspond bien à la somme de deux différences de potentiel particulières (abstraction faite évidemment d'une différence de potentiel éventuelle entre les liquides). Nous avons simplement

$$\pi = \frac{RT}{n_e F}\left(\ln K + \ln \frac{C^{\delta}_{D} \cdot C^{\varepsilon}_{E} \cdots}{C^{\alpha}_{A} \cdot C^{\beta}_{B} \cdots}\right),$$

K est la constante d'équilibre des réactions simultanées de l'élément, π la f. e. m. totale de la pile et sous le signe logarithme ln nous avons les produits des concentrations des corps qui se transforment aux deux électrodes.

Nous rappellerons ici que la formule de Helmholtz (p. 156) fournit un deuxième moyen de calculer la f. e. m. d'un élément quelconque à partir des chaleurs de formation Q et des coefficients de température $\frac{d\pi}{dT}$.

L'équation précédente établie en 1886 par van't Hoff a été récemment soumise à la vérification expérimentale par Knüpfer (1) à l'instigation de Bredig. Nous nous y arrêterons quelque peu.

---

(1) Voyez Nernst, Theoretische Chemie, IIe édition, p. 592, 1898.

On a étudié la transformation chimique double réversible.

$$TlCl_{solide} + KSCAz_{dissous} \rightleftarrows TlLCAz_{solide} + KCl_{dissous}.$$

Comme la quantité du corps solide ne joue aucun rôle et que sa concentration peut être considérée comme constante, nous ne nous inquiéterons que des corps présents en solution. En supposant une dissociation totale la dilution étant suffisante nous avons en solution $K^{\cdot}$, $SCAz'$, $Tl^{\cdot}$, Cl'. Si la réaction tend vers la gauche $Tl^{\cdot}$ et Cl' disparaissent en quantités égales et il apparaît en quantités égales aussi $Tl^{\cdot}$ et $SCAz'$. Les $K^{\cdot}$ ne prennent aucune part à la réaction ; la condition d'équilibre par suite est :

$$\frac{C_{Tl^{\cdot}} \cdot C_{Cl'}}{C_{Tl^{\cdot}} \cdot C_{SCAz'}} \quad \frac{C_{Cl'}}{C_{SCAz'}} \quad K$$

Nous ferons remarquer que $C_{Tl^{\cdot}} . C_{Cl'} = s$ n'est pas autre chose que le produit de solubilité d'une solution de chlorure de thallium saturée et $C_{Tl^{\cdot}} . C_{SCAz'} = S'$, celui d'une solution saturée de sulfocyanate de thallium ; si bien que la constante d'équilibre est égale dans ce cas au rapport des deux produits de solubilité et pourrait être calculée par eux. En fait la constante d'équilibre a été déterminée en agitant une solution de KCl avec du sulfocyanure de thallium solide et une solution de CAzK avec un excès de chlorure de thallium ; de la concentration en Cl' et SCAz' des solutions obtenues on a déduit la valeur 0,85 à 39°,9, 1,24 à 20°, 1,74 à 0°,8 pour la constante d'équilibre de la réaction précédente.

Connaissant cette valeur de K nous pouvons pour des concentrations quelconques connues en Cl' et SCAz' déterminer la force électromotrice de la réaction à 39°,9, 20°, 0°,8. Posons $\frac{Cl'}{SCAz'} = a$, la formule prend la forme :

$$\pi = \frac{RT}{F}\left(\ln K + \ln \frac{1}{a}\right) = \frac{RT}{F} \ln \frac{K}{a}$$

Pour pouvoir mesurer expérimentalement cette force électromotrice nous devons imaginer un élément tel que la réalisation de cette réaction produise un courant.

L'élément suivant répond à cette condition :

Amalgame de thallium —TlCl solide — Solution de CAzSK — Amalgame de Thallium — Solution de KCl ; CAzSTl solide.

Si par exemple le courant dans cet élément passe de gauche à droite à travers la solution, des ions Tl' et SCAz' apparaissent et des ions Tl' et Cl' disparaissent, il y a simplement changement des concentrations des ions Cl' et SCAz' et la force électromotrice doit par suite dépendre de leur rapport.

Il y a entre les valeurs de π calculées au moyen de la constante d'équilibre K et les valeurs mesurées un accord satisfaisant :

TEMPÉRATURE	MILLIVOLT	
	π CALCULÉ	π OBSERVÉ
39,9	0,6	1,0
20,0	9,8	10,5
0,8	17,1	17,5

Remarquons de plus qu'on peut considérer cette pile comme une pile de concentration par rapport aux ions Tl' et calculer sa force électromotrice d'après les règles données pour ces piles.

La formule nous fournit en outre une relation intéressante.

---

(1) Zeitschr. f. physik. Chem., **26**, p. 255, 1898 et Zeitschr. f. Elektrochemie, **4**, p. 514, 1898.

Faisons $a = K$, c'est-à-dire employons les concentrations de l'équilibre dans la pile, $\pi = 0$ alors puisqu'à l'équilibre chimique doit correspondre l'équilibre électrique et nous pouvons utiliser cette circonstance pour démontrer électriquement que l'état d'équilibre est atteint.

Cohen (1) a le premier utilisé cette méthode pour la détermination des points de transformation. A la température ordinaire SO^4Zn cristallise avec $7H^2O$, à une température un peu plus élevée avec $6H^2O$; nous préparons la pile de concentration suivante (Elément de transformation) :

Zinc — Solution SO^4Zn saturée avec excès de $SO^4Zn, 7H^2O$ solide — Solution SO^4Zn saturée avec excès $SO^4Zn\ 6H^2O$ solide — Zinc

les solubilités des deux hydrates étant différentes nous obtenons un courant par fermeture de l'élément. Pour pouvoir préparer un tel élément il faut que l'hydrate inférieur métastable puisse exister quelque temps au-dessous de la température de transformation. (On peut au reste se libérer de cette condition par un artifice.) Au fur et à mesure que la température s'élève (lentement pour que les solutions restent saturées) et s'approche du point de transformation la force électromotrice diminue puis devient nulle, quand ce point est atteint puisqu'en ce point les deux courbes de solubilité se coupent.

D'après ce que nous avons vu précédemment pour les piles de concentration nous pouvons prévoir ces faits.

De ce fait que la différence de potentiel s'annule à la température de transformation ou plus généralement au point d'équilibre de deux systèmes, nous pouvions immédiatement conclure que entre un métal fondu et un métal solide au point de fusion il ne saurait exister une différence de potentiel ; une pile constituée par un électrolyte, une électrode fondue et une électrode solide du même métal ne peut à la température de fusion nous fournir un courant ; la chaleur de

---

(1) Zeitschr. f. physik. Chem., **14**, p. 53 et 535, 1894.

fusion pas plus que celle de dissolution (voy. p. 222) ne peut être finalement considérée comme la source directe de l'énergie électrique. Les mesures expérimentales ont vérifié cette conclusion (1).

Une pile de la nature précédente à une température différente de celle de fusion pour laquelle l'une ou l'autre phase est en équilibre instable nous fournira un courant parce que les deux phases ne sont plus maintenant en équilibre mais que l'une peut se transformer dans l'autre avec mise en liberté d'une certaine quantité d'énergie.

Vitesse de formation des ions. Influence de la nature de l'électrode. — Nous n'avons pas jusqu'ici considéré la rapidité avec laquelle s'effectue le passage à l'état d'ion ou le passage inverse, mais nous l'avons supposé implicitement infiniment grande. Dans le fonctionnement de la pile Daniell par exemple, la f. e. m. ne dépend que de la concentration des solutions, la température étant supposée constante. Nous attribuons au zinc qui fournit les ions des propriétés constantes indépendantes de l'intensité du courant. On peut maintenant se demander s'il n'est pas des cas dans lesquels la vitesse de formation n'est plus aussi grande et prend des valeurs tout à fait différentes suivant les circonstances? Qu'arriverait-il pour une pile Daniell si soudain la vitesse de formation des ions zinc s'annulait ?

Cela voudrait dire tout simplement que le zinc se comportant maintenant comme un métal noble, l'élément lui-même ne fournirait plus aucun courant et que si, à l'aide d'une autre f. e. m. on envoyait un courant dans la même direction il devrait se dégager de l'oxygène au zinc.

En général les phénomènes qui peuvent avoir lieu à une

---

(1) Lash. Miller, Zeitschr. f. physik. Chem., **10**, p. 459, 1892.

électrode par le passage d'un courant sont nombreux, et c'est celui qui correspond à la plus grande f. e. m. qui se produit; cependant pour cela nous devons supposer aux ions une vitesse de formation infiniment grande, et l'exactitude de cet énoncé disparaît dans le cas de tout phénomène qui ne peut se réaliser assez rapidement.

En fait une électrode de platine dans une solution de KCAz nous fournit le cas cherché. Comme F. Glaser (1) l'a montré, le platine se dissout, lentement il est vrai, dans le CAzK avec dégagement d'hydrogène et ne se comporte pas par suite comme un métal noble vis-à-vis de cette solution. Dans un élément : Platine — Cyanure de potassium — Sulfate de cuivre — Cuivre, on devrait, par analogie avec le Daniell, avoir un courant accompagné de la dissolution du platine. Ceci ne se produit cependant pas et si on envoie au moyen d'une autre f. e. m. un courant du platine au cuivre à travers la solution aucune dissolution n'a lieu, il y a séparation de cyanogène ou aussi d'oxygène. Actuellement l'explication probable de ces phénomènes peut, à notre point de vue, être cherchée dans la vitesse d'ionisation du platine qui doit être extrêmement petite.

Les recherches de Hittorf (2) sur le chrome peuvent s'expliquer de la même manière. Suivant les conditions (solvant, température, etc.), le chrome se dissout à l'anode comme di, tri ou hexavalent. En solution sulfurique étendue, par ex. à température moyenne le chrome se dissout comme bivalent. A 100° dans une solution d'un sulfate alcalin le chrome se dissout à l'anode et donne de l'acide chromique. Dans le premier cas la réaction est spontanée et peut fournir du travail, le chrome joue le rôle d'un métal ordinaire voisin du zinc; dans le second il faut fournir du travail pour effectuer la dis-

(1) Zeitschr. f. Elektrochemie, **9**, p. 11, 1903.
(2) Zeitschr. f. physik Chemie, **29**, p. 729, 1898.

solution et le chrome se comporte comme un métal noble; nous sommes ici amenés, d'une manière particulièrement nette, à voir que, ainsi qu'on pouvait d'ailleurs le prévoir, ce n'est pas le corps réagissant qui règle la f. e. m. mais bien la réaction qu'il subit et nos calculs ne peuvent nous fournir des résultats exacts qu'autant que la réaction admise est bien celle qui se passe réellement.

Nous pouvons dire que dans le premier cas, la vitesse de formation de l'ion bivalent est très grande, et dans le second si petite que la seconde réaction, la formation d'ions hexavalents se produit.

Nous avons là une réelle transmutation, transformation d'un métal vulgaire en un métal noble, mais dans un sens tout différent des conceptions des alchimistes.

Nous ne savons encore rien de plus précis sur les conditions auxquelles est lié ce changement de vitesse réactionnel.

En outre les recherches de Ihle (1) sur l'action catalytique de l'acide azoteux et le potentiel de l'acide azotique, constituent un cas typique des phénomènes considérés plus haut. Un élément : Zinc — Sulfate de zinc — Acide azotique — Platine fournit, si l'acide est exempt d'acide azoteux, une f. e. m. de 0,7 environ, et de l'hydrogène se dégage au platine. Si on ajoute au platine de faibles quantités d'acide azoteux, le dégagement d'hydrogène cesse et en même temps la f. e. m. s'élève environ à un volt. L'explication est la suivante : l'acide azotique est un oxydant, c'est-à-dire possède la faculté de fournir des ions OH' en se décomposant lui-même en oxyde inférieur d'azote ; cependant cette vitesse de formation des ions OH' est pratiquement nulle dans les circonstances ordinaires, et par suite l'acide ne constitue pas un oxydant; dans l'électrolyse, il se comporte alors comme un acide quelconque et dégage de l'hydrogène au pôle négatif.

---

(1) Zeitschr. f. physik Chem., **19**, p. 577, 1896.

L'addition d'acide azoteux élève notablement la vitesse de formation des ions OH' et ce phénomène correspondant à une f. e. m. plus élevée se produit au lieu de la séparation d'hydrogène et la f. e. m. s'élève.

Nous ne devons pas nous étonner particulièrement de ces faits car nous savons quel rôle important la vitesse de réaction joue dans les diverses réactions chimiques, et nous connaissons un nombre suffisant de cas dans lesquels cette vitesse peut varier considérablement par les catalysateurs. L'absence de semblables cas dans les réactions électrochimiques devrait au contraire nous étonner.

Les observations de Förster (1) et Vœge (2) sur la réduction du chlorate de potasse appartiennent également aux phénomènes que nous étudions ici. Le premier a trouvé que, à densité du courant élevée, ce sel en solution alcaline ou neutre n'était pour ainsi dire pas réduit si la cathode était constituée par du platine, du plomb, du nickel ou du zinc; la réduction était au contraire très forte pour une cathode en fer doux et modérée avec le cobalt. Vœge trouva également qu'en solution acide la quantité réduite dépendait de la nature de l électrode.

Cette influence de la nature de l'électrode a encore été établie dans la réduction de la caféine, du camphre, de l'acétone (3), et fait remarquable suivant la cathode employée, la réduction s'arrête à différents termes pour le même dépolarisant.

L'acide azotique peut aussi d'après Tafel (4) être réduit quantitativement en hydroxylamine avec une cathode mercurielle alors qu'une cathode en cuivre recouvert de cuivre spongieux ne fournit que de l'ammoniaque, et une cathode en cuivre poli jusqu'à 15 0/0 d'AzH^3O. Nous reviendrons sur

---

(1) Zeitschr. f. Elektroch., 4, p. 386, 1897.
(2) Journal of physik. Chemistry, 3, p. 577, 1899.
(3) Tafel et Schmitz, Zeitschr. f. Elektroch., 8, p. 281, 1902.
(4) Zeitschr. f. anorg. Chem., 31, p. 289, 1902.

ces phénomènes d'une importance considérable dans la technique, à la fin du chapitre sur l'Electrolyse et la Polarisation.

Citons encore quelques observations de Luther (1) qui, d'ailleurs, n'appartiennent à ce chapitre que d'une manière apparente.

Luther trouva que l'adjonction d'une faible quantité d'un corps soluble susceptible de plusieurs degrés d'oxydation à un réducteur ou un oxydant soumis à la mesure permet d'effectuer plus facilement celle-ci et est sans influence sur la chute de potentiel. La chute de potentiel d'une électrode de platine dans une solution chromique de chrome est très difficile à mesurer par suite vraisemblablement de la lenteur de la réaction.

$$CrO^{4''} + 8H^{\cdot} + 3F(-) \rightleftarrows Cr^{\cdot\cdot\cdot} + 4H^2O.$$

En ajoutant une trace de sel de fer la difficulté disparaît.

La concentration $\frac{Fe^{\cdot\cdot\cdot}}{Fe^{\cdot\cdot}}$ s'établit de telle manière que la chute de potentiel correspondante devienne égale à celle correspondant aux degrés d'oxydation du Chrome employés. Comme la vitesse de la réaction

$$Fe^{\cdot\cdot} + F(+) \rightleftarrows Fe^{\cdot\cdot\cdot}$$

est relativement grande, l'électrode de platine est devenue maintenant beaucoup plus impolarisable. Une adjonction de cette nature ne peut bien entendu fournir un courant durable.

On peut conclure facilement des exemples qui précèdent et dont on peut d'ailleurs facilement augmenter le nombre que l'action catalytique de traces peut jouer un rôle considérable dans l'électrochimie. Il est vraisemblable que l'avenir nous

---

(1) Zeitschr. f. physik Chem. 36, p. 400, 1901.

réservé de remarquables découvertes dans ce domaine à peine exploré.

Formation d'ions positifs et négatifs. — Quoique nous n'ayons parlé que des corps susceptibles de fournir seulement des ions positifs, comme les métaux, ou seulement négatifs comme le chlore, le brome, l'iode, l'oxygène, il n'est pas injustifié de se demander si un corps dans certaines circonstances ne peut passer à l'état d'ions négatifs et dans d'autres à l'état d'ions positifs. Il existe en effet un certain nombre d'indications en faveur de l'existence de semblables cas. L'électrolyse d'une solution d'acide sélénieux ou sélénique fournit à la cathode du sélénium métallique, ce qui rend vraisemblable l'existence d'ions sélénium chargés positivement. Considérons au contraire une solution d'acide sélenhydrique ou de séléniure de sodium, nous serons amenés à admettre des ions sélénium chargés négativement. Le soufre et le sélénium ont des propriétés semblables, et on ne peut assurer complètement que les halogènes ne peuvent fournir toujours que des ions négatifs. L'indication de ces propriétés intéressantes suffit pour le moment.

VIII

ÉLECTROLYSE ET POLARISATION (1)

Nous parvenons maintenant à des phénomènes qui se produisent, quand on amène un courant électrique dans un électrolyte qui se trouve entre deux électrodes inattaquables comme le platine, l'or, le charbon, etc. Depuis longtemps on sait que le courant employé provoque une décomposition de l'électrolyte aux électrodes, et que sa force électromotrice subit un affaiblissement. Ces deux phénomènes sont évidemment en relation ; pour décomposer un électrolyte par exemple HCl en hydrogène et chlore il faut suivant les circonstances une plus ou moins grande quantité de travail, et c'est le courant électrique qui la fournit. Quand un affaiblissement de cette nature se produit pour la force électromotrice on dit qu'il y a polarisation. On est resté longtemps dans l'ignorance de la nature exacte de ce phénomène, et ce sont seulement ces dernières années qui en ont fourni l'explication.

Si, dans les conditions précédentes, on fait passer un courant, si on l'interrompt alors et si on réunit les deux électrodes de platine par l'intermédiaire d'un galvanomètre, celui-ci indique un courant de sens inverse du précédent, courant qui diminue rapidement de plus en plus. C'est le « courant de polarisation » et sa force électromotrice porte le nom de « force

(1) Consulter sur ce chapitre la thèse de M. E. Rothé (Contribution à l'étude de la polarisation des électrodes) ; Gauthier-Villars, 1904 (N. d. T.).

électromotrice de polarisation ». De la discussion qui va suivre il résultera que cette force repose sur la tendance des ions composants neutres libres à revenir à l'état d'ions.

Pour un circuit dans lequel sont présentes une force électromotrice π_1 et une pile polarisable, la loi de Ohm prend la forme :

$$I = \frac{\pi_1 - \pi_2}{R}$$

π_2 est la force électromotrice inverse de polarisation, R la résistance du circuit et I l'intensité.

Méthodes de détermination de la polarisation (1). — Comme ainsi que nous l'avons mentionné déjà, la force électromotrice de polarisation n'est pas une grandeur constante, mais change rapidement de valeur après l'enlèvement de la

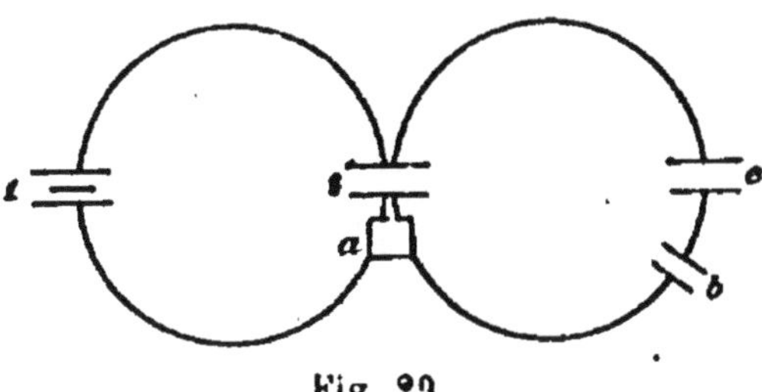

Fig. 29.

force électromotrice primaire, il convient de la déterminer pendant sa période d'activité. La figure suivante représente un procédé qui peut servir à la mesure (2). 1, 2, *a*, 1 est un des circuits, 2, *e*, *b*, *a*, 2 l'autre. 1 est une source d'électricité, 2 la pile polarisable, *e* un électromètre de compensation, *b* une force électromotrice connue et variable à volonté, *a* est un interrupteur à diapason vibrant rapidement) ou mieux un interrupteur double mû par un moteur). Le dispositif est tel

(1) Voyez : Ostwald Luther, physico-chemische Messungen, p. 390.
(2) Le Blanc, Zeitschr. f. physik. Chem. 5, 469, 1890.

que alternativement *a* ferme le 1er circuit et ouvre le second, puis ferme le second en ouvrant le premier, etc.

On arrive de cette manière à ce que les deux circuits fonctionnent sans cependant se gêner l'un l'autre ; on mesure ainsi la force électromotrice de polarisation dans les conditions où l'on serait si le premier circuit était continuellement fermé. Il suffit maintenant de faire varier *b* jusqu'à ce que l'électromètre ne donne plus de déviation. *b* est alors la valeur cherchée.

La force électromotrice de polarisation consiste de même que celle de l'élément galvanique en deux différences de potentiel particulier. Celles-ci ont leur siège aux deux électrodes. Pour les mesurer indépendamment l'une de l'autre, on se sert de la méthode de Fuchs, avec le dispositif suivant

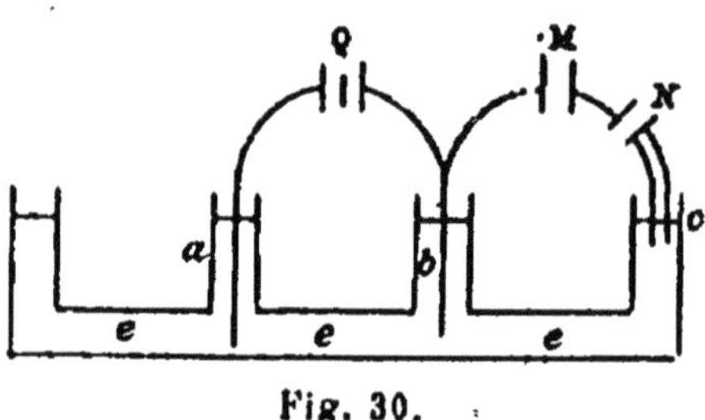

Fig. 30.

(fig. 30) : Un double tube en U est rempli de l'électrolyte dont on veut étudier la polarisation. *a* et *b* sont des électrodes indifférentes réunies avec la source Q qui fournit le courant polarisant. Si on doit mesurer la chute de potentiel à une électrode *b*, on plonge dans l'électrolyte *e*, en *c* le petit tube A de verre N adjoint à l'électrode normale (p. 241) et rempli de solution de KCl (mieux encore on effectue la réunion de l'électrode accessoire par un capillaire qui évite l'action de la chute de potentiel à l'électrode à mesurer) ; puis on réunit *b* avec le platine qui plonge dans le mercure de cette électrode normale en intercalant M. On obtient ainsi un élément constitué par deux électrodes et deux électrolytes ; un dispositif pour la mesure nous permet de connaître la force électromotrice de cet élément, et par suite de mesurer la chute de potentiel existant entre *b* et *e*, si on connaît la chute de potentiel de l'électrode normale et en tenant s'il y a lieu compte de la différence de potentiel au point de contact des deux liquides.

Nous opérerons de même si nous voulons connaître la différence de potentiel entre *a* et *e*.

Par l'emploi d'un courant polarisant dont on fait croître la force électromotrice graduellement depuis zéro, on observe que la force du courant de polarisation est tout d'abord très voisine de la première. Quand celle-ci croît, l'écart augmente de plus en plus entre les deux ; il y a cependant toujours une faible augmentation du courant de polarisation. En fait le « maximum de polarisation » cherché souvent n'existe pas.

Valeurs de décomposition. Pile à Hydrogène et Oxygène. Décomposition primaire et secondaire de l'eau. — Il y a cependant un autre point caractéristique pour les différents électrolytes : un courant durable et une décomposition continue de l'électrolyte n'a lieu que par l'emploi d'une force électromotrice déterminée. Si nous intercalons dans le circuit une force électromotrice plus petite que celle-ci, une secousse due au courant peut bien être observée au galvanomètre, mais celui-ci revient bientôt au repos (les perturbations de nature secondaire seront vues bientôt) ; ces phénomènes ne se produisent plus quand la force électromotrice employée a atteint la valeur indiquée. On se rend le mieux compte des faits en portant dans un système de coordonnées les intensités ou les densités de courant en ordonnées et les forces électromotrices correspondantes en abscisses. On obtient ainsi des courbes (voyez plus loin, fig. 31) ayant des coudes plus ou moins nets (1).

(1) Il faut ou éviter la chute de potentiel due à la résistance de l'électrolyte ou en tenir compte dans le calcul.

Ces valeurs caractéristiques ont été déterminées par Le Blanc pour un grand nombre d'électrolytes, la plupart en solution normales, et désignées sous le nom de *valeurs de décomposition*. Pour les solutions d'où se précipitent des métaux ces valeurs se laissent établir avec une grande précision, celle-ci est moins bonne pour les autres sels, pour les bases et les acides. Nous verrons que ces propriétés s'expliquent d'elles-mêmes. Pour les solutions d'où se précipitent des métaux les valeurs de décomposition sont les suivantes (1) :

SO^4Zn	= 2,35	volt.	$(AzO^3)^2Cd$	= 1,98	volt.
Br^2Zn	= 1,80	—	SO^4Cd	= 2,03	—
SO^4Ni	= 2,09	—	Cl^2Cd	= 1,88	—
Cl^2Ni	= 1,85	—	SO^4Co	= 1,92	—
$(AzO^3)^2Pb$	= 1,52	—	Cl^2Co	= 1,78	—
AzO^3Ag	= 0,70	—			

Les valeurs de décomposition du sulfate et du nitrate d'un même métal sont presque semblables, on le voit pour le cadmium et d'autres recherches l'ont montré pour les alcalins. On voit aussi que ces valeurs sont différentes pour les différents métaux.

Les résultats pour les bases et les acides peuvent se résumer en l'existence d'une valeur de décomposition maxima, qu'ils offrent pour la plupart, et qu'aucun corps ne dépasserait. Cette limite est environ 1,67 volt. Parmi les acides quelques-uns seulement montrent des valeurs de décomposition plus basses et différentes entre elles.

Acides			Acides		
SO^4H^2	= 1,67	volt	Ac. pyrotartrique	= 1,57	volt
AzO^3H	= 1,69	—	CCl^3CO^2H	= 1,51	—
PO^4H^3	= 1,70	—	HCl	= 1,31	—
CH^2ClCO^2H	= 1,72	—	Az^3H	= 1,29	—
$CHCl^2CO^2H$	= 1,66	—	Ac. oxalique	= 0,95	—
Ac. malonique	= 1,69	—	HBr	= 0,94	—
ClO^4H	= 1,65	—	HI	= 0,52	—
Ac. tartrique droit	= 1,62	—			

(1) Zeitschr. physik. Chem., 8, p. 299, 1891.

Bases		Bases	
NaOH	= 1,69 volt	$(CH^3)^2AzH\left(\frac{N}{2}\right)$	= 1,68 volt
KOH	= 1,67 —	$(CH^3)^4AzOH\left(\frac{N}{8}\right)$	= 1,74 —
AzH^4OH	= 1,74 —		
$CH^3AzH^2\frac{N}{4}$	= 1,75 —		

Les sels des alcalis et des terres alcalines dérivés d'acides fortement dissociés à valeur de décomposition maxima ont à peu près la même valeur de décomposition 2,20 volt. Les valeurs de décomposition sont plus faibles pour les chlorures, bromures et iodures, mais indépendantes de la nature du métal alcalin. Ici se montrent des propriétés additives qui résultent de l'indépendance réciproque des chutes de potentiel à chaque électrode; les différences entre les valeurs pour les combinaisons halogènes des alcalis de l'hydrogène et des métaux sont à peu près égales; la différence entre les acides BrH et ClH égale celle entre NaBr et NaCl.

Le sel d'un acide peu dissocié, par exemple l'acétate de soude, ou le sel d'une base faiblement dissociée par exemple le sulfate d'ammoniaque ont toujours une plus faible valeur que le sel d'un acide ou d'une base fortement dissociée; en supposant qu'il s'agit seulement d'acides ou de bases ayant une valeur de décomposition maxima. Les sels halogénés de l'ammonium montrent aussi de plus faibles valeurs de décomposition que les sels alcalins correspondants; les différences entre les sels correspondants sont au reste égales.

Pour ce qui est de l'influence de la dilution pour les acides et les bases on a trouvé que tous ceux pour lesquels il se dégage de l'hydrogène et de l'oxygène aux électrodes ont une valeur de décomposition indépendante de la dilution. Sont exceptés tous les acides à valeur de décomposition inférieure à la valeur maxima. L'acide chlorhydrique en offre un bon exemple :

HCl $\frac{2N}{1}$	a pour valeur de décomposition	1,26 volt.
— $\frac{N}{2}$	— —	1,31 —
— $\frac{N}{6}$	— —	1,41 —
— $\frac{N}{16}$	— —	1,62 —
— $\frac{N}{32}$	— —	1,69 —

Il convient de remarquer en outre que quand la valeur maxima de décomposition est atteinte, la solution d'acide chlorhydrique n'est plus décomposée en hydrogène et chlore, mais en hydrogène et oxygène.

Les recherches précédentes ont été faites avec des électrodes de platine. Par l'emploi d'autres corps indifférents comme l'or ou le carbone, les valeurs de décomposition particulières varient même si leurs rapports restent les mêmes.

Pour obtenir une connaissance plus complète du phénomène de la polarisation, Le Blanc (1) détermina tout d'abord dans les solutions d'où se précipitent des métaux, la chute de potentiel isolée que la cathode (où le métal se précipite) indique par la mise en circuit d'une f. e. m. croissante depuis zéro. Le résultat extrêmement simple fut le suivant : la chute de potentiel à la cathode au point de décomposition de la solution est égale à la différence de potentiel du métal libre vis-à-vis de la solution. Une solution de sulfate de cadmium $\frac{N}{1}$ p. ex. sera décomposée à $2^v,02$, et pour cette valeur l'électrode sur laquelle se dépose le métal a une différence de potentiel de $0^v,16$ vis-à-vis de l'électrolyte; le cadmium métallique plongé

(1) Zeitschr. physik. Chem., 12, p. 333, 1893.

dans la même solution indique également $0^v,16$. Dans beaucoup de solutions, par exemple dans AzO^3Ag, l'électrode déjà au-dessous de la valeur de décomposition ($0^v,70$) montrait la valeur que donne l'argent pur dans une solution d'azotate d'argent. Ce fait résulte de la grande tendance des ions argent à se précipiter à l'état de métal électriquement neutre.

Il put ensuite être établi que la matière de l'électrode indifférente est sans influence sur la valeur de la chute de potentiel. L'emploi d'or, de platine, de carbone, ou au moins d'un métal plus noble que celui contenu dans la solution, est sans aucune action. De là résulte qu'on ne peut attribuer aux électrodes, ainsi qu'on avait coutume de le faire « une attraction spécifique pour l'électricité ».

Le processus de dissolution et de précipitation d'un métal doit donc être considéré comme complètement réversible.

Nous pouvons nous faire l'idée suivante de ces phénomènes. Quand nous plongeons une électrode indifférente dans une solution métallique une faible quantité d'ions doit passer à l'état métallique et se déposer sur l'électrode. Cette réaction dure jusqu'à ce que la tendance des ions à se déposer soit compensée exactement par l'attraction électrostatique : par cette réaction en effet l'électrode se charge positivement, la solution négativement. La quantité précipitée dépendra par suite aussi de la tendance des ions à demeurer dans cet état. Nous avons toujours parlé précédemment de la tendance des métaux à passer à l'état d'ions ; nous parlons maintenant, ce qui nous est évidemment permis, d'une tendance des ions à rester sous cette forme.

Fréquemment on emploiera aussi l'expression d'*intensité d'adhérence* ; elle exprime de nouveau la tendance des ions à conserver les charges électriques. Numériquement ces expressions seront représentées par la f. e. m. nécessaire pour amener l'ion à l'état neutre.

Il doit donc exister à l'électrode une chute de potentiel déterminée. Sur l'électrode nous avons un métal, dans la solution des ions métalliques. La chute de potentiel n'a aucunement besoin d'être la même (et cela n'est presque jamais) que celle du métal massif plongé dans la solution. Le métal déposé sur l'électrode n'a en effet pas la concentration du métal massif. Cette conception paraît au premier abord étrange car on est accoutumé à envisager la concentration d'un métal comme invariable. Cela n'est pourtant vrai que dans une certaine limite. Si un métal n'est pas à l'état de couche moléculaire il n'agit plus comme un métal « massif ». Les recherches de Oberbeck (1) établissent ce fait. On dépose au moyen de solutions métalliques les métaux correspondants sur une lame de platine; les lames ainsi préparées plongées dans les solutions métalliques correspondantes ont le même potentiel qu'une lame de métal massif pourvu qu'une certaine quantité ait été déposée; au-dessous de cette quantité le potentiel est moins élevé, ce qui correspond à la concentration plus faible. Si nous nous rappelons que les gaz et les corps dissous ont une pression de dissolution, fonction de leur concentration, il n'y a plus à s'étonner de ce résultat.

Si nous intercalons maintenant une f. e. m. dans le sens où le métal doit se déposer de la solution, nous agissons contre l'attraction électrostatique et plus d'ions pourront se séparer à l'état métallique. Par suite la concentration du métal solide croît, sa pression de dissolution (P) qui s'oppose à une précipitation ultérieure croît aussi et bientôt cette précipitation ne peut plus progresser. Il faut alors pour cela intercaler une plus haute différence de potentiel. Le phénomène continue alors jusqu'à ce que la concentration du métal ait atteint son maximum, c'est-à-dire jusqu'à ce que l'électrode se comporte comme le métal massif.

La précipitation continue du métal peut alors avoir lieu sans élévation ultérieure de la force électromotrice intercalée,

---

(1) Wied. Ann., **31**, 336, 1887.

en supposant bien entendu que la pression osmotique p des ions métal reste constante. Par l'emploi de courants plus forts cette dernière condition n'est plus remplie, p diminue graduellement et par suite la chute de potentiel s'élève.

Il faut remarquer maintenant que la précipitation des ions positifs à l'une des électrodes est inséparable de celle d'ions négatifs à l'autre. Pour celle-ci tout ce qui précède s'applique également. S'il s'y libère de l'oxygène p. ex., la pression du gaz ainsi mis en liberté croît, et quand celle-ci atteint sa plus haute concentration le maximum de sa pression de dissolution opposée à une décomposition ultérieure est atteint ; ceci a lieu quand la solution est saturée. Si la quantité libérée augmente encore, le gaz se dégage dans l'air.

Nous comprenons maintenant pourquoi un électrolyte ne peut être décomposé d'une manière continue que à partir d'une force électromotrice déterminée, c'est-à-dire, quand, pour nous répéter encore une fois, les concentrations des corps neutres précipités aux électrodes ont atteint leur maximum ; nous comprenons, en outre, qu'une électrode sur laquelle un métal s'est déposé, a pour cette « valeur de décomposition » la même chute de potentiel que le métal massif. Nous voyons également aussi, qu'il n'est nullement nécessaire que le maximum de concentration soit atteint en même temps aux deux électrodes; ce point pourra l'être par l'une déjà au-dessous de la valeur de décomposition de la solution ; c'est le cas par exemple pour une solution de nitrate d'Argent. La valeur de décomposition est à 0v,70 pour une solution normale. La chute de potentiel à l'électrode sur laquelle l'argent se sépare est cependant beaucoup au-dessus de ce point étant égale à celle qui existe entre la solution et l'argent massif.

Les faits concernant la polarisation par les ions métalliques peuvent être considérés comme éclaircis. Nous considérerons maintenant les phénomènes dans lesquels des corps gazeux ou dissous sont libérés. Ils sont un peu plus complexes, et ont rendu longtemps difficile la compréhension du phénomène de polarisation. Nous considérerons pour comprendre plus facilement d'abord la pile : Platine platiné entouré d'Hydrogène. — Eau (avec un électrolyte, par exemple SO^4H^2), — Platine platiné entouré d'Oxygène. — Ces deux gaz sont à la pression atmosphérique. Cette pile a (à 17°) une force électromotrice d'environ $1^v,07$ et doit être considérée comme réversible ainsi que Le Blanc (loc. cit.) l'indiqua le premier. Si nous lui opposons une force électromotrice égale il y a équilibre ; pour une plus faible de l'eau se forme au dépens de l'hydrogène et de l'oxygène présents aux électrodes ; pour une plus forte l'eau entre les électrodes est décomposée. Pour cette pile Smale (1) à l'aide de la formule de Helmholtz a calculé le coefficient de température connaissant la chaleur de formation de l'eau à la pression atmosphérique 68400 cal. à 17°, et la force électromotrice mesurée par la pile :

$$F\pi - Q = FT\frac{d\pi}{dT}$$

$$96540.1,07 - 34200.4,177 = FT\frac{d\pi}{dT}$$

$$-\frac{39555}{96540.290} = \frac{d\pi}{dT} = -0,00141$$

$Q = \frac{68400}{2}$ puisque la formule ne contient que la quantité de chaleur thermique relative à l'équivalent. On a trouvé en moyenne pour $\frac{d\pi}{dT}$ entre 0, et 68° $0^v,00141$ puis Glaser entre 0, et 100° $0^v,00143$.

Comme Bose (2) l'a montré récemment la force électromotrice de la pile Hydrogène-Oxygène est de $1^v,14$ à 25° sous la

(1) Zeitschr. f. physik. Chem. 14, p. 577, 1894. Le calcul n'est pas mené tout à fait rigoureusement et par suite une valeur un peu différente de celle qui suit eût été obtenue.

(2) Zeitschr. f. physik. Chem. 34, p. 701, 1900 ; 38, p. 1. 1901.

pression atmosphérique et les valeurs constamment plus faibles obtenues auparavant étaient dues à ce que la saturation gazeuse des électrodes correspondant à la pression n'était jamais atteinte ; ceci n'a pas d'influence sur le calcul précédent, la pile doit en effet, quelle que soit la pression, conserver sa réversibilité.

Mettons maintenant l'hydrogène et l'oxygène sous une pression inférieure à la pression atmosphérique, les valeurs de la force électromotrice de la pile diminueront. Imaginons maintenant la pression des deux gaz devenue presque nulle, la force électromotrice devra se réduire aussi à une valeur extrêmement faible; nous pouvons naturellement dans ce dernier cas décomposer l'eau avec une force électromotrice tout à fait faible. Il suffira seulement d'introduire dans le circuit une force électromotrice un peu supérieure à celle de la pile. Nous voyons clairement que nous pouvons faire varier de zéro à une certaine valeur l'énergie fournie par la formation de l'eau à partir de l'hydrogène et de l'oxygène ou celle à employer pour la décomposer (les deux sont égales au signe près) en changeant la pression, c'est-à-dire la concentration des gaz existants aux deux piles. Au contraire les chaleurs de formation à pression constante (dans les limites d'application des lois des gaz), sont indépendantes de la pression, preuve décisive qu'il est impossible de calculer immédiatement l'énergie électrique à partir de l'énergie calorifique ; cependant ce calcul devient possible dès que l'on connaît le coefficient de température (variable avec la pression) de la force électromotrice.

Au premier abord ce fait que l'eau peut être déjà décomposée par des quantités minimes d'énergie électrique paraît en désaccord avec le principe de la conservation de l'Énergie. Le principe exige que pour faire passer réversiblement un système d'un état dans un autre il faut employer toujours la même quantité de travail. Et c'est bien ce qui a lieu en réalité. Si nous voulons transformer réversiblement de l'eau en hydrogène et oxygène sous la pression atmosphérique nous le pouvons d'abord en employant seulement de l'énergie électrique pour cela. Nous prendrons la pile hydrogène-oxygène décrite plus haut dans laquelle les gaz sont à la pression atmosphérique et nous lui opposerons une force électromotrice telle que celle de la pile soit juste dépassée. A ce moment nous décomposons l'eau en oxygène et hydrogène à la pression atmosphérique à l'aide seulement d'énergie électrique. Mais nous pouvons effectuer la même transformation par une autre voie. Prenons une pile hydrogène-oxygène dans laquelle les deux gaz sont à la pression 1/10 d'atmosphère. Comme la force électromotrice de cette pile est plus faible, pour transformer l'eau en oxygène et hydrogène à la pression 1/10 d'atmosphère, il nous faudra moins d'énergie électrique que précédemment. Le travail qui correspond à la différence de ces deux quantités d'énergie nous devons exactement le fournir encore pour comprimer les gaz de 1/10 d'atmosphère à une atmosphère, de telle manière que au total si les chemins suivis sont différents, les travaux fournis sont demeurés les mêmes.

Nous avons vu que par l'emploi d'électrodes platinées, la formation et la décomposition de l'eau peuvent avoir lieu réversiblement. Sous la pression atmosphérique déjà avec 1v,14 l'eau peut être décomposée. Avec des électrodes de platine polies l'eau ne pouvait être décomposée qu'à 1v,67. Ce chiffre est bien le point de décomposition pour tous les acides et toutes les bases qui fournissent l'hydrogène et l'oxygène comme produits de décomposition. On s'est longtemps étonné du point de décomposition dans ce dernier cas où n'intervenait cependant pour l'oxygène et l'hydrogène que la pression partielle de l'air. Il paraissait remarquable aussi que le point de décomposition fût dépendant de la nature des électrodes non attaquables employées.

Nous sommes maintenant en état de nous expliquer ces résultats. Il faut avant tout insister sur ce fait que si nous employons du platine ordinaire ou de l'or (1) comme électrodes nous n'avons plus affaire à des phénomènes réversibles. Les électrodes sont trop peu dissolvantes pour les gaz libérés. Avec des électrodes platinées nous avons équilibre entre les quantités de gaz dissoutes dans le liquide, dissoutes dans l'électrode et celles entourant l'électrode; pour l'oxygène il y a peut-être formation d'un corps intermédiaire avec l'eau. Si la force électromotrice employée suffit à vaincre celle de la pile, le gaz sera séparé aux électrodes, sa concentration augmentera par suite dans l'eau et dans l'électrode. Bientôt l'ancien état se rétablit, l'électrode cédant son excès de gaz à l'espace environnant, qui peut être supposé très considérable et ne subir ainsi aucun changement de concentration; en même temps elle empêche une sursaturation du liquide. Le gaz séparé par une décomposition ultérieure atteint toujours le même état d'équilibre et par suite sa séparation peut toujours avoir lieu pour la même force électromotrice.

Le phénomène est tout autre pour des électrodes de platine non platiné ou d'or. L'électrode n'a plus dans ce cas, pour ainsi dire, de capacité pour le gaz. Il manque là l'intermédiaire qui met en équilibre la concentration du gaz dissous dans le liquide, et celle du gaz qui entoure la partie extérieure de l'électrode. Ceci admis les phénomènes observés par l'introduction d'une f. e. m. graduellement croissante doivent se manifester exactement comme l'expérience nous l'a montré. Nous commençons avec une faible f. e. m., comme la

(1) Si on emploie du charbon comme électrode sa nature joue un rôle important. Le charbon est toujours assez absorbant pour les gaz. Cette propriété est appliquée pour les électrodes positives des éléments galvaniques. Dans l'élément Leclanché par exemple, il se dégage sur le charbon de l'hydrogène qui, grâce au charbon, se dégage rapidement dans l'air et diminue par suite la faculté de polarisation de l'élément. Par un plus long fonctionnement le charbon ne peut plus suffire au dégagement et l'élément se polarise. Si on lui accorde un peu de repos, l'hydrogène dissous présent dans le liquide s'élimine, et l'élément reprend sa force électromotrice plus élevée : il se « relève ».

concentration initiale des gaz oxygène et hydrogène dissous dans l'eau est faible, il ne peut y avoir qu'une décomposition à peine sensible de l'eau. Pour chaque élévation ultérieure de la f. e. m. employée, il n'y aura d'eau décomposée que jusqu'à ce que la concentration du gaz restant dissous aux électrodes (ou celle d'un produit intermédiaire), soit celle qui au moyen d'électrodes platinées fournirait justement cette force électromotrice. On ne pourra arriver à une concentration plus élevée car on pourrait sans cela obtenir un mouvement perpétuel Par suite nous avons aussi observé toujours au galvanomètre un courant de charge qui cesse peu de temps après. La diffusion cause seulement des troubles; elle diminue toujours la concentration en éloignant le gaz de l'électrode, ce qui permet une nouvelle décomposition. Le galvanomètre nous en donne aussi connaissance en ne revenant pas au zéro complètement et en indiquant ainsi un courant minime il est vrai, le « courant résiduel ». Si graduellement, par l'introduction d'une f. e. m. plus forte, la concentration du gaz séparé s'élève de plus en plus, elle devient finalement si grande que le gaz se dégage au fur et à mesure de sa formation en surmontant la résistance qui s'oppose à la formation des bulles ou toute autre résistance de nature inconnue opposée au dégagement du gaz dans le milieu environnant.

Une fois ce point atteint l'eau peut être décomposée sans autre élévation de concentration du gaz dissous à l'électrode, les bulles peuvent se dégager et nous observons le point dit de décomposition, c'est-à-dire le point au-dessus duquel l'eau peut, même sans diffusion, être décomposée d'une façon permanente. Il se manifestera d'autant plus nettement que la diffusion des constituants sépa és aura moins lieu du voisinage immédiat de l'électrode dans le reste du liquide; en fait le galvanomètre donne parfois (pour les métaux) un saut réel au point de décomposition.

Nous voyons donc que le point de décomposition est atteint

quand le dégagement régulier du gaz libéré peut avoir lieu. Cela ne veut pas dire cependant que ce dégagement doive avoir lieu dès le point de décomposition sous forme de bulles visibles dont l'observation est d'ailleurs rendue hasardeuse par de multiples circonstances, ni que le point de décomposition doive coïncider avec celui où s'observe la première formation de bulles.

Ces propriétés ont été éclaircies particulièrement par les recherches de Coehn et Dinnenberg (1) et de Gaspari (2) qui firent clairement apparaître l'influence considérable qu'exerce la nature de l'électrode sur le moment où le dégagement a lieu. Les deux premiers auteurs déterminèrent les points de décomposition catodiques pour différents métaux notamment dans l'acide sulfurique normal et trouvèrent que si on égale à zéro la chute de potentiel à l'électrode réversible platine, on a en volt les valeurs suivantes :

ε_h Electrode-Solution

Pd	+ 0,26	volt.	Ni	— 0,14	volt.
Pt	+ 0,00	»	Cu	— 0,19	»
Fe	— 0,03	»	Al	— 0,27	»
Au	— 0,05	»	Pb	— 0,36	»
Ag	— 0,07	»	Hg	— 0,44	»

Seul le palladium facilite la séparation de l'hydrogène et ceci doit être sûrement attribué à la formation d'un alliage ; pour tous les autres la mise en liberté de l'hydrogène est notablement contrariée, il y a « *surtension* » et celle-ci paraît être d'autant plus grande que le métal considéré a une tendance moindre à l'occlusion. Si on détermine, comme Gaspari l'a fait, la force électromotrice qu'il faut employer pour obtenir un dégagement gazeux visible on obtient des valeurs plus élevées dans le même ordre. Les plus élevées

(1) Zeitschr. f. physik. Chem., 38, p. 609, 1901.
(2) Zeitschr. f. physik. Chem., 30, p. 89, 1899.

correspondent au Zn (0,70) et au Mercure (0,76). Ces nombres sont intéressants également pour la dissolution purement chimique des métaux dans les acides. Du tableau de la page 246 on peut calculer que le zinc tend à déplacer l'hydrogène de l'acide sulfurique pour des concentrations normales en ions avec 0v,77. Mais comme l'excès de tension s'élève à 0v,70, le Zinc ne se dissout que très lentement dans un mélange de SO^4Zn et SO^4H^2 normal en ions $H^{\cdot}$ et $Zn^{\cdot\cdot}$. Par l'augmentation des ions zinc, c'est-à-dire, par l'adjonction de sulfate de zinc on peut arrêter la dissolution, par concentration de l'acide on peut la rendre plus énergique.

Au zinc commercial correspond un excès de tension plus faible ; de là sa dissolution plus facile. S'il est amalgamé il devient plus difficile à attaquer ce qui est relié à une élévation de la valeur de la surtension ; le zinc pur ne subit par l'amalgamation aucun changement essentiel.

De même que l'hydrogène, l'oxygène offre dans sa séparation des surtensions variables avec la nature de l'électrode. Cœhn et Osaka (1) employaient comme électrolyte KOH ; comparativement à une électrode normale à hydrogène entouré du même liquide ils mesurèrent le potentiel anodique et obtinrent les valeurs suivantes pour les points de décomposition :

Au.	1,75	Cu	1,48
Pt (poli).	1,67	Fe	1,47
Pd.	1,65	Pt (platiné) . . .	1,47
Cd	1,65	Co	1,36
Ag.	1,63	Ni (poli).	1,35
Pb.	1,53	Ni (spongieux) .	1,28

Nous remarquerons tout d'abord que le point de décomposition indique aussi dans ce cas le point de dégagement

(1) Zeitschr. f. anorgan. Chem., 34, p. 86, 1903.

visible d'oxygène et ensuite que l'ordre de succession des métaux est tout autre que pour l'hydrogène. Par suite dans la décomposition industrielle de l'eau l'emploi de Ni pour les anodes permettra à production égale une moins grande dépense d'énergie. Dans la régénération électrolytique du chrome (1) on a constaté que l'oxydation sulfurique du sesquioxyde s'accomplissait avec un rendement beaucoup plus faible en employant des anodes de platine qu'en employant toutes choses égales d'ailleurs des anodes de plomb. La surtension correspondant au plomb empêche en grande partie le dégagement inutile de l'oxygène et le travail du courant se concentre sur l'oxydation de l'oxyde de chrome.

Le brome et l'iode se séparent réversiblement sur le platine.

D'après nos explications précédentes la force électromotrice de la pile hydrogène-oxygène dépend de la concentration des deux gaz, elle est à peu près la même si nous employons comme électrolytes un acide ou une base. Cette force électromotrice se compose de la chute de potentiel à l'électrode hydrogène, et de la chute à l'électrode oxygène. Pour une concentration déterminée la première dépend de la concentration des ions hydrogènes, la seconde de celle des ions hydroxyles. Aussi comme d'après la loi de l'action des masses le produit des concentrations des ions $H^{\cdot}$ et OH' est toujours constant quels que soient les autres corps présents dans la solution, il arrive que même quand les valeurs des chutes particulières varient fortement par le changement de l'électrolyte, leur somme n'en conserve pas moins la même valeur (2). Abstraction faite des solutions de sels métalliques qui peuvent être réduites par l'hydrogène et de celles de chlorures, bromures, iodures etc., susceptibles d'une oxydation

---

(1) Le Blanc, Zeitschr. f. Elektrochem., 7. p. 292, 1900.

(2) Pour plus de détail voyez Glaser, Zeitschr. f. Elektrochem., 4, p. 355, 1898.

par l'oxygène libre, seuls les ions de l'eau jouent un rôle quand on emploie d'aussi faibles courants que ceux qui servirent à déterminer les valeurs de décomposition ; les ions de l'électrolyte dissous ne jouent aucun rôle et sous cette réserve nous pouvons énoncer la proposition suivante : *Dans l'électrolyse a lieu une décomposition primaire de l'eau.* Le passage du courant s'effectue par tous les ions présents dans le liquide ; cependant aux électrodes a lieu le phénomène qui peut se réaliser le plus facilement, et très souvent celui-ci est justement la séparation d'ions H' et OH'. Dans l'électrolyse du SO^4K^2 par exemple il n'y a aucunement lieu de s'imaginer une précipitation du potassium et du radical SO^4 pour faire réagir ensuite ceux-ci sur l'eau. Le fait que tout acide ou toute base, pourvu qu'ils n'aient pas un point de décomposition moins élevé, sont décomposés à 1v,07 montre évidemment qu'il s'agit ici toujours du même phénomène. S'il y avait une action secondaire (séparation du radical avec action ultérieure sur l'eau), on devrait s'attendre à ce que les points de décomposition ne soient pas les mêmes pour tous, mais varient suivant la rapidité de l'action. Pour une concentration déterminée avec des courants plus intenses, la possibilité d'une décomposition primaire de l'eau dépendra évidemment de la vitesse de reformation des ions H' et OH' au dépens de l'eau non dissociée et si celle-ci est assez grande cette décomposition pourra avoir lieu. Nous reviendrons d'ailleurs sur ce point. Nous insisterons encore ici particulièrement sur ce fait que la conception actuelle suivant laquelle les ions amenés par le courant aux électrodes s'y séparent d'abord ; les constituants ainsi libérés réagissant ensuite sur l'eau ou d'autres corps, ne paraît pas conforme à la réalité. Dans l'électrolyse d'un électrolyte quelconque il y a plus d'ions précipités à chaque électrode, qu'il n'en arrive par migration (p. 68) ; c'est là une remarque simple qui montre déjà qu'entre le passage du courant et la décomposition aux électrodes il n'existe nullement une relation aussi étroite que celle qui leur est attribuée jusqu'ici. Il faut donc qu'il y ait eu de précipitée une partie des ions présents aux électrodes à l'origine, ions qui n'ont pas subi de migrations.

La conception suivante déjà citée brièvement est évidemment préférable à notre point de vue : Le passage du courant et la séparation aux électrodes ne sont pas en relation étroite ; tous les ions présents prennent part à la conductibilité, cependant seront toujours précipités d'abord à l'électrode ceux dont la mise en liberté exige le moins de travail et il peut se faire que des ions qui n'ont qu'un rôle à peine mesurable dans la conductibilité, aient le rôle principal dans la décomposition aux électrodes pourvu qu'ils puissent ensuite être reformés assez vite.

L'exemple suivant conviendra parfaitement pour montrer la simplicité de cette nouvelle conception vis-à-vis de l'ancienne. Nous électrolysons avec un courant pas trop fort entre deux électrodes de platine une solution aqueuse-acide suffisamment concentrée de sels de K, Cd, Ca et Ag mélangés. Par le passage du courant il arrive à la cathode en même temps des ions $K^{\cdot}$, $Cd^{\cdot\cdot}$, $H^{\cdot}$, $Ca^{\cdot\cdot}$, $Ag^{\cdot}$. Le résultat expérimental est que d'abord seul l'Argent est précipité : puis après quelque temps quand la quantité d'ions Ag devient insuffisante pour la densité de courant, la précipitation du cuivre commence ; ensuite vient le cadmium et finalement l'hydrogène. L'expression la plus simple imaginable pour le résultat expérimental n'est-elle pas ici donnée par cette phrase ? Viennent d'abord se séparer (réaction primaire) les ions qui cèdent le plus facilement leur électricité ; les autres doivent prendre patience jusqu'à ce qu'après l'élimination des premiers, leur tour vienne. La réaction s'effectue ainsi sans aucune difficulté.

Voyons maintenant l'autre manière de concevoir le phénomène. En même temps se séparent le potassium, le cadmium, l'hydrogène, le cuivre et l'argent ; par suite le potassium peut maintenant séparer l'hydrogène de l'eau, comme aussi le cadmium du sel de cadmium, le cuivre du sel de cuivre, l'argent du sel d'argent (on ne peut en effet admettre qu'il se trouvera toujours immédiatement auprès du potassium une particule d'Argent prête à la précipitation, mais bien plutôt que le potassium devra précipiter les particules métalliques quelconques présentes) ; puis l'hydrogène peut précipiter le cadmium du sel de cadmium, le cuivre du sel de cuivre, l'argent du sel d'argent ; puis le cadmium précipite le cuivre du sel de cuivre et l'argent du sel d'argent, et enfin le cuivre doit précipiter l'argent du sel d'argent ! On ne peut pourtant pas regarder cette conception comme simple, aussi à quoi bon admettre toutes ces réactions secondaires, que personne n'a observé puisque sans elles on peut atteindre le même résultat.

Ces discussions nous permettent de comprendre facilement les valeurs numériques obtenues dans la polarisation entre électrodes de platine non platinées. Considérons d'abord les corps pour lesquels l'eau est décomposée. Les bases et les acides doivent donner les mêmes valeurs puisque comme nous l'avons déjà dit les produits des concentrations des ions H˙ et OH' aux électrodes et par suite aussi les sommes des chutes particulières de potentiel conservent la même valeur. Dans l'électrolyse de sels nous devons obtenir des valeurs plus hautes, puisque à l'électrode où l'hydrogène se sépare il se forme une base et par suite une accumulation d'ions OH', d'où une diminution de concentration des ions H˙ et élévation de la chute de potentiel. De même pour l'autre électrode où un acide prend naissance ce qui diminue la concentration des ions OH'. Moins la base et l'acide sont dissociés, et plus faible sera l'élévation ; c'est bien ce qui a été observé.

Comme c'est toujours l'ion dont la précipitation exige la plus faible force électromotrice qui est précipité, en dehors des ions H˙ et OH' supposés présents en quantité suffisante, les autres ions n'interviennent que si la force électromotrice nécessaire à leur précipitation continue est plus faible. C'est pourquoi la valeur de décomposition des acides halogénés d'où ne se sépare pas d'oxygène est plus basse que celle des acides qui sont dans ce cas. Et pendant que pour les bases et les acides qui sont décomposés en hydrogène et oxygène la valeur de décomposition est indépendante de la concentration puisque le produit des concentrations des ions hydrogène et hydroxyle conserve la même valeur, pour les acides halogénés il y a élévation quand la concentration diminue puisque les ions hydrogène et halogène diminuent en nombre.

Par suite de cette dernière circonstance le nombre des ions OH' s'élève toujours. Finalement on atteint une dilution pour laquelle l'oxygène peut être dégagé d'une manière continue plus facilement que l'halogène et l'acide doit présenter alors le point de décomposition de l'eau. Nous avons vu ce cas réalisé avec l'acide chlorhydrique.

Jusqu'ici nous avons toujours dit que dans la courbe de tension d'un électrolyte soumis à un courant on ne trouvait qu'une valeur de décomposition dissociable au moyen d'une électrode accessoire en une chute de potentiel anodique et en une chute de potentiel catodique. Cependant de nouvelles mesures de Nernst (1), Glaser (2), Bose (3), Coehn (l. c.) et d'autres ont montré que dans certaines circonstances une méthode plus perfectionnée permettait de découvrir plus d'un point de décomposition.

Pour cela il convient de constituer un circuit comprenant l'électrode à étudier, une autre quelconque, un galvanomètre et une force électromotrice variable à volonté ; on la combine en outre avec une électrode accessoire impolarisable et pour établir la courbe reliant l'intensité (ou mieux la densité du courant) et la tension on prend comme valeur de celle-ci la forme électromotrice de la pile (Electrode — électrode accessoire) étudiée. Les propriétés de la troisième électrode n'interviennent pas parce que pour une solution donnée à une

---

(1) Berl. Ber 30, p. 1517, 1897.
(2) Zeitschr. f. Elektroch. 4, p. 355, 1898.
(3) Idem, 5, p. 153, 1898.

densité de courant déterminée (rapportée naturellement à l'électrode étudiée) correspond toujours la même force électromotrice de la pile accessoire et on peut séparer mieux qu'auparavant les réactions de la cathode et de l'anode en faisant varier l'électrode étudiée. On a pu tout d'abord établir que pour une solution normale acide il y avait, en employant des électrodes de platine, deux tensions de décomposition anodiques $\varepsilon_h = 1,14$ et $1,67$ et seulement une cathodique $\varepsilon_h = 0^v,0$.

Comment pouvoir expliquer cette valeur inférieure de la tension anodique de décomposition de l'eau. D'accord avec notre précédente hypothèse que la décomposition à 1,67 était ainsi que l'expérience le montre une conséquence de phénomènes de sursaturation, variable avec la nature de l'électrode, nous pouvons dire que les électrodes ordinaires de platine possèdent quoique à un degré faible la réversibilité peut-être par suite d'un composé intermédiaire de l'oxygène et de l'eau ; des mesures précises peuvent alors faire reconnaître clairement une décomposition durable immédiatement au-dessus de $1^v,14$, valeur de la formation réversible :

$$4OH' + 4F(+) \rightleftarrows 4(OH) \rightleftarrows 2H^2O + O^2$$

(à la pression atmosphérique et pour la concentration N. en $H^{\cdot}$).
La première valeur de la tension de décomposition anodique correspondrait à une réaction réversible, la deuxième à la cessation des phénomènes de sursaturation, et ceci expliquerait pourquoi la première valeur est expérimentalement indépendante de la nature de l'électrode ce qui n'est pas, comme nous le savons, le cas pour la seconde ; pour celle-ci la réaction pourrait se représenter par le schéma :

$$4OH' + 4F(+) \rightleftarrows 4OH \begin{cases} \rightleftarrows H^2O + O^2 & \text{(dissous partiellement à une concentration).} \\ \rightarrow O^2 & \text{(à la pression atmosphérique).} \end{cases}$$

La réaction indiquée par une seule flèche ne peut avoir lieu que dans un sens et cause la perte d'énergie libre.

Contrairement à ce qu'on aurait pu attendre on n'a pas jusqu'à présent pu découvrir un point de décomposition réversible en solution N. en H. pour $\varepsilon_h = 0^v,0$ pour les métaux qui présentent une surtension notable pour la séparation de l'hydrogène.

On a cherché à expliquer les deux points de décomposition d'une autre manière en se basant sur l'hypothèse certainement justifiée qu'il y a dans l'eau outre des ions OH' des ions O'' (v. p. 251, Rem.).

Il ne nous paraît cependant pas qu'il soit nécessaire d'invoquer la si faible concentration des ions O'' pour l'explication de ce cas particulier des phénomènes électrolytiques (pour plus de détails voir les publications particulières).

Des recherches toutes récentes de Gräfenberg (1), Brand (2), et de Luther et Inglis (3) ont montré que la f. e. m. d'une pile — Ozone — Hydrogène à la pression atmosphérique à la température ordinaire dans une solution acide N. est de $1^v,66$ et que cette pile est reversible. Le potentiel anodique $\varepsilon^h = + 1,66$ constitue ainsi un troisième point caractéristique correspondant au phénomène réversible et indépendant aussi de la nature du métal (noble) de l'anode ; ce point coïncide fortuitement pour le platine avec le deuxième point de décomposition décrit précédemment. On ne peut actuellement savoir suivant quel mode se produit la formation (ou la décomposition) de l'ozone.

La découverte des savants précédents (p. 302) de points de décomposition inférieurs à $1^v,67$ est d'un grand intérêt ; l'acide sulfurique p. ex. électrolysé avec des électrodes de platine présente quatre points $\varepsilon_{h\ \text{Electrode-Solution}} = 1^v,14,\ 1^v,67,\ 1^v,95,$

(1) Zeitschr. f. Elektrochemie, **8**, p. 297, 1902.
(2) Drude. Ann., **9**, p. 468, 1902.
(3) Zeitschr. f. physik. Chem., **43**, p. 203, 1903.

2v,6 ; à partir de chacun d'eux l'électrolyse subit une brusque augmentation. Les bases offrent des phénomènes semblables; ce résultat amène à penser que, outre les ions OH', d'autres encore prennent part à l'électrolyse et il paraît admissible que la valeur 1v,95 soit liée à des ions $SO^{4''}$ prenant part à l'électrolyse, et la valeur 2v,6 aux ions HSO^{4}. En outre il résulte de ceci que la vitesse de reformation des ions H' ou OH' aux dépens de l'eau non dissociée ne peut pas être considérable car sans cela ces valeurs n'auraient pu être trouvées et nous arrivons à concevoir que l'oxygène dégagé (ou l'hydrogène) par des courants énergiques est en grande partie d'oxygène seconduit, produit par l'action sur l'eau des radicaux mis en liberté.

Nous donnons ci-dessous les points de décomposition de quelques acides (en dehors de 1v,14).

NOMS	CONCENTRATION normale	1er POINT de décomposition	2e POINT	3e POINT
Ac. Azotique . . .	2,3	1,66	1,88	—
Phosphorique	2,3	1,67	1,96	2,18
Formique. . .	3,5	1,69	1,88	—
Acétique . . .	3,5	1,67	2,05	—
Propionique .	3,5	1,68	2,20	—
Butyrique . .	3,5	1,67	2,35	—
Valérique. . .	3,5	1,67	—	—
Tartrique. . .	1,2	1,66	1,85	2,2
Benzoïque . .	saturé	1,67	2,00	—
Phtalique. . .	—	1,68	1,97	2,6

Les recherches de Bose (l. c.) fournissent une vérification relative de cette hypothèse que chaque point de décomposition, c'est-à-dire la discontinuité des courbes de tension indique l'apparition d'une nouvelle réaction chimique.

Il utilisait comme électrolyte HCl 0,965. N. auquel on ajoutait des quantités croissantes de KBr. Pour une forte concentration en Br′ il obtint seulement un point de décomposition celui des ions Br′, et pour une faible concentration il n'obtint également qu'un point, mais celui qui correspondait aux ions Cl′. Une seule concentration en Br′ (0,0001 n. KBr,

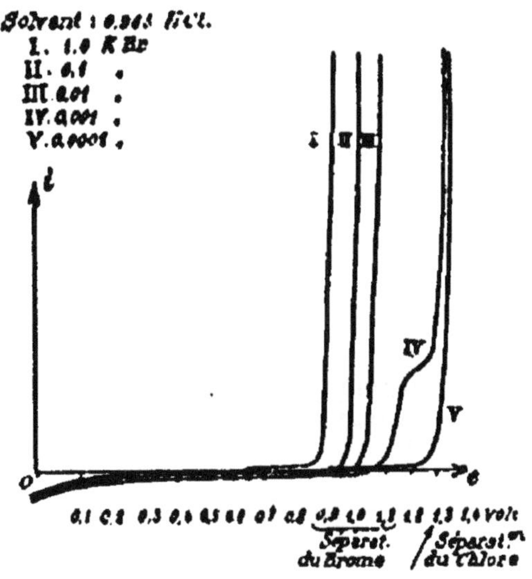

Fig. 31.

courbe IV) donne deux points, l'un pour Br′ l'autre pour Cl′. La figure suivante (fig. 31) donne une idée nette des phénomènes observés.

Signification de la force électromotrice pour les séparations électrolytiques et la préparation de nouveaux composés. — Chaque métal ayant un point de décomposition particulier il en résulte (Le Blanc), ainsi que l'a vérifié Freudenberg (1) que l'on doit réussir à séparer quantativement par une augmentation graduelle de la force

---

(1) Zeitschr., physik Chem., **12**, p. 97, 1893.

électromotrice les différents métaux d'un mélange de sels métalliques (1). Par exemple pour un mélange de sels de cuivre et de cadmium on choisit la f. e. m. de telle manière que, insuffisante pour précipiter le cadmium, elle suffise à précipiter le cuivre qu'on peut ainsi extraire quantitativement de la solution. Quand tout le cuivre est séparé, le courant cesse de lui-même de telle sorte que l'observation de l'électrolyse et sa surveillance sont inutiles. Il est vrai que plus la précipitation du cuivre est complète plus la force nécessaire à sa séparation croît d'après la formule connue

$$\pi = \frac{RT}{n_e F} \ln \frac{P}{p};$$

comme cette augmentation pour une solution initiale 0,1 N. tombée à $0,1 \times 10^{-5}$ N. (limite de sensibilité analytique) n'atteint pas $0^v,3$ pour un métal monovalent et est moitié moindre pour un métal bivalent, l'inconvénient qui en résulte n'a pas de conséquence, si les pressions de dissolutions ne sont pas trop différentes. Après séparation du cuivre on aug-

---

(1) Il faut remarquer que déjà vers 1880, M. Kiliani avait indiqué la possibilité d'entreprendre des séparations électrolytiques en graduant la force électromotrice. Il a réalisé ainsi la séparation de l'argent et du cuivre par ce procédé. Il fut conduit à cette opinion par la différence des tonalités thermiques que montre chaque métal et calcula sur ces données directement l'énergie chimique nécessaire à la précipitation de chaque métal en particulier. Le calcul ainsi que nous l'avons vu ne doit pas être conduit de cette manière. Cette circonstance fit peut-être passer sa proposition inaperçue (les travaux de Kiliani ne m'ont été connus que plus tard) mais moins encore que le manque général de clarté des phénomènes de la polarisation. On ne savait nullement que le métal peut être précipité d'une façon permanente seulement au-dessus d'une force électromotrice déterminée et que au-dessous ne se séparent que des traces impondérables analytiquement négligeables.

Bien plus on inclinait à croire que même pour les forces électromotrices plus faibles des quantités très sensibles de métal étaient déposées. D'après cette opinion la séparation de deux métaux par réglage de f. e. m. devait paraître un résultat plutôt accidentel que nécessaire.

mente la f. é. m. et le cadmium se précipite. Ce mode opératoire a permis d'effectuer un certain nombre de séparations qui n'avaient pu être réalisées en agissant seulement sur la densité de courant et non sur la force électromotrice. Dans toutes les électrolyses on doit avoir ce fait présent à l'esprit. Il peut se produire d'ailleurs dans certains cas des complications dues à la formation d'alliages ou de combinaisons chimiques qui s'opposent alors à une séparation complète.

Outre les solutions neutres et acides celles de composés doubles avec l'oxalate d'ammoniaque ou le cyanure de potassium se prêtent particulièrement bien à de telles séparations. Dans celles-ci réussissent des séparations qui ne peuvent s'effectuer en solutions acides. C'est le cas par exemple du platine qui ne peut être en solution acide séparé des métaux à pression de dissolution voisine comme l'or, l'argent, le mercure et l'est facilement en solution de cyanure de potassium Ce fait est dû à la formation du sel complexe $2K^{\cdot} - Pt\,(Cy^{6})''$ dont l'ion négatif n'est que très peu dissocié en $Pt^{\cdot\cdot\cdot\cdot}$ et $6Cy'$. Par suite de cette concentration extrêmement faible des ions le platine n'est pas précipité par le courant avec une force électromotrice suffisante pour les autres métaux dont les ions sont présents en plus grande quantité.

On utilise souvent de semblables procédés dans la pratique, par exemple dans le raffinage électrolytique de l'or. Si on emploie comme électrolyte une solution étendue chaude d'acide chlorhydrique, l'or brut de l'anode se dissout ainsi que les métaux du platine mais ceux-ci s'accumulent dans la dissolution à l'état d'ions complexes pendant que l'or seul se reprécipite à la cathode.

Jusqu'à présent, ainsi qu'on vient de le voir, on n'a changé que la densité de courant dans les séparations quantitatives des métaux. Etant donné un mélange de sels de Zn, Cu, Ag en

(1) Wohlwill, Zeitschr. f. Elektrochem., 4, p. 402, 1898.

solution acide, puisque à l'électrode c'est toujours la réaction qui exige le moins de travail qui a lieu, on doit donc séparer d'abord l'argent si la densité de courant est toujours réglée de telle sorte qu'il y ait encore assez d'ions argent présents à l'électrode même pour une très haute force électromotrice. Mais il faut interrompre le courant au moment exact, sans cela le métal le plus facile ensuite à séparer se dépose. L'argent et le cuivre étant précipités l'hydrogène arrive à son tour. Pour obtenir en même temps dans la solution acide le zinc il faut augmenter la densité de courant pour que les ions hydrogène soient insuffisants et que les ions zinc puissent prendre part à la précipitation. Evidemment il est toujours plus rationnel, quand cela est possible, de régler la force électromotrice; on n'a plus besoin alors de surveiller de près l'électrolyse. Jusque dans ces dernières années la séparation électrolytique a été traitée tout à fait empiriquement, sans connaissance précise des conditions théoriques.

Les halogènes comme les métaux (mais pas sans précautions particulières) peuvent être séparés les uns après les autres; Specketer (1) et Müller (2) ont donné sur ce sujet des indications précises.

Dans la description des phénomènes de polarisation nous avons eu jusqu'à présent en vue essentiellement des électrodes insolubles sur lesquelles les produits de l'électrolyse plus particulièrement l'hydrogène et l'oxygène venaient directement se séparer. Nous allons maintenant considérer des cas dans lesquels les corps séparés par l'électrolyse peuvent réagir soit sur l'électrode, soit sur les autres corps présents dans son voisinage. Nous pouvons nous faire une idée générale de ceci par les considérations suivantes.

Quand le dégagement d'oxygène ou d'hydrogène est em-

---

(1) Zeitschr. f. Elektroch., 4, p. 539, 1898.
(2) Berl. Ber., 35, p. 950, 1902.

pêché à l'électrode nous parlons toujours de dépolarisation, de réduction cathodique ou d'oxydation anodique ; la force électromotrice nécessaire à une électrolyse durable est toujours plus faible dans ce cas et nous pouvons nous en rendre compte par la détermination du point de décomposition. L'hydrogène ou l'oxygène ne peuvent plus s'accumuler à une concentration trop élevée, et réagissent sur le corps correspondant dès qu'ils ont atteint une concentration plus faible. Plus un dépolarisant (ou un mélange de dépolarisant) est énergique, plus la concentration de l'oxygène ou de l'hydrogène qui réagit sur lui est faible et par suite aussi plus la force électromotrice nécessaire est faible. Dans beaucoup de cas même la réaction se produit d'elle-même et l'élément par suite fournit de l'énergie électrique par son fonctionnement.

La vitesse d'absorption de l'oxygène ou de l'hydrogène joue naturellement un grand rôle. Un oxydant par exemple qui paraît beaucoup plus fort qu'un autre pour de très faibles intensités peut très bien pour de fortes intensités paraître notablement plus faible. On peut dire très généralement :

La diminution de concentration de l'hydrogène ou de l'oxygène séparés mesure l'énergie électromotrice d'un oxydant ou d'un réducteur.

Nous admettons ici que l'hydrogène et l'oxygène sont réellement mis en liberté puis réagissent. Ceci est exact dans la plupart des cas mais non dans d'autres. Chacun admet en effet par exemple pour une anode de Zinc dans une solution d'acide sulfurique la formation primaire des ions $Zn^{\cdot\cdot}$ et l'action secondaire de l'oxygène séparé sur le zinc paraît bien invraisemblable. La manière précédente de voir est cependant admissible s'il s'agit de concevoir clairement l'établissement du potentiel de l'électrode en supposant qu'il y a équilibre c'est-à-dire que toutes les chutes de potentiel présentes à l'électrode sont réellement égales. (Voyez aussi p. 264-266).

On a employé dans la pratique industrielle avec plus ou moins de succès les oxydants et les réducteurs dans l'électrolyse pour diminuer la force électromotrice et économiser par suite l'énergie. Il faut tout d'abord pour obtenir un résultat réel que les dépenses occasionnées ne dépassent pas l'économie réalisée par la diminution d'énergie nécessaire. Höpfner dans un procédé d'extraction électrolytique du cuivre très bien étudié emploie une solution de $NaCl + FeCl^3$ qui dissout le cuivre du minerai à l'état de chlorure pendant que le fer passe à l'état ferreux. Cette solution cuivreuse dépose son cuivre dans la partie cathodique d'un électrolyseur puis dans la partie anodique le fer se réoxyde, repasse à l'état de $FeCl^3$ et le cycle se continue. L'action réductrice du $FeCl^3$ évite la séparation du chlore gazeux et la tension élevée qui lui correspond.

L'emploi d'anodes solubles répond également au même but, l'économie d'énergie.

Particulièrement en chimie organique à partir d'un même corps initial on peut par simple oxydation obtenir des corps différents qui dans les mêmes circonstances possèdent un potentiel d'oxydation différent. Employons d'autre part dans l'électrolyse un tel corps comme réducteur anodique; suivant le potentiel anodique le premier degré d'oxydation, le second, le troisième ou même plus peuvent seulement apparaître. La détermination des points de décomposition peut nous être dans ce cas d'une grande utilité. Chacun de ces points annonce une nouvelle réaction et si nous voulons éviter le produit qu'elle fournit il faut mener l'électrolyse avec une tension inférieure à cette valeur.

Coehn (1) en maintenant la force électromotrice entre les deux points de décomposition correspondant à KOH a pu en faisant passer à l'anode un courant d'acétylène réaliser quantitativement la formation d'acide formique, dont la synthèse absorbait alors tout le travail du courant.

Pour une force électromotrice plus élevée apparaissent des

---

(1) Zeitschr. f. Elektroch., 7, p. 681, 1901.

mélanges de corps, parmi lesquels l'oxygène et les acides formique et carbonique.

Cette préparation de l'acide formique n'a d'intérêt que parce qu'elle nous montre un moyen d'obtenir un corps sans produits secondaires gênants. La force électromotrice restreinte permet d'employer seulement de faibles densités de courant ; la production par unité de temps est par suite faible surtout par rapport aux dimensions des appareils, etc., et ceci exclut la possibilité d'une application industrielle avantageuse de cette réaction.

D'autres recherches semblables ont été effectuées avant Cohen en particulier par Haber (1) qui parvint le premier à démontrer que pour une même électrode, on pouvait obtenir différents corps en maintenant le potentiel à une valeur donnée, variable pour chacun d'eux.

Devant ces faits si nous nous reportons maintenant à l'influence catalytique (p. 274) de la nature de l'électrode sur la formation de nouveaux produits nous arrivons à attribuer les propriétés particulières des métaux au potentiel différent des électrodes pendant le passage du courant; de la différence des « surtensions » qui est particulière aux métaux, nous pouvons conclure à la différence du potentiel. Un travail récent de Russ (2) nous donne une explication de ceci. Il montre que à potentiel égal la vitesse de réduction varie pour les différents métaux, ce qui montre clairement l'influence spécifique de la matière de l'électrode. Il étudia particulièrement l'action dépolarisante du nitrobenzène, du p. nitrophénol, de l'hypochlorite, de la quinhydrone pour des électrodes de platine, d'or, d'argent, de fer et de nickel. Il put en outre constater l'influence particulière du « passé » de l'électrode sur la réaction électrolytique.

(1) Zeitschr. f. Elektroch , 4, p. 506, 1898. Zeitschr. f. physik. Chem. 32, p. 193, 1900.
(2) Dissertation. Karlsruhe, 1903.

L'électrode devenait plus active par une polarisation cathodique continue ; la vitesse de la réaction de dépolarisation y devenait plus grande. Cette activité croissante se manifestait de telle manière que partant d'une intensité donnée et d'un potentiel électrodique déterminé par un fort dégagement d'hydrogène, l'intensité allait croissant pendant que le potentiel diminuait et le dégagement d'hydrogène cessait ou faiblissait. L'état actif était peu stable : une courte interruption du courant rétablissait l'état initial.

Nous arrivons ainsi à cette conclusion que dans les réactions électrolytiques non seulement le potentiel joue un rôle mais aussi qu'il y a une influence catalytique de la matière de l'électrode.

Les travaux de Lorenz par exemple ont montré que des phénomènes analogues à ceux des solutions aqueuses s'observent pour l'électrolyse des sels fondus (1).

Electrolyse avec courant alternatif (2). — Si on emploie au lieu de courant continu le courant alternatif symétrique on comprend immédiatement que avec des électrodes réversibles on ne pourra observer aucun changement dans la solution électrolysée puisque ce qu'une phase du courant produit est détruit par la phase suivante.

Au contraire dans l'électrolyse de systèmes comme : Cuivre — Solution acide de sulfate de soude — Cuivre — la quantité de cuivre mise en solution dépend du nombre de périodes du courant employé ; quand ce nombre est petit la diffusion ou la convection écartent de l'électrode une fraction plus ou moins

---

(1) Le Blanc et Brode : Electrolyse des alcalis fondus. Zeitschr. f. Electroch. 8. p. 697, 1902.

(2) Le Blanc et Schick : Communication au 5e Congrès de chimie appliquée. Voir aussi les intéressantes recherches de Drechel (Journ. f. prakt. Chemie., Volumes 29, 34, 38), dans le détail desquelles nous ne pouvons entrer ici.

grande des ions envoyés en solution à la première action du courant, de telle sorte que dans la phase suivante le courant rencontre trop peu d'ions Cu'' et doit décharger des ions H' et Na'. Avec une densité de 0,010 Ampère par cm² les recherches montrèrent que par 1000 périodes par minute il n'y avait plus guère de cuivre passé en solution. De même dans l'électrolyse du système : Platine — SO^4H^2 — Platine. Au-delà de ce nombre la quantité d'Oxygène et d'hydrogène devient pratiquement nulle.

Quoique en di[illegible] certains brevets le courant alternatif ne convient nullement pour préparer les combinaisons peu solubles.

Deux électrodes de cadmium donnent par exemple un rendement théorique en CdS dans une solution de $S^2O^3Na^2$ avec le courant continu et dès 1000 périodes par minutes le rendement tombe à quelques pour cent. On pourrait peut-être penser que le rendement en CdS dépend de la vitesse de formation du précipité solide qui empêcherait alors la précipitation du cadmium sur l'électrode ; ceci n'est pas car le CdS fraîchement séparé et se trouvant sur la cathóde est détruit aussitôt par le courant continu et disparaît sans que l'hydrogène apparaisse si la densité du courant n'est pas trop élevée; l'hydrogène n'apparaît qu'après la disparition du CdS. La vitesse de reformation des ions Cd'' au dépens du CdS solide est bien assez grande et le système : Cadmium — $Na^2S^2O^3$ dissous — Cadmium se conduit comme le système étudié précédemment :

Cu — Solution de $NaHSO^4$ — Cu

Des phénomènes tout différents se produisent si on électrolyse p. ex. une solution de CAzK avec deux électrodes de cuivre. Même avec 1000 périodes par minute, le cuivre se dissout quantitativement ou à peu près à l'état d'ions cuivreux pendant qu'une quantité équivalente d'Hydrogène se dégage, et on obtient par suite le même résultat qu'avec le courant continu. La quantité de cuivre diminue, il est vrai, quand augmente le nombre de période mais pour 38000 par minute et une densité de courant de 0,016 A. par cm² elle atteint encore 33 0/0. La formation d'ions complexes constitue la plus vraisemblable explication de ces faits. Les ions Cu' forment en effet avec CyK ou les ions CAz' un ion complexe dont le cuivre ne peut plus être séparé à la catode. Si le nombre de période est assez faible pour permettre la formation de l'ion complexe au dépens de tout le cuivre dissous dans une phase, la phase suivante ne pourra pas reprécipiter de métal. Plus le nombre de période croît et plus la proportion de métal reprécipitable augmente. On conçoit par suite que cette méthode pourra permettre de déterminer la vitesse de réaction des ions jusqu'ici inconnue.

Valeurs de décomposition et solubilités. — Nernst (1) a montré que les tensions pour lesquelles les ions d'un sel sont précipités en solution normale forment la limite supérieure de la solubilité du sel. Comme la valeur de décomposition $\varepsilon_{c\ \mathrm{Electrode-Solution}}$ de l'ion iode est + 0,86, celle de l'ion argent + 1,05, l'iodure d'argent ne pourrait pas exister en solution normale puisque dans une telle solution il se décomposerait spontanément avec 0v,26 — bien plus pour que son existence soit possible, sa solubilité doit être extrêmement faible, ce que montre en effet l'expérience. Si on calcule la solubilité pour laquelle la tension de décomposition est nulle, c'est-à-dire celle pour laquelle le sel serait à la limite exacte de stabilité, on obtient une valeur beaucoup plus grande que celle observée en réalité. D'après Bodländer (2) on peut (ainsi que Luther l'avait déjà indiqué) calculer d'avance les valeurs

(1) Berl. Ber, 30, p. 1547, 1897.
(2) Zeitschr. f. physik. Chem., 27, p. 55, 1898.

exactes de la solubilité en considérant la valeur de décomposition du sel solide.

La composition d'une solution saturée d'un électrolyte en présence d'un excès de corps solide ne varie pas pendant l'électrolyse et nous pouvons dire que l'électrolyte solide sera scindé seulement en les produits qui naissent pendant l'électrolyse et nous pouvons regarder la tension de décomposition comme une mesure de la solidité avec laquelle les ions étaient réunis dans le corps solide.

La tension de décomposition E_s est égale à

$$E_s = 0,0575 \log \left(\frac{P_k}{p}\right)^{\frac{1}{n_{e_k}}} + 0,0575 \log \left(\frac{P_a}{p}\right)^{\frac{1}{n_{e_a}}} \qquad (1)$$

P_k n_{e_k} se rapportent au cation, n_{e_a}, P_a à l'anion ; p représente la concentration exprimée en équivalent et égale pour les deux ions dans la solution saturée.

Les tensions particulières de décomposition du cation E_h et de l'anion E_a pour la concentration normale sont

$$E_k = 0,0575 \log P_k^{\frac{1}{n_{e_k}}}, \; E_a = 0,0575 \log P_a^{\frac{1}{n_{e_a}}} \qquad (2)$$

et de (1) et (2) on tire

$$E_s = E_k + E_a - 0,0575 \log p^{\frac{1}{n_{e_a}} + \frac{1}{n_{e_k}}}$$

Si l'anion et le cation sont monovalents $n_{e_a} = n_{e_k} = 1$ on a :

$$E_s = E_k + E_a - 0,115 \log p.$$

Pour les électrolytes fortement dissociés et peu solubles, p exprime la solubilité, et on peut par suite au moyen de cette grandeur, quand E_h et E_a sont connus, calculer l'énergie qui devient libre lors de la formation du corps solide à partir des ions. Inversement ces trois grandeurs E_s E_k E_a permettent de calculer p. E_h et E_s sont faciles à déterminer expérimentalement, et dans beaucoup de cas au moins en première approximation on peut considérer E_s comme proportionnel à la chaleur de formation Q (en cal. par équivalent) :

$$E_s F = Q . 4{,}177 \; ; \; E_s = \frac{Q . 4{,}177}{96580} = \frac{Q}{23100}$$

Les valeurs calculées ainsi et celles observées montrent une concordance remarquable eu égard aux sources considérables d'erreurs.

Nous signalerons encore une règle souvent applicable trouvée expérimentalement et dont le bien fondé théorique peut se déduire également des formules précédentes : *Pour différents sels du même métal* (*ou du même acide*) *la solubilité est d'autant plus grande que la tendance du reste acide* (ou du métal), à passer de l'état électriquement neutre à l'état d'ions, est plus considérable.

On a récemment cherché à relier toute une série de propriétés des corps aux tensions de décomposition (1).

---

(1) Abegg et Bodländer, Zeitschr. anorg. Chem., **20**, p. 453, 1899.

XI

APPENDICE

2. *Les accumulateurs.*

Comme l'usage des accumulateurs s'est extrêmement répandu, nous exposerons rapidement les réactions chimiques qui les caractérisent.

Sous le nom d'accumulateurs on comprend des dispositifs qui permettent d'accumuler, sous forme d'énergie chimique l'énergie électrique, celle-ci pouvant de nouveau être reprise à volonté. On peut employer tout élément réversible comme accumulateur; si nous envoyons dans un élément Daniell un courant électrique qui va du cuivre au zinc à travers la solution, le cuivre passe en solution, le zinc se précipite en un mot nous accumulons l'énergie sous forme chimique (1).

En pratique l'accumulateur au plomb est presque exclusivement employé. On l'obtient en prenant comme électrodes deux feuilles de plomb recouvertes d'une couche spécialement préparée d'oxyde de plomb ou de sulfate de plomb. Si maintenant on envoie un courant en employant comme électrolyte SO^4H^2 à 20 0/0, il se forme au point d'entrée de l'électricité positive dans l'acide du bioxyde de plomb (ou un

---

(1) Pour plus de détails sur la préparation et le traitement des accumulateurs nous renvoyons à Heim « die akkumulatoren », Leipzig, Oskar Leiner, et à Elbs « die akkumulatoren » Leipzig, Johann Ambrosius Barth.

hydrate) et au point d'entrée de l'électricité négative du plomb métallique spongieux. Quand la quantité d'électricité amenée est suffisante, l'accumulateur est chargé. Dans la décharge le métal aussi bien que le peroxyde passent à l'état de sulfate. La réaction chimique consiste donc dans la transformation pendant la charge du sulfate de plomb présent aux électrodes en peroxyde d'un côté, en plomb métallique de l'autre; pendant la décharge ces deux corps fournissent de nouveau du sulfate. La tonalité thermique correspondante a, d'après Streintz (1) la valeur suivante :

$$PbO^2 + 2SO^4H^2Aq + Pb = 2PbSO^4 + 2H^2O + Aq + 87000 \text{cal.}$$

La force électromotrice de l'accumulateur calculée en admettant une complète transformation en énergie électrique est 1v,885, valeur qui coïncide bien avec celle trouvée expérimentalement en employant de l'acide sulfurique étendu. De cet accord il résulte en outre que la force électromotrice doit être à peu près indépendante de la température (p. 150) conséquence vérifiée également par Streintz. L'exactitude de la réaction précédente fut démontrée par une recherche de Dolezalek (2) qui montra que toutes les propriétés de l'accumulateur sont d'accord avec cette formule ; il étudia spécialement la relation qui existe entre la force électromotrice et la concentration de l'acide et établit que les valeurs fournies par des considérations thermodynamiques s'accordaient parfaitement avec celles données par l'expérience et par suite que l'accumulateur (pour de faibles densités de courant) travaillait réversiblement.

La théorie des réactions de l'accumulateur donnée d'abord

---

(1) Wiener Monastshefte fur Chemie, 15, p. 285, 1894.
(2) Wied. Ann., 65, p. 894, 1898.

par Le Blanc (1) d'après la théorie des ions cadre complètement avec ces données.

L'accumulateur étant chargé et prêt pour l'usage, l'électrode positive est recouverte de peroxyde de plomb et la négative de plomb spongieux ; entre les deux se trouve l'acide sulfurique. Nous pouvons admettre que PbO^2 en contact avec l'eau forme en présence des ions OH' des ions Pb tétravalents qui par le fonctionnement de l'accumulateur passent à l'état bivalent ; d'une manière analogue l'électrode positive de l'accumulateur fournit des ions $Pb^{\cdot\cdot}$, qui de même que ceux de Mn passent à l'état bivalent et *cette réaction est la source la plus importante de la force électromotrice de l'accumulateur.* Les ions tétravalents utilisés sont remplacés par le peroxyde solide ; les ions $Pb^{\cdot\cdot}$ bivalents formés ne restent pas en solution mais se réunissent aux ions $SO^{4''}$ contenus dans le liquide pour donner le sulfate de plomb, peu soluble, le produit des concentrations des ions $Pb^{\cdot\cdot}$ et SO^4 ayant une faible valeur.

A l'électrode négative le plomb métallique passe à l'état d'ions bivalents, réaction qui a lieu sans chute de potentiel appréciable.

Il se forme là aussi du SO^4Pb solide au dépens des ions $Pb^{\cdot\cdot}$ et $SO^{4''}$. Mais nous pouvons éclaircir par la théorie des ions non seulement cette transformation du peroxyde de plomb et celle du plomb métallique en sulfate mais encore la diminution graduelle de la force électromotrice d'un accumulateur en travail. La grandeur de la chute de potentiel dépend à l'électrode positive de la concentration des ions Pb tétravalents et bivalents (p. 233), et à l'électrode négative de la concentration des ions Pb bivalents pour un excès de Pb métallique. Avec le temps la concentration des ions tétravalents diminue et celle des ions bivalents augmente, comme le montre le raisonnement suivant. A l'électrode de peroxyde de plomb nous

(1) 1re édition allemande de ce livre, p. 223, 1895.

avons une solution saturée de ce corps, c'est-à-dire que le produit de la concentration des ions $Pb^{\cdot\cdot}$ et de la quatrième puissance de la concentration des ions OH' (1) a une valeur constante; il doit y avoir d'un autre côté entre ces ions et ceux de l'acide sulfurique des rapports déterminés, c'est ainsi que le produit des concentrations des ions $H^{\cdot}$ et OH' doit avoir une valeur égale à la constante de dissociation de l'eau. Pendant la décharge de l'accumulateur il se forme d'une part, comme nous l'avons vu, du sulfate de plomb aux électrodes; mais d'autre part les ions OH' qui se forment continuellement grâce au peroxyde solide ne peuvent subsister et se combinent aux ions $H^{\cdot}$ venant de l'acide sulfurique pour former de l'eau. Par suite il y a constamment une diminution des ions H' et $SO^{4''}$; la diminution des premiers a pour effet de faire augmenter la concentration des ions OH' et par suite celle des ions $Pb^{\cdot\cdot}$ doit diminuer; la diminution des ions $SO^{4''}$ permet une augmentation des ions $Pb^{\cdot\cdot}$ car nous avons là aussi une solution saturée de sulfate de plomb, et cette dernière réaction a lieu aussi à l'électrode négative. Quand tout le peroxyde solide est utilisé, alors la force électromotrice tombe extrêmement vite à de très faibles valeurs.

Dans l'accumulateur déchargé aux deux électrodes se trouve aussi du sulfate de plomb et par suite des ions $Pb^{\cdot\cdot}$ bivalents La réaction pendant la charge consiste simplement à l'électrode par laquelle l'électricité positive pénètre dans le liquide, dans la transformation des ions Pb bivalents en ions tétravalents et dans leur passage à l'état métallique à l'autre électrode. Les ions $Pb^{\cdot\cdot}$ utilisés sont fournis par le $PbSO^4$ solide; les ions $Pb^{\cdot\cdot}$ qui se forment se combinent aux ions OH' présents pour donner le peroxyde ou son hydrate dès que le produit des deux concentrations (pour la puissance voir plus haut) a atteint la valeur correspondant à une solution

(1) A un ion Pb correspondent en effet 4 ions OH'.

saturée de peroxyde de plomb. Graduellement tout le sulfate de plomb se transforme d'un côté en peroxyde, de l'autre en plomb métallique. La force contre-électromotrice de l'accumulateur croît pendant la charge étant donné qu'il se produit pendant celle-ci le phénomène inverse de la décharge. La concentration des ions bivalents Pb¨ décroît aux deux électrodes parce que la concentration des ions $SO^{4\prime}$ présents s'augmente graduellement de nouveaux ions formés par le sulfate de plomb solide, et la concentration des ions Pb¨ tétravalents croît, celle des ions H˙ qui fournissent de l'eau non dissociée avec les ions OH′ augmentant. Les ions OH′ se réunissent bien pour former le peroxyde avec les ions Pb¨ qui prennent naissance mais leur concentration doit diminuer à mesure que les ions H˙ augmentent et plus la concentration des ions OH′ est faible plus élevée sera celle des ions Pb¨. S'il n'y a plus assez d'ions Pb¨ bivalents il se sépare à l'une des électrodes des ions hydrogène, à l'autre des ions hydroxyles, et l'apparition d'un abondant dégagement d'hydrogène et d'oxygène indique que l'accumulateur est surchargé. Pour obtenir un dégagement d'hydrogène et d'oxygène important étant donnée la constitution de l'accumulateur (les gaz mis en liberté peuvent s'y accumuler à de hautes concentrations, ou autrement dit les électrodes ont une surtension importante) il faut une force électromotrice un peu plus élevée que celle nécessaire à la charge ; pour des électrodes de platine en solution sulfurique de 2 volts on a un violent dégagement de gaz et si tel était le cas de l'accumulateur nous ne pourrions pendant la charge éviter des pertes considérables d'énergie.

Cette théorie de l'accumulateur et de ses réactions s'appuie principalement sur la présence récemment démontrée par Elbs et Rixon (1) de quantités relativement considérables dans

(1) Zeitschr. f. Elecktrochemie, 9, p. 267, 1903.

l'acide sulfurique employé de plomb tétravalent (et par suite aussi de $Pb^{\cdot\cdot}$) à l'état de $(SO^4)^2 Pb$ (jusqu'à 0 gr. 17 par litre). Une recherche spéciale a démontré que l'équilibre correspondant à l'équation

$$Pb(SO^4)^2 + 2H^2O \rightleftarrows PbO^2 + 2H^2SO^4$$

était atteint toujours en 15 heures environ quand on agite du PbO^2 fraîchement préparé dans l'acide sulfurique. La présence de cette quantité non négligeable de Pb tétravalent explique d'une manière plausible la décharge spontanée de l'accumulateur ; le plomb tétravalent migrerait de la plaque péroxydée à laquelle il se reformerait constamment, vers la plaque en plomb spongieux où il serait réduit.

Cette formation d'ions tétravalents et bivalents pendant le fonctionnement de l'accumulateur ne doit pas être considérée comme seule agissante ; la présence d'ions $PbO^{3''}$ (Liebenow) et leur transformation réversible en PbO^2 ordinaire est également possible. Dans la description des états d'équilibre, par exemple dans les mesures de potentiel la source réactionnelle de la force électromotrice est indifférente ; mais dans la description du cours d'une électrolyse on doit simplement insister sur la réaction prédominante. Quelle est cette réaction ? cela dépend des vitesses de réaction correspondantes et on doit chercher à l'établir dans chaque cas particulier. Dans celui qui nous intéresse actuellement la mise au premier plan des ions $Pb^{\cdot\cdot}$ semble correspondre aux faits et il n'en est pas de même pour les ions $PbO^{2''}$ dont la concentration paraît négligeable en solution acide devant celle des premiers.

TABLEAU I (Voir page 15)

Equivalents d'énergie

ERG	JOULE	CALORIE (1)	KILO-GRAMMÈTRE	LITRE-ATMOSPHÈRE	KILOWATT-HEURE	CHEVAL-HEURE
1	10^{-7}	$2,387.10^{-8}$	$1,020.10^{-8}$	$9,872.10^{-10}$	$2,778.10^{-14}$	$3,776.10^{-14}$
10^{7}	1	0,2387	0,1020	$9,872.10^{-3}$	$2,778.10^{-7}$	$3,776.10^{-7}$
$4,189.10^{7}$	4,189	1	0,4273	$4,135.10^{-2}$	$1,164.10^{-6}$	$1,582.10^{-6}$
$9,806.10^{7}$	9,806	2,341	1	$9,681.10^{-2}$	$2,724.10^{-6}$	$3,703.10^{-6}$
$1,013.10^{9}$	101,3	24,18	10,33	1	$2,814.10^{-5}$	$3,825.10^{-5}$
$3,600.10^{13}$	$3,600.10^{6}$	$8,593.10^{5}$	$3,672.10^{5}$	$3,553.10^{-4}$	1	1,359
$2,649.10^{13}$	$2,649.10^{6}$	$6,325.10^{5}$	$2,702.10^{5}$	$2,616.10^{-4}$	0,7360	1

TABLEAU II (Voir page 39)

E Equivalents électrochimiques : poids en mgr. de corps séparé par 1 ampère seconde.
H — — gr. — 1 — heure = 0,0373 équivalent grammes.

CATIONS	Équivalents	E	H	CATIONS	Équivalents	E	H
1/3 Al	9,03	0,09350	0,3366	Li	7,03	0,07279	0,2620
1/3 Sb	40,07	0,4149	1,494	1/2 Mg	12,18	0,1261	0,4540
1/3 As	25	2,588	0,9317	1/2 Mn	27,5	0,2847	1,025
1/2 Ba	68,7	0,7113	2 561	Na	23,05	0,2387	0,8593
1/2 Pb	103,45	1,071	3,857	1/2 Ni	29,35	0,3039	1,094
1/2 Cd	56,2	0,5819	2,095	Hg	200,0	2,071	7,456
1/2 Ca	20,05	0,2076	0,7474	1/2 Sc	39,6	0,4100	1,476
1/3 Cr	17,37	0,1799	0,6476	Ag	107,93	1,1175	4,023
1/2 Fe	27,95	0,2894	1,042	1/2 Sc	43,8	0,4536	1,633
1/3 Fe	18,63	0,1929	0,6944	1/2 Te	63,8	0,6606	2,378
1/3 Au	65,73	0,6806	2,450	Tl	204,1	0,2113	0,7606
K	39,15	0,4054	1,459	H	1,008	0,01043	0,03755
1/2 Co	29,5	0,3054	1,099	1/2 Zn	32,7	0,3386	1,219
Cu	63,6	0,6585	2,371	1/2 Sn	59,5	0,6161	2,208
1/2 Cu	31,8	0,3292	1,185	1/4 Sn	29,75	0,3080	1,109

(1) La calorie (15° gr. cal.) est prise ici égale à $4.189.10^{7}$ Erg suivant la convention adoptée au dernier congrès international de chimie appliquée de Berlin, La valeur employée dans ce livre s'en écarte un peu.

TABLEAU II (*suite*).

ANION	Équivalents	E	H	ANIONS	Équivalents	E	H
Br	79.96	0,8280	2,980	Fl	19	0,1967	0.7081
BrO^3	127,96	1.325	4,771	I	126,85	1,313	4,727
Cl	35 45	0,3671	1,321	IO^3	174,85	1,810	6,516
ClO^3	83.45	0,8640	3,110	AzO^3	62.04	0,6424	2,313
CHO^2	45,01	0,4661	1,678	1/2 O	8	0,08284	0,2982
$C^2H^3O^2$	59.02	0,6111	2,200	OH	17,01	0,1761	0.6340
CAz	26,04	0,2696	0,9708	1/2 SiO^3	38,20	0,3956	1,424
1/2 CO^3	30,00	0,3106	1,118	1/2 S	16,03	0,1660	0,5977
1/2 C^2O^4	44,00	0,4555	1,640	1/2 SO^4	48,03	8,4973	1,790
1/2 CrO^4	58,03	0,6011	2,164				

TABLE DES NOMS D'AUTEURS

TABLE DES MATIÈRES

TABLE DES CHAPITRES

DIJON. — IMPRIMERIE DARANTIERE.

www.ingramcontent.com/pod-product-compliance
Ingram Content Group UK Ltd.
Pitfield, Milton Keynes, MK11 3LW, UK
UKHW021848190726
13855UKWH00001B/209

9 782013 451796